Curso de métodos numéricos

Curso de métodos numéricos

Carlos M. Parés Madroñal • María Luz Muñoz Ruiz
Celia Caballero Cárdenas

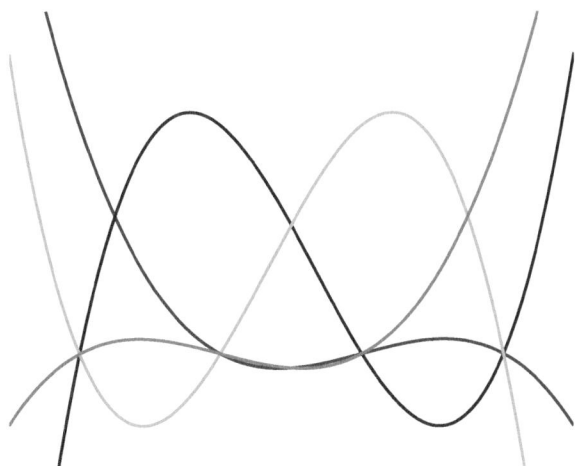

Paraninfo

Índice general

Introducción

Desde el nacimiento de las civilizaciones antiguas hasta la era de la informática moderna, los seres humanos han tenido la necesidad de resolver problemas que involucran cálculos numéricos. Ya sea para determinar el área de terrenos agrícolas en la antigua Mesopotamia o para simular el comportamiento de partículas subatómicas en nuestros días, los métodos numéricos han sido y son una herramienta esencial para comprender y resolver una amplia variedad de desafíos tanto científicos como tecnológicos.

Este libro tiene su origen en los apuntes de clase de la asignatura Métodos Numéricos que se imparte en la Universidad de Málaga, actualmente en el segundo curso en el Grado en Matemáticas, así como en el tercer curso en el Grado en Matemáticas e Ingeniería Informática y en el Grado en Ingeniería de Tecnologías de Telecomunicación y Matemáticas. Se trata, en definitiva, de una monografía que pretende compilar los contenidos incluidos en esta asignatura que supone la primera toma de contacto de estos estudiantes con el cálculo numérico. Conviene considerar, por tanto, que representa una introducción a los útiles y herramientas en métodos numéricos dirigida a un público al que solo se le presuponen conocimientos básicos en el cálculo infinitesimal y el álgebra lineal. Por lo general, el contenido de los temas es más exhaustivo que el explicado en clase, con el ánimo de ofrecer a los estudiantes la posibilidad de ampliar y profundizar en algunos de los aspectos estudiados en el cuatrimestre. No se abordan en este libro ni el álgebra lineal numérica ni la resolución de ecuaciones diferenciales, ya que estos se estudian en las asignaturas Análisis Numérico Matricial y Análisis Numérico de los grados citados, respectivamente.

En cada uno de los temas que se abordan en este libro se introducen de forma didáctica tanto el problema como las dificultades que implica su resolución, y se ilustran los procedimientos utilizados con ejemplos y aplicaciones prácticas. En el desarrollo de la asignatura juegan un papel fundamental las prácticas en la sala de ordenadores, en las que los estudiantes implementan los algoritmos estudiados en clase para resolver problemas similares a los que se usan en el texto. En la actualidad, el lenguaje científico que se utiliza es Python.

Un aspecto destacado de este libro es la inclusión de problemas resueltos: al final de cada capítulo se propone una lista de ejercicios extraídos de las relaciones que se ponen a disposición de los estudiantes. Las soluciones detalladas de todos estos ejercicios, diseñados para poner en práctica las técnicas aprendidas en la asignatura, pueden encontrarse en el apéndice. Creemos firmemente que la práctica es esencial para el aprendizaje efectivo de las matemáticas, y que esa práctica debe incluir desde la resolución de cuestiones de tipo teórico hasta la implantación de los algoritmos en un ordenador, pasando por problemas prácticos y aplicaciones. Desde esta perspectiva, un uso adecuado de las listas de ejercicios propuestos pasa, en primer lugar, por intentar resolverlos de forma autónoma y recurrir al material presentado en el apéndice solo para chequear la corrección de la resolución o para encontrar alguna pista en caso de bloqueo. En este último caso, recomendamos no ceder rápidamente a la tentación de consultar la resolución: el tiempo dedicado a intentar resolver un problema que no sale, lejos de ser perdido, ayuda a repasar y comprender los diferentes conceptos estudiados y a relacionarlos entre sí y con otros contenidos del grado.

Este libro se organiza según se expone en los siguientes párrafos:

El objetivo del primer capítulo es comprender cómo se almacenan los números en las diferentes memorias de los ordenadores y cómo se realizan las operaciones básicas en ellos. En particular, el uso adecuado de los ordenadores como herramienta de cálculo pasa por conocer la naturaleza de los errores que se cometen tanto al almacenar números como al operar con ellos: cuál es su magnitud, cómo se propagan al encadenar operaciones, etc. Para poder entender estos aspectos, fundamentales para comprender la precisión en los resultados obtenidos con un ordenador, es necesario conocer el sistema binario, que permite representar cualquier número real usando solo dos símbolos (el 0 y el 1), ya que este es el que usan nuestros ordenadores en sus memorias y unidades de cálculo. En consecuencia, se comienza el capítulo estudiando los diferentes sistemas de numeración. Aunque esencialmente no hay ninguna novedad con respecto a lo que los estudiantes conocen ya en el contexto del sistema decimal, considerar una base de numeración arbitraria supone un grado de abstracción que no siempre resulta sencillo, ya que el hecho de que los números y su aritmética se aprendan usando la base diez hace difícil, por ejemplo, desligar de dicho número la representación 10, que representa a la base en un sistema arbitrario (al dos en el sistema binario).

En el segundo capítulo se estudia la resolución de ecuaciones no lineales. Hasta el momento de abordar este tema, las ecuaciones que saben resolver los alumnos son lineales, con la excepción de las polinómicas de segundo grado y algunos casos particulares de mayor grado que se pueden resolver usando la regla de Ruffini. En este capítulo se enfrentan por primera vez a las dificultades propias de las ecuaciones no lineales: el número posible de soluciones de una ecuación con una incógnita puede ser desde cero hasta infinito y, por lo general, no es posible encontrar un procedimiento que permita calcularlas con un número finito de operaciones. Se trata, en consecuencia, del primer tipo de ecuaciones que ven en el que los métodos numéricos juegan un papel fundamental para aproximar las soluciones. Se estudian las técnicas más utilizadas, desde el método de dicotomía o el método de la falsa posición, utilizado ya por los matemáticos islámicos en la Edad Media, hasta los métodos iterativos de tipo punto fijo como el de Newton. En todas ellas se generan sucesiones que, en caso de ser el método convergente, tienden a la solución que se busca. El estudio de la convergencia y la deducción de cotas de error, que juegan un papel fundamental para determinar en qué término debe detenerse la sucesión generada por el método para obtener una aproximación suficientemente precisa, constituyen el núcleo teórico del capítulo.

El tercer capítulo está dedicado a la interpolación polinómica, una técnica fundamental para la estimación y el análisis de datos en campos que van desde la astronomía hasta la economía, pasando por el diseño asistido por ordenador o la animación. Es, además, una herramienta básica en el diseño de métodos numéricos para aproximar integrales y derivadas, como se verá en el último capítulo, y para la resolución aproximada de ecuaciones diferenciales, lo que será objeto de estudio en la asignatura Análisis Numérico del siguiente curso del grado. Esencialmente, el problema de la interpolación polinómica consiste en encontrar un polinomio cuya gráfica pase por un conjunto de puntos del plano dados. Se estudia en este capítulo bajo qué condiciones dicho polinomio existe y es único, así como diferentes formas de calcularlo. El desarrollo de este tema es muy útil para comprender que formas equivalentes de resolver un problema pueden llevar a algoritmos con muy diferente eficiencia en la práctica, lo que constituye un aspecto fundamental del análisis numérico: una vez encontrada una forma de resolver un problema, hay que analizar su eficiencia y buscar alternativas si esta no es buena. Se introducen también algunas herramientas teóricas para calcular y acotar el error que se comete cuando se aproxima una función mediante un polinomio que interpola un conjunto de puntos de su gráfica y se termina estudiando la interpolación polinómica "a trozos", en la que la función de interpolación que se busca es polinómica en ciertos subintervalos de su dominio de definición.

Finalmente, en el cuarto capítulo se aborda el estudio de la integración y la derivación numérica como aplicaciones directas de la teoría de interpolación estudiada en el capítulo anterior. El cálculo de integrales y derivadas aparece en infinidad de aplicaciones de las matemáticas, desde el cálculo de longitudes, áreas y volúmenes hasta la simulación de fenómenos relacionados con todas las ciencias e ingenierías. Al llegar a esta asignatura, los alumnos ya saben que no siempre es posible encontrar primitivas de una función en términos elementales a fin de calcular de forma exacta una integral definida. Se trata, en consecuencia, de otro ejemplo en el que aparece de manera natural la necesidad de los métodos numéricos. Se ilustrará esta necesidad con otras aplicaciones, como, por ejemplo, el cálculo de derivadas e integrales de funciones que representan la evolución de un fenómeno real y de la que solo se conoce el valor en algunos instantes a partir de ciertas medidas experimentales. Nuevamente, se estudian diferentes fórmulas numéricas y se aborda el desarrollo de técnicas teóricas para medir su grado de exactitud así como para determinar las cotas del error cometido durante su aplicación.

Capítulo 1

Representación de números y análisis de error

1.1. Introducción

La aplicación práctica de los métodos que se estudian en esta y otras asignaturas del grado puede implicar, en muchos casos, millones de operaciones, lo que queda fuera de la capacidad de cualquier ser humano. Los actuales ordenadores, que pueden realizar muchas operaciones por segundo son, por tanto, una herramienta fundamental para el uso práctico de los métodos numéricos. Estos han de traducirse en programas informáticos que proporcionen al ordenador las instrucciones adecuadas para que haga las cuentas por nosotros. Desafortunadamente, cada operación realizada por un ordenador con números reales conlleva un cierto error. Cuando se realizan millones de operaciones, estos errores se acumulan y pueden llevar a un resultado final muy diferente del resultado exacto que se busca. Para que un método numérico sea aceptable tiene que estar concebido y programado de manera que esto no ocurra: aunque el resultado final obtenido con el ordenador no coincida con el exacto, el error ha de ser lo suficientemente pequeño para que al menos proporcione un resultado aproximado aceptable.

El objetivo de este capítulo es estudiar cómo se representan los números reales en el ordenador, cómo este opera con ellos, comprender por qué en casi todas las representaciones y operaciones se comete un error, y dar una idea de la magnitud de dicho error. Necesitaremos, además, introducir diferentes conceptos y resultados matemáticos para definir los diferentes tipos de error y ver cómo se propagan cuando se opera con aproximaciones.

1.2. Sistemas de numeración

En los actuales ordenadores, todos los dispositivos de almacenamiento (memoria RAM, discos duros, *pendrives*, etc.) y las unidades del ordenador en las que se ejecutan los programas y se hacen operaciones (microprocesador o CPU, tarjetas gráficas, etc.) son circuitos integrados constituidos por millones de componentes electrónicas. Cada una de estas componentes tiene dos posibles estados, uno se identifica con el 0, y el otro, con el 1. En consecuencia, toda la información que almacena o procesa un ordenador internamente está compuesta solo de combinaciones de dos dígitos: 0 y 1. Por tanto, a efectos prácticos, podemos pensar en cualquiera de las memorias del ordenador como un conjunto enorme de casillas, cada una de las cuales puede contener un 0 o un 1. A cada una de estas casillas se la denomina **bit** (*binary digit*). Como los bits de una memoria son muchos, se usan los siguientes nombres para grupos de bits:

- 1 byte = 8 bits;

- 1 kilobyte (1 KB) = 2^{10} bytes;

- 1 megabyte (1 MB) = 2^{10} KB;

- 1 gigabyte (1 GB) = 2^{10} MB;

- 1 terabyte (1 TB) = 2^{10} GB.

Puesto que las distintas memorias de un ordenador están formadas por casillas que contienen un 0 o un 1, toda la información que se utilice o se almacene (números, textos, imágenes, música, *software*...) tiene que estar codificada usando solo estos dos dígitos. Aquí únicamente nos vamos a ocupar de cómo se almacenan los números. La pregunta entonces es: ¿es posible representar cualquier número usando solo esos dos dígitos? La respuesta nos la da el sistema binario o sistema de numeración en base 2.

El sistema de numeración decimal que aprendemos en la escuela primaria es un sistema posicional: se usan 10 dígitos (0,1,2,3,4,5,6,7,8,9), cuyo significado cambia en función de su posición. Por ejemplo, 1341'201 representa al número compuesto por:

- 1 milésima;

- 0 centésimas;

- 2 décimas;

- 1 unidad;

- 4 decenas;

- 3 centenas;

- 1 millar;

por lo que los tres 1 que aparecen tienen un significado diferente. Usando potencias de 10, podemos decir que el número representado es:

$$1 \cdot 10^3 + 3 \cdot 10^2 + 4 \cdot 10^1 + 1 \cdot 10^0 + 2 \cdot 10^{-1} + 0 \cdot 10^{-2} + 1 \cdot 10^{-3}.$$

La tradición nos hace ver natural que se usen las potencias de 10, pero, en realidad, esta misma construcción se puede hacer usando cualquier otro número prefijado. La elección del número 10 tiene una base fisiólogica: la primera herramienta que se usó para contar fueron los dedos.

En general, podemos hacer la siguiente definición: dado un número natural $\beta > 1$, que denominaremos **base de numeración,** denominaremos **dígitos** del sistema de numeración de base β a los elementos del conjunto:

$$D_\beta = \{0, 1, 2, \ldots, \beta - 1\}.$$

Teorema 1.2.1. *Dada una base de numeración β, $N + 1$ dígitos a_0, ..., a_N, y una sucesión de dígitos $\{b_n\}_{n=1}^{\infty}$, las expresiones*

$$\pm \left(\sum_{i=0}^{N} a_i \beta^i + \sum_{n=1}^{\infty} b_n \beta^{-n} \right)$$
$$= \pm \left(a_N \beta^N + \ldots + a_0 \beta^0 + b_1 \beta^{-1} + \ldots + b_n \beta^{-n} + \ldots \right) \quad (1.2.1)$$

definen dos únicos números reales (uno positivo y otro negativo) que se representan mediante el símbolo

$$\pm \left(a_N a_{N-1} \ldots a_0' b_1 b_2 b_3 \ldots b_n \ldots \right)_\beta. \quad (1.2.2)$$

Demostración. En (1.2.1) aparecen dos sumas, una finita y otra infinita. La suma finita define un número natural. Para ver que (1.2.1) define un número real, bastaría probar que la serie que aparece en la expresión es sumable. Obsérvese que, para cada término de la serie, se tiene la desigualdad:

$$0 \le b_n \beta^{-n} \le (\beta - 1)\beta^{-n}.$$

Si la serie $\sum_{n=0}^{\infty}(\beta-1)\beta^{-n}$ fuera sumable, por el criterio de comparación también lo sería la que aparece en (1.2.1). Pero la serie mayorante no es más que una progresión geométrica de razón $\beta^{-1} < 1$ multiplicada por el factor constante $\beta - 1$, luego:

$$\sum_{n=1}^{\infty}(\beta-1)\beta^{-n} = (\beta-1)\sum_{n=1}^{\infty}\beta^{-n} = (\beta-1)\frac{\beta^{-1}}{1-\beta^{-1}} = (\beta-1)\frac{1}{\beta-1} = 1.$$

(En el penúltimo paso se ha multiplicado por β el numerador y el denominador de la fracción). Por tanto, la serie que aparece en (1.2.1) es sumable y además

$$\sum_{n=1}^{\infty}b_n\beta^{-n} \leq 1.$$

$\square$

El recíproco también es cierto.

Teorema 1.2.2. *Dada una base de numeración β y un número real x, siempre existe un signo ($+$ o $-$), una colección finita de dígitos $a_0,\ldots,a_N$ y una sucesión de dígitos $\{b_n\}_{n=1}^{\infty}$ tales que*

$$x = \pm(a_N a_{N-1}\ldots a_0' b_1 b_2 b_3\ldots b_n\ldots)_{\beta}. \qquad (1.2.3)$$

Demostración. Vamos a demostrar el resultado en varias etapas:

- **Números enteros positivos.** Sea x un entero positivo. Si $x < \beta$, el número coincide con uno de los dígitos del sistema c_0, es decir:

$$x = (c_0)_{\beta}$$

y el resultado ya está probado.

Si $x \geq \beta$, hacemos la división euclídea (es decir, la división con cociente y resto) de x entre β:

$$x = c_1\beta + r_0, \quad r_0 < \beta. \qquad (1.2.4)$$

El resto r_0 es un dígito del sistema de numeración y $c_1 < x$. Si el cociente c_1 fuera menor que β, también sería un dígito y la representación del número sería:

$$x = (c_1 r_0)_{\beta}.$$

Si $c_1 \geq \beta$, dividimos c_1 entre β y obtenemos un nuevo cociente y un nuevo resto:

$$c_1 = c_2\beta + r_1, \quad r_1 < \beta. \tag{1.2.5}$$

Sustituyendo (1.2.5) en (1.2.4), obtenemos:

$$x = c_2\beta^2 + r_1\beta + r_0. \tag{1.2.6}$$

El resto r_1 es un dígito del sistema de numeración y $c_2 < c_1$. Si el cociente c_2 fuera menor que β, también sería un dígito y la representación del número sería:

$$x = (c_2 r_1 r_0)_\beta.$$

Si $c_2 > \beta$, dividimos c_2 entre β para obtener un nuevo cociente y un nuevo resto...

Repitiendo este razonamiento, obtenemos en la etapa k-ésima una familia de restos $r_0, \dots, r_{k-1} \in D_\beta$ y una familia decreciente de cocientes $c_1, \dots, c_k$ tales que:

$$c_j = c_{j+1}\beta + r_j, \quad c_{j+1} < c_j, \quad r_j < \beta, \quad 0 \leq j \leq k-1,$$

$$x = c_k\beta^k + r_{k-1}\beta^{k-1} + \dots + r_1 \cdot \beta + r_0. \tag{1.2.7}$$

Como los cocientes forman una familia estrictamente decreciente de naturales, necesariamente en un número finito de pasos se alcanza un cociente $c_N < \beta$. En ese caso, $c_N \in D_\beta$ y

$$x = c_N\beta^N + r_{N-1}\beta^{N-1} + \dots + r_1 \cdot \beta + r_0, \tag{1.2.8}$$

con lo que

$$x = (c_N r_{N-1} \dots r_1 r_0)_\beta.$$

- **Reales positivos.** Si $x \in [0, \infty)$, su parte entera $E(x)$ tiene, como hemos visto, una representación en la base de numeración:

$$E(x) = (a_N \dots a_0)_\beta. \tag{1.2.9}$$

Consideramos ahora su parte fraccionaria:

$$y = x - E(x) \in [0, 1).$$

Dividimos el intervalo $[0, 1]$ en β trozos de longitud $1/\beta$. Los extremos de estos β subintervalos son:

$$0, \frac{1}{\beta}, \ldots, \frac{\beta-1}{\beta}, 1.$$

Como y está necesariamente en alguno de los subintervalos, existe $b_1 \in D_\beta$ tal que

$$\frac{b_1}{\beta} \leq y \leq \frac{b_1}{\beta} + \frac{1}{\beta}.$$

A continuación, dividimos nuevamente el intervalo $[b_1/\beta, (b_1+1)/\beta]$ en β trozos de longitud $\frac{1}{\beta^2}$. Los extremos de los subintervalos son:

$$\frac{b_1}{\beta}, \frac{b_1}{\beta} + \frac{1}{\beta^2}, \ldots, \frac{b_1}{\beta} + \frac{\beta-1}{\beta^2}, \frac{b_1}{\beta} + \frac{1}{\beta}.$$

Nuevamente, y está en uno de los subintervalos, es decir, existe $b_2 \in D_\beta$ tal que

$$\frac{b_1}{\beta} + \frac{b_2}{\beta^2} \leq y \leq \frac{b_1}{\beta} + \frac{b_2}{\beta^2} + \frac{1}{\beta^2}.$$

Reiterando el procedimiento de subdivisión en intervalos, obtenemos una sucesión de dígitos $\{b_n\}_{n=1}^{\infty}$ tales que

$$\frac{b_1}{\beta} + \ldots + \frac{b_n}{\beta^n} \leq y \leq \frac{b_1}{\beta} + \ldots + \frac{b_n}{\beta^n} + \frac{1}{\beta^n}, \quad \forall n.$$

Se deduce entonces:

$$0 \leq y - S_n \leq \frac{1}{\beta^n}, \quad \forall n,$$

siendo

$$S_n = \sum_{k=1}^{n} b_k \beta^{-k}.$$

Usando el criterio de comparación, tenemos:

$$\lim_{n \to \infty} S_n = y,$$

o, equivalentemente:

$$y = \sum_{n=1}^{\infty} b_n \beta^{-n},$$

es decir,

$$y = (0'b_1b_2 \ldots b_n \ldots)_\beta. \tag{1.2.10}$$

Uniendo (1.2.9) y (1.2.10), llegamos a que x admite la representación:

$$x = E(x) + y = (a_N \ldots a_0'b_1 \ldots b_n \ldots)_\beta.$$

■ **Números negativos.** Si $x \in (-\infty, 0)$, entonces $-x$ tiene una representación en la base de numeración, como acabamos de ver:

$$-x = (a_N \ldots a_0'b_1 \ldots b_n \ldots)_\beta.$$

En consecuencia:

$$x = -(a_N \ldots a_0'b_1 \ldots b_n \ldots)_\beta.$$

Con esto, completamos la demostración.

□

Algunos comentarios:

1. Si $\beta = 10$, recuperamos el sistema de numeración decimal estándar. Si tomamos $\beta = 2$, el conjunto de dígitos se reduce a $D_2 = \{0, 1\}$.

2. Obsérvese que, al igual que ocurre con el número 10 en el sistema de numeración decimal, la representación de β en el sistema de numeración de base β es siempre:

$$\beta = (10)_\beta,$$

ya que

$$\beta = 0 \cdot \beta^0 + 1 \cdot \beta^1.$$

Entonces, si la base de numeración es mayor que 10, por ejemplo, 12, ¿cuáles son los dígitos del sistema? La respuesta es inmediata: son los números enteros comprendidos entre 0 y 11, al igual que ocurre con cualquier base. La dificultad está en cómo se representan los dígitos: los símbolos de origen árabe que usamos para representar los números están intrínsecamente ligados al sistema decimal y, por tanto, solo tenemos símbolos para los números del 0 al 9. Los demás números se representan combinando estos símbolos. Entonces, no es posible utilizar la representación

$$D_{12} = \{0, 1, 2, 3, 4, 5, 6, 7, 8, 9, 10, 11\}$$

porque sería ambigua: como acabamos de ver $12 = (10)_{12}$, y se espera que los dígitos se representen con un solo símbolo y no con dos. Lo que se hace en la práctica es representar el 10 con la letra A y el 11 con la letra B. Así, la expresión decimal del número

$$x = (1A9B)_{12}$$

sería:

$$x = 11 + 9 \cdot 12 + 10 \cdot 12^2 + 12^3 = 3287.$$

3. Es fácil comprobar que, si

$$x = \pm(a_N a_{N-1} \dots a_0' b_1 b_2 b_3 \dots b_n \dots)_\beta,$$

entonces la representación de $\beta^M x$ se obtiene desplazando la coma M dígitos hacia la derecha, y la representación de $\beta^{-M} x$, desplazando la coma M dígitos hacia la izquierda (añadiendo ceros si fuera necesario).

4. Por lo general, la representación de un número real necesita infinitos dígitos a la derecha de la coma. No obstante, hay algunos casos especiales en los que un número se puede representar con un número finito de dígitos:

   ▪ Si en (1.2.1) existe un natural M tal que

   $$b_n = 0, \quad \forall n > M,$$

   se dice que x admite una representación finita en la base de numeración β. En ese caso, se acostumbra a usar la representación

   $$x = \pm(a_N a_{N-1} \dots a_0' b_1 b_2 b_3 \dots b_M)_\beta. \qquad (1.2.11)$$

   ▪ Si en (1.2.1) existe un natural T tal que

   $$b_{T+n} = b_n, \quad \forall n \geq 1,$$

   se dice que x admite una representación periódica pura en la base de numeración β. En ese caso, se acostumbra a usar la representación

   $$x = \pm(a_N a_{N-1} \dots a_0' \overline{b_1 b_2 b_3 \dots b_T})_\beta. \qquad (1.2.12)$$

- Si en (1.2.1) existen dos naturales M y T tales que

$$b_{M+T+n} = b_{M+n}, \quad \forall n \geq 1,$$

se dice que x admite una representación periódica mixta en la base de numeración β. En ese caso, se acostumbra a usar la representación

$$x = \pm(a_N a_{N-1} \ldots a_0' b_1 \ldots b_M \overline{b_{M+1} b_{M+2} b_{M+3} \ldots b_{M+T}})_\beta.$$
$$(1.2.13)$$

5. La expresión de un número en una base de numeración no es única. Por ejemplo, la expresión decimal

$$0'4\overline{9}$$

es una representación del número

$$
\begin{aligned}
x &= 4 \cdot 10^{-1} + 9 \cdot 10^{-2} + 9 \cdot 10^{-3} + \ldots + 9 \cdot 10^{-n} + \ldots \\
&= 4 \cdot 10^{-1} + 9 \left(10^{-2} + 10^{-3} + \ldots + 10^{-n} + \ldots\right) \\
&= 4 \cdot 10^{-1} + 9 \frac{10^{-2}}{1 - 10^{-1}} \\
&= 4 \cdot 10^{-1} + 9 \frac{1}{10^2 - 10} \\
&= 4 \cdot 10^{-1} + 9 \frac{1}{90} \\
&= 4 \cdot 10^{-1} + \frac{1}{10} \\
&= 5 \cdot 10^{-1} \\
&= 0'5.
\end{aligned}
$$

Por tanto, las expresiones decimales $0'5$ y $0'4\overline{9}$ definen el mismo número racional $x = 1/2$. En general, se tiene el siguiente resultado:

Lema 1.2.3. *Las expresiones*

$$(a_N \ldots a_0' b_1 \ldots b_M \overline{(\beta - 1)})_\beta \qquad (1.2.14)$$

y

$$(a_N \ldots a_0' b_1 \ldots (b_M + 1))_\beta \qquad (1.2.15)$$

definen el mismo número, siempre que $b_M < \beta - 1$.

La demostración se deja como ejercicio. Obsérvese que, si $b_M = \beta - 1$, entonces $b_M + 1$ no es un dígito y, por tanto, la expresión (1.2.15) no es correcta.

6. El origen de esta no unicidad de representación de un número en una base β puede entenderse claramente en la demostración del teorema 1.2.2: si aplicamos el proceso de construcción de la expresión decimal vista en la segunda etapa de la demostración al número $x = 1/2$, en el primer paso, dividimos el intervalo $[0, 1]$ en 10 trozos de longitud $0'1$ y tenemos que elegir b_1 tal que

$$\frac{b_1}{10} \leq x \leq \frac{b_1}{10} + \frac{1}{10}.$$

Pero hay dos elecciones posibles: $b_1 = 4$ o $b_1 = 5$. Si elegimos $b_1 = 4$, el siguiente intervalo que se subdivide es el $[0'4, 0'5]$. En la nueva subdivisión en 10 trozos de longitud $0'01$ tendremos que quedarnos con el último, que corresponde a elegir $b_2 = 9$ y, a partir de ahí, en cada nueva subdivisión siempre nos tendremos que quedar con el último, con lo que llegamos a la expresión $0'4999999\ldots$ Si hubiéramos elegido $b_1 = 5$, el siguiente intervalo por subdividir sería $[0'5, 0'6]$. En la siguiente subdivisión en 10 trozos de longitud $0'01$ nos tendríamos que quedar con el primero, que corresponde a la elección $b_2 = 0$ y, a partir de ahí, en cada nueva subdivisión tendríamos que quedarnos con el primero, lo que conduce a la expresión $0'5000000\ldots$ Este problema de no unicidad solo aparece cuando la parte fraccionaria del número x coincide en alguno de los pasos con uno de los extremos de los subintervalos, en cuyo caso podemos coger el subintervalo de la derecha o el de la izquierda. Es decir, solo aparece cuando x admite una expresión finita en base β. Para eliminar el problema de la no unicidad de expresión de un número en base β en la demostración basta elegir b_n tal que

$$\frac{b_1}{\beta} + \ldots + \frac{b_n}{\beta^n} \leq y < \frac{b_1}{\beta} + \ldots + \frac{b_n}{\beta^n} + \frac{1}{\beta^n}, \quad \forall n.$$

En ese caso, la representación es única: en los casos en los que había dos, nos quedamos con la finita (1.2.15). En adelante, se supondrá que esta es la representación elegida en los casos de no unicidad.

1.2.1. Truncamiento y redondeo

Definición 1.2.1. Supongamos que la expresión de un número real en base β es

$$x = \pm(a_N a_{N-1} \ldots a_0' b_1 b_2 \ldots)_\beta.$$

Dado $n \geq 1$ natural, se denomina **truncamiento** de x a n dígitos fraccionarios en base β al número

$$tr_n(x) = \pm(a_N a_{N-1} \ldots a_0' b_1 b_2 \ldots b_n)_\beta.$$

Proposición 1.2.4. *Dado un número x y una base de numeración β, se tiene la desigualdad:*

$$|x - tr_n(x)| < \beta^{-n}.$$

Demostración. Supongamos, en primer lugar, $x \geq 0$. En la etapa n-ésima de la demostración del teorema 1.2.2 para reales positivos se obtuvo la desigualdad:

$$\frac{b_1}{\beta} + \ldots + \frac{b_n}{\beta^n} \leq y < \frac{b_1}{\beta} + \ldots + \frac{b_n}{\beta^n} + \frac{1}{\beta^n}, \quad \forall n, \tag{1.2.16}$$

siendo $y = x - E(x)$. Si sumamos la parte entera, obtenemos la desigualdad:

$$E(x) + \frac{b_1}{\beta} + \ldots + \frac{b_n}{\beta^n} \leq x \leq E(x) + \frac{b_1}{\beta} + \ldots + \frac{b_n}{\beta^n} + \frac{1}{\beta^n}, \quad \forall n.$$

Si la expresión en base β de la parte entera es

$$E(x) = (a_N a_{N-1} \ldots a_0)_\beta,$$

entonces la expresión en base β del número que queda a la izquierda en la desigualdad (1.2.16) es

$$(a_N a_{N-1} \ldots a_0' b_1 b_2 \ldots b_n)_\beta,$$

que es el truncamiento de x a n dígitos fraccionarios. Es decir, (1.2.16) puede escribirse equivalentemente como

$$tr_n(x) \leq x < tr_n(x) + \beta^{-n}.$$

Restando $tr_n(x)$, obtenemos que

$$0 \leq x - tr_n(x) < \beta^{-n}.$$

En consecuencia,

$$|x - tr_n(x)| = x - tr_n(x) < \beta^{-n},$$

como queríamos probar.

Si $x < 0$, se puede comprobar fácilmente que $tr_n(x) = -tr_n(-x)$. Como $-x > 0$, se tiene que

$$tr_n(-x) \leq -x < tr_n(-x) + \beta^{-n},$$

o, equivalentemente, que

$$-tr_n(x) \leq -x < -tr_n(x) + \beta^{-n}.$$

Sumando $tr_n(x)$, llegamos a:

$$0 \leq tr_n(x) - x < \beta^{-n}.$$

Por tanto,

$$|x - tr_n(x)| = tr_n(x) - x < \beta^{-n},$$

lo que termina la demostración.

$\square$

En la demostración del resultado anterior se ha visto que, si x es positivo, entonces

$$x \in [tr_n(x), tr_n(x) + \beta^{-n}).$$

El extremo de la izquierda de este intervalo tiene una expresión finita en base β con a lo sumo n dígitos no nulos (téngase en cuenta que los dígitos $b_0, \ldots, b_n$ pueden ser nulos) y es el único número del intervalo con esta propiedad: para que todos los dígitos fraccionarios de un número se anulen a partir del n-ésimo tendría que ocurrir que, en las sucesivas particiones de los intervalos en β trozos, el número estuviera siempre en el primero por la izquierda, y eso solo ocurre si se trata del extremo de la izquierda del intervalo. En consecuencia, se puede caracterizar $tr_n(x)$ como el máximo de los números menores o iguales que x que poseen una expresión finita con a lo sumo n dígitos fraccionarios no nulos.

Por otro lado, el extremo de la derecha del intervalo también tiene una representación finita con a lo sumo n dígitos no nulos. En efecto, si $b_n < \beta-1$, entonces

$$
\begin{aligned}
tr_n(x) + \beta^{-n} &= (a_N a_{N-1} \ldots a_0' b_1 b_2 \ldots b_n)_\beta + (0' \overbrace{0 \ldots 0}^{n-1} 1)_\beta \\
&= (a_N a_{N-1} \ldots a_0' b_1 b_2 \ldots (b_n + 1))_\beta,
\end{aligned}
$$

con lo que posee una expresión finita con n dígitos fraccionarios. Si $b_n = \beta - 1$ y $b_{n-1} < \beta - 1$, entonces

$$\begin{aligned} tr_n(x) + \beta^{-n} &= (a_N a_{N-1} \ldots a_0' b_1 b_2 \ldots b_{n-1}(\beta - 1))_\beta + (0'\overbrace{0 \ldots 0}^{n-1}1)_\beta \\ &= (a_N a_{N-1} \ldots a_0' b_1 b_2 \ldots (b_{n-1} + 1)0)_\beta, \end{aligned}$$

con lo que tiene expresión finita con $n - 1$ dígitos fraccionarios. Si $b_n = b_{n-1} = \beta - 1$, pero $b_{n-2} < \beta - 1$, tendría una expresión finita con $n - 2$ dígitos fraccionarios. Repitiendo este razonamiento, se ve que siempre tiene una expresión finita con a lo sumo n dígitos fraccionarios no nulos.

En el caso del redondeo, se trata de seleccionar el número más próximo a x que se pueda representar con una expresión finita con a lo sumo n dígitos fraccionarios no nulos. Este será el extremo de la izquierda del intervalo, es decir, $tr_n(x)$ si x está en la mitad izquierda del intervalo $[tr_n(x), tr_n(x) + \beta^{-n})$, y el extremo de la derecha, es decir, $tr_n(x) + \beta^{-n}$, si está en su mitad derecha. Como el intervalo tiene longitud β^{-n}, su punto medio es $tr_n(x) + \frac{1}{2}\beta^{-n}$. Esto lleva a la siguiente definición:

Definición 1.2.2. Dados un número real $x \geq 0$, una base de numeración β y un natural $n \geq 1$, se denomina **redondeo** de x a n dígitos fraccionarios en base β al número

$$rd_n(x) = \begin{cases} tr_n(x) & \text{si } tr_n(x) \leq x < tr_n(x) + \frac{1}{2}\beta^{-n}, \\ tr_n(x) + \beta^{-n} & \text{si } tr_n(x) + \frac{1}{2}\beta^{-n} \leq x < tr_n(x) + \beta^{-n}. \end{cases}$$

Si $x < 0$, se denomina **redondeo** de x a n dígitos fraccionarios en base β al número

$$rd_n(x) = -rd_n(-x).$$

Proposición 1.2.5. *Dado un número x y una base de numeración β, se tiene la desigualdad:*

$$|x - rd_n(x)| \leq \frac{1}{2}\beta^{-n}.$$

Demostración. Si $x \geq 0$ y

$$tr_n(x) \leq x < tr_n(x) + \frac{1}{2}\beta^{-n},$$

entonces $rd_n(x) = tr_n(x)$. Restando $rd_n(x)$ en la desigualdad anterior, obtenemos:

$$0 \leq x - rd_n(x) < \frac{1}{2}\beta^{-n},$$

luego

$$|x - rd_n(x)| = x - rd_n(x) < \frac{1}{2}\beta^{-n},$$

como queríamos probar.

Si $x \geq 0$ y

$$tr_n(x) + \frac{1}{2}\beta^{-n} \leq x < tr_n(x) + \beta^{-n},$$

entonces $rd_n(x) = tr_n(x) + \beta^{-n}$. Restando $rd_n(x)$ en la desigualdad anterior y multiplicando por -1, obtenemos:

$$0 < rd_n(x) - x \leq \frac{1}{2}\beta^{-n},$$

luego

$$|x - rd_n(x)| = rd_n(x) - x < \frac{1}{2}\beta^{-n},$$

como queríamos probar.

Finalmente, si $x < 0$, entonces:

$$|x - rd_n(x)| = |x - (-rd_n(-x))| = |x + rd_n(-x)| = |rd_n(-x) - (-x)| \leq \frac{1}{2}\beta^{-n},$$

donde se ha usado la definición de redondeo para números negativos y la desigualdad ya obtenida para números positivos aplicada a $-x$.

$\square$

En el caso de base par, la regla para redondear es muy sencilla. Si $x \geq 0$, obsérvese que la expresión en base β del punto medio del intervalo $[tr_n(x), tr_n(x) + \beta^{-n})$ es

$$
\begin{aligned}
tr_n(x) + \frac{1}{2}\beta^{-n} &= tr_n(x) + \frac{\beta}{2}\beta^{-(n+1)} \\
&= (a_N a_{N-1} \ldots a_0' b_1 b_2 \ldots b_n)_\beta + \left(0'\overbrace{0\ldots 0}^{n}\frac{\beta}{2} \right)_\beta \\
&= \left(a_N a_{N-1} \ldots a_0' b_1 b_2 \ldots b_n \frac{\beta}{2} \right)_\beta.
\end{aligned}
$$

Entonces, x redondea a $tr_n(x)$ si $x < tr_n(x) + \frac{1}{2}\beta^{-n}$, es decir, si

$$x = (a_N a_{N-1} \ldots a_0' b_1 b_2 \ldots b_n b_{n+1} \ldots)_\beta < \left(a_N a_{N-1} \ldots a_0' b_1 b_2 \ldots b_n \frac{\beta}{2} \right)_\beta,$$

y esta desigualdad se da si y solo si $b_{n+1} < \frac{\beta}{2}$. Por otro lado, x redondea a $tr_n(x) + \beta^{-n}$ si $tr_n(x) + \frac{1}{2}\beta^{-n} \le x$, es decir, si

$$\left(a_N a_{N-1} \ldots a'_0 b_1 b_2 \ldots b_n \frac{\beta}{2}\right)_\beta \le x = (a_N a_{N-1} \ldots a'_0 b_1 b_2 \ldots b_n b_{n+1} \ldots)_\beta,$$

y esta desigualdad se da si y solo si $b_{n+1} \ge \frac{\beta}{2}\}$.

Es decir, la regla práctica para redondear un número positivo x a n dígitos fraccionarios cuando la base es par es la siguiente:

$$rd_n(x) = \begin{cases} tr_n(x) & \text{si } b_{n+1} < \frac{\beta}{2}, \\ tr_n(x) + \beta^{-n} & \text{si } b_{n+1} \ge \frac{\beta}{2}, \end{cases}$$

que es la regla habitual en base 10.

A continuación encontramos algunos ejemplos en numeración decimal de truncamientos y redondeos a 4 cifras decimales:

Número	Truncamiento	Redondeo
1'234512	1'2345	1'2345
1'23455	1'2345	1'2346
1'234565	1'2345	1'2346
1'2349723	1'2349	1'2350

Y algunos ejemplos de truncamientos y redondeos a 4 dígitos fraccionarios en base 2:

Número	Truncamiento	Redondeo
$(10'11010101)_2$	$(10'1101)_2$	$(10'1101)_2$
$(10'11011101)_2$	$(10'1101)_2$	$(10'1110)_2$
$(10'11111101)_2$	$(10'1111)_2$	$(11'0000)_2$

1.2.2. Cambios de base de numeración

Veamos ahora cómo pasar de base decimal a cualquier base de numeración y viceversa. El paso de cualquier base a base decimal es sencillo: basta con operar utilizando los algoritmos conocidos para hacer operaciones con expresiones decimales. Por ejemplo, la expresión decimal del número binario (es decir, en base de numeración 2)

$$x = (101101'101)_2$$

es

$$x = 1 \cdot 2^{-3} + 0 \cdot 2^{-2} + 1 \cdot 2^{-1} + 1 \cdot 2^0 + 0 \cdot 2^1 + 1 \cdot 2^2 + 1 \cdot 2^3 + 0 \cdot 2^4 + 1 \cdot 2^5$$
$$= 0'125 + 0'5 + 1 + 4 + 8 + 32 = 45'625.$$

Para pasar de base 10 a otra base β distinguiremos varios casos. Como siempre, podemos considerar números positivos, puesto que los negativos no añaden ninguna dificultad: basta con cambiar de base de numeración su valor absoluto y poner el signo menos delante de la expresión obtenida.

A) Enteros positivos

Si x es un entero positivo, en la primera etapa de la demostración del teorema 1.2.2 se ha introducido el siguiente algoritmo para obtener su expresión en base β:

- Sea $c_0 = x$.

- Para $k = 1, 2, \ldots$

    - Si $c_{k-1} < \beta$, se detiene el algoritmo.
    - En otro caso, se definen c_k y r_{k-1}, respectivamente, como el cociente y el resto de dividir c_{k-1} por β:

$$c_{k-1} = c_k \beta + r_{k-1}.$$

- Siguiente k.

El algoritmo, como vimos, se para necesariamente en un número finito de pasos $k = N + 1$. En ese caso, la expresión del número es:

$$x = (c_N r_{N-1} \ldots r_0)_\beta.$$

Por ejemplo, si queremos expresar $x = 13$ en binario, el algoritmo nos daría lo siguiente:

- $c_0 = 13$;

- $13 = 2 \cdot 6 + 1$, luego $c_1 = 6$ y $r_0 = 1$.

- $6 = 3 \cdot 2 + 0$, luego $c_2 = 3$ y $r_1 = 0$.

- $3 = 1 \cdot 2 + 1$, luego $c_3 = 1$ y $r_2 = 1$. Como $c_3 < 2$, detenemos el algoritmo.

- $13 = (1101)_2$.

Usualmente, el algoritmo se aplica dividiendo sucesivamente por 2 como sigue:

$$
\begin{array}{rl}
13 & |2 \\
\hline
1 \quad 6 & |2 \\
\hline
0 \quad 3 & |2 \\
\hline
1 \quad 1 &
\end{array}
$$

La expresión del número en base 2 se obtiene tomando el último cociente y después los restos en el orden inverso al que han sido obtenidos.

B) Caso general

Si x es un número real cualquiera, en la segunda etapa de la demostración del teorema 1.2.2 se ha visto un procedimiento constructivo para encontrar su expresión en base β, consistente en subdividir reiteradamente un intervalo de longitud β^{-n} en β subintervalos de longitud β^{-n-1} y elegir el que contiene al número, pero dicho algoritmo es poco útil en la práctica. Veamos un algoritmo más eficaz. El primer paso es, como siempre, expresar la parte entera en el sistema de numeración de base β usando el algoritmo para enteros positivos. A continuación consideramos la parte fraccionaria $x_0 = x - E(x)$. Por el teorema 1.2.2 sabemos que existe una sucesión de dígitos $\{b_n\}_{n=1}^{\infty}$ tal que

$$x_0 = (0'b_1 b_2 \ldots b_n \ldots)_\beta.$$

Queremos calcular esta sucesión de dígitos. Para empezar definimos:

$$x_1 = \beta \cdot x_0 = (b_1' b_2 \ldots b_n \ldots)_\beta.$$

Para obtener b_1 basta tomar su parte entera:

$$b_1 = E(x_1).$$

A continuación definimos:

$$x_2 = \beta \cdot (x_1 - b_1) = (b_2' b_3 \ldots b_n \ldots)_\beta.$$

Entonces:

$$b_2 = E(x_2).$$

En el siguiente paso definimos:

$$x_3 = \beta \cdot (x_2 - b_2) = (b_3' b_4 \ldots b_n \ldots)_\beta,$$

y calculamos b_3 tomando la parte entera:

$$b_3 = E(x_3).$$

Reiterando este proceso, se puede obtener teóricamente la sucesión completa de dígitos. En resumen, el algoritmo es como sigue:

- Se expresa el natural $E(x)$ en base β usando el algoritmo correspondiente:

$$E(x) = (a_N \ldots a_0)_\beta.$$

- Se definen $x_0 = x - E(x)$ y $b_0 = 0$.

- Para $n = 1, 2, \ldots$

  - Se define

$$\begin{aligned} x_n &= \beta \cdot (x_{n-1} - b_{n-1}), \\ b_n &= E(x_n). \end{aligned}$$

- Siguiente n.

- La expresión en base β de x es:

$$x = (a_N \ldots a_0' b_1 \ldots b_n \ldots)_\beta.$$

Obsérvese que se ha definido $b_0 = 0$ antes del bucle para que el primer paso tenga la misma escritura formal que los demás.

Como aplicación, vamos a calcular los 11 primeros dígitos binarios de $x = \pi$.

- $E(x) = 3 = (11)_2$;

- $x_0 = x - E(x) = 0'14159265\ldots$

- $x_1 = 2 \cdot x_0 = 0'28318530\ldots \implies b_1 = 0$;

- $x_2 = 2 \cdot (x_1 - b_1) = 0'56637061\ldots \implies b_2 = 0$;

- $x_3 = 2 \cdot (x_2 - b_2) = 1'13274122\ldots \implies b_3 = 1;$

- $x_4 = 2 \cdot (x_3 - b_3) = 0'26548245\ldots \implies b_4 = 0;$

- $x_5 = 2 \cdot (x_4 - b_4) = 0'53096491\ldots \implies b_5 = 0;$

- $x_6 = 2 \cdot (x_5 - b_5) = 1'06192982\ldots \implies b_6 = 1;$

- $x_7 = 2 \cdot (x_6 - b_6) = 0'12385965\ldots \implies b_7 = 0;$

- $x_8 = 2 \cdot (x_7 - b_7) = 0'24771931\ldots \implies b_8 = 0;$

- $x_9 = 2 \cdot (x_8 - b_8) = 0'49543863\ldots \implies b_9 = 0;$

- $x_{10} = 2 \cdot (x_9 - b_9) = 0'99087727\ldots \implies b_{10} = 0;$

- $x_{11} = 2 \cdot (x_{10} - b_{10}) = 1'98175455\ldots \implies b_{11} = 1.$

Por tanto:

$$\pi = (11'00100100001\ldots)_2.$$

C) Números racionales

Si $x = p/q$ es racional, se puede particularizar el algoritmo anterior usando la división euclídea. En efecto, si dividimos p entre q, obtenemos:

$$p = c_0 q + r_0, \quad r_0 < q,$$

y en consecuencia,

$$x = \frac{p}{q} = \frac{c_0 q + r_0}{q} = c_0 + \frac{r_0}{q}.$$

Entonces, la parte entera de x es claramente c_0, que se expresaría en base β con el algoritmo de los naturales, y la parte fraccionaria es

$$x_0 = \frac{r_0}{q}.$$

A continuación, se define

$$x_1 = \beta x_0 = \frac{\beta r_0}{q}.$$

Si se hace la división euclídea de βr_0 entre q:

$$\beta r_0 = c_1 q + r_1, \quad r_1 < q,$$

se obtiene

$$x_1 = \frac{\beta r_0}{q} = c_1 + \frac{r_1}{q}.$$

Entonces:

$$b_1 = E(x_1) = c_1.$$

A continuación se calcula

$$x_2 = \beta \cdot (x_1 - b_1) = \beta \cdot \left(c_1 + \frac{r_1}{q} - c_1 \right) = \frac{\beta r_1}{q}.$$

Si se hace la división euclídea de βr_1 entre q:

$$\beta r_1 = c_2 q + r_2, \quad r_2 < q,$$

se obtiene

$$x_2 = \frac{\beta r_1}{q} = c_2 + \frac{r_2}{q}.$$

Entonces:

$$b_2 = E(x_2) = c_2.$$

A continuación se calcula

$$x_3 = \beta \cdot (x_2 - b_2) = \beta \cdot \left(c_2 + \frac{r_2}{q} - c_2 \right) = \frac{\beta r_2}{q}.$$

Y se continúa el procedimiento. Los dígitos vienen dados por los cocientes sucesivos.

Podemos organizar entonces el algoritmo como sigue:

- Se definen c_0 y r_0, respectivamente, como el cociente y el resto de dividir p por q:

$$p = c_0 q + r_0.$$

- Se expresa el natural c_0 en base β usando el algoritmo correspondiente:

$$c_0 = (a_N \ldots a_0)_\beta.$$

- Para $n = 1, 2, \ldots$

  - Se definen c_n y r_n, respectivamente, como el cociente y el resto de dividir $\beta \cdot r_{n-1}$ por q:

$$\beta \cdot r_{n-1} = c_n q + r_n.$$

- Siguiente n.

- La expresión en base β de x es:

$$x = (a_N \dots a_0' c_1 \dots c_n \dots)_\beta.$$

Obsérvese que este es el algoritmo que se aprende en primaria para obtener la expresión decimal de un racional en base 10: una vez llegados a la parte decimal, en cada etapa, se multiplica por 10 el resto y se divide por el denominador para obtener un nuevo resto.

Veamos algunos ejemplos:

1. Queremos expresar $x = 3/8$ en base 2. En este caso, $p = 3$, $q = 8$, $\beta = 2$. Tenemos:

  - $3 = 0 \cdot 8 + 3 \implies c_0 = 0,\ r_0 = 3$;

  - $2 \cdot 3 = 0 \cdot 8 + 6 \implies c_1 = 0,\ r_1 = 6$;

  - $2 \cdot 6 = 1 \cdot 8 + 4 \implies c_2 = 1,\ r_2 = 4$;

  - $2 \cdot 4 = 1 \cdot 8 + 0 \implies c_3 = 1,\ r_3 = 0$;

  - $2 \cdot 0 = 0 \cdot 8 + 0 \implies c_4 = 0,\ r_4 = 0$;

  - $2 \cdot 0 = 0 \cdot 8 + 0 \implies c_5 = 0,\ r_5 = 0 \dots$

  Obsérvese que, una vez que aparece un resto 0, en adelante, todos los dígitos se anulan. Por tanto:

  $$\frac{3}{8} = (0'011)_2.$$

2. Queremos ahora expresar $x = 1/10$ en base 2. En este caso, $p = 1$, $q = 10$, $\beta = 2$. Tenemos:

  - $1 = 0 \cdot 10 + 1 \implies c_0 = 0,\ r_0 = 1$;

  - $2 \cdot 1 = 0 \cdot 10 + 2 \implies c_1 = 0,\ r_1 = 2$;

  - $2 \cdot 2 = 0 \cdot 10 + 4 \implies c_2 = 0,\ r_2 = 4$;

  - $2 \cdot 4 = 0 \cdot 10 + 8 \implies c_3 = 0,\ r_3 = 8$;

  - $2 \cdot 8 = 1 \cdot 10 + 6 \implies c_4 = 1,\ r_4 = 6$;

  - $2 \cdot 6 = 1 \cdot 10 + 2 \implies c_5 = 1,\ r_5 = 2$;

- $2 \cdot 2 = 0 \cdot 10 + 4 \implies c_6 = 0, \ r_6 = 4;$

- $2 \cdot 4 = 0 \cdot 10 + 8 \implies c_7 = 0, \ r_7 = 8 \dots$

Obsérvese que, si dos restos se repiten (en este caso $r_1 = r_5$), los cocientes que les siguen también se repiten, con lo que el número tendrá una expresión periódica. En este caso:

$$\frac{1}{10} = (0'0\overline{0011})_2.$$

En los ejemplos se ha visto que, si aparece un resto 0 en el algoritmo, a partir de él, todos los cocientes se anulan, por lo que el número tendrá una expresión finita. Por otro lado, si dos restos se repiten, los cocientes empiezan a repetirse, y el número tendrá una expresión periódica.

Ahora bien, la sucesión de restos $\{r_n\}_{n=1}^{\infty}$ que genera el algoritmo toma valores en el conjunto finito $\{0, 1, \dots, q-1\}$, por lo que necesariamente, o bien aparece un resto nulo o bien aparecen dos restos repetidos. Esto implica que el algoritmo termina en un número finito de pasos, bien porque se llegue a una expresión finita, bien porque se llegue a una expresión periódica. Podemos reescribir el algoritmo como sigue:

- Se definen c_0 y r_0, respectivamente, como el cociente y el resto de dividir p por q:

$$p = c_0 q + r_0.$$

- Se expresa el natural c_0 en base β usando el algoritmo correspondiente:

$$c_0 = (a_N \dots a_0)_\beta.$$

- Para $n = 1, 2, \dots$

  - Se definen c_n y r_n, respectivamente, como el cociente y el resto de dividir $\beta \cdot r_{n-1}$ por q:

$$\beta \cdot r_{n-1} = c_n q + r_n.$$

  - Si $r_n = 0$ o si r_n coincide con alguno de los restos anteriores, se detiene el algoritmo.

- Siguiente n.

Se deduce de lo anterior el siguiente resultado:

Teorema 1.2.6. *La expresión de un número racional en cualquier base de numeración es finita, periódica pura o periódica mixta.*

El recíproco también es cierto:

Teorema 1.2.7. *Si un número tiene una representación finita, periódica pura o periódica mixta en alguna base de numeración, entonces es racional.*

Demostración. Podemos suponer, sin pérdida de generalidad, que el número es positivo. Veamos la demostración caso por caso:

- Si
$$x = (a_N \ldots a'_0 b_1 \ldots b_M)_\beta,$$

  entonces

$$x = a_N \beta^N + \ldots + a_0 + \frac{b_1}{\beta} + \frac{b_2}{\beta^2} + \ldots + \frac{b_M}{\beta^M}.$$

  Cada sumando en la anterior expresión es racional, luego x es suma finita de racionales y, por tanto, racional.

- Si
$$x = \pm(a_N a_{N-1} \ldots a'_0 \overline{b_1 b_2 b_3 \ldots b_T})_\beta,$$

  por definición,

$$\begin{aligned}
x &= a_N \beta^N + \ldots + a_0 \\
&+ b_1 \beta^{-1} + \ldots + b_T \beta^{-T} \\
&+ b_1 \beta^{-T-1} + \ldots + b_T \beta^{-2T} \\
&+ \ldots \\
&+ b_1 \beta^{-jT-1} + \ldots + b_T \beta^{-(j+1)T} \\
&+ \ldots
\end{aligned}$$

  Definamos

$$B = b_1 \beta^{-1} + \ldots + b_T \beta^{-T}.$$

  El número B es racional, ya que puede escribirse como

$$B = \frac{b_1 \beta^{T-1} + \ldots + b_T}{\beta^T}.$$

Sacando como factor común la potencia de β adecuada en cada fila de la expresión de la parte fraccionaria de x, podemos reescribir dicho número como sigue:

$$
\begin{aligned}
x &= a_N \beta^N + \ldots + a_0 \\
&+ B + B\beta^{-T} + B\beta^{-2T} + \ldots + B\beta^{-jT} + \ldots \\
&= a_N \beta^N + \ldots + a_0 \\
&+ B(1 + \beta^{-T} + \beta^{-2T} + \ldots + \beta^{-jT} + \ldots) \\
&= a_N \beta^N + \ldots + a_0 + B\frac{1}{1 - \beta^{-T}} \\
&= a_N \beta^N + \ldots + a_0 + B\frac{\beta^T}{\beta^T - 1}.
\end{aligned}
$$

En la expresión anterior, los $N + 1$ primeros sumandos son naturales, y el último es producto de racionales. Por tanto, x es racional.

- Si
$$
x = (a_N a_{N-1} \ldots a_0' b_1 \ldots b_M \overline{b_{M+1} b_{M+2} b_{M+3} \ldots b_{M+T}})_\beta
$$
y definimos
$$
y = \beta^M x,
$$
la expresión de y en base β es:
$$
y = (a_N a_{N-1} \ldots a_0 b_1 \ldots b_M' \overline{b_{M+1} b_{M+2} b_{M+3} \ldots b_{M+T}})_\beta,
$$

y, por el anterior apartado, y es racional, ya que admite una expresión periódica. Por tanto, $x = y/(\beta^M)$ es también racional.

$\square$

1.2.3. Aritmética en base β

Todas las reglas que aprendimos en la escuela primaria para sumar, restar, multiplicar o dividir (las denominadas *cuatro reglas*) e incluso la del cálculo de raíces cuadradas (si todavía se estudia…) se basan en que el sistema de numeración decimal es un sistema posicional. Por tanto, todas se pueden extender a cualquier base de numeración: se pueden sumar números en base β sin necesidad de pasarlos a su expresión decimal para aplicar la regla de la suma. Vamos a ver solo el caso de la suma de dos números enteros: los demás son análogos.

Si queremos sumar

$$x = (a_N \ldots a_0)_\beta, \quad y = (b_M \ldots b_0)_\beta,$$

podemos empezar suponiendo $N = M$. En otro caso, completamos el que tenga menos dígitos poniendo ceros a la izquierda (lo que no cambia el número) hasta que ambos tengan el mismo número de dígitos.

Por definición, tenemos:

$$
\begin{aligned}
x + y &= (a_N \ldots a_0)_\beta + (b_N \ldots b_0)_\beta \\
&= \sum_{i=1}^{N} a_i \beta^i + \sum_{i=1}^{N} b_i \beta^i \\
&= \sum_{i=1}^{N} (a_i + b_i)\beta^i.
\end{aligned}
$$

Si $s_i = a_i + b_i$ fuera un dígito para cada $i = 1, \ldots, N$, ya habríamos terminado:

$$x + y = (s_N \ldots s_0)_\beta,$$

pero no tienen por qué serlo: la suma de dos elementos de D_β no está necesariamente en dicho conjunto. En ese caso, para expresar el resultado de la suma en la base de numeración β, se comienza por dividir s_0 entre β:

$$s_0 = c_0 \cdot \beta + r_0, \quad r_0 < \beta.$$

El resto pertenece a D_β. Usando esta expresión de s_0, se puede expresar la suma como sigue:

$$
\begin{aligned}
x + y &= s_N \beta^N + \ldots + s_1 \beta + s_0 \\
&= s_N \beta^N + \ldots + s_1 \beta + (c_0 \beta + r_0) \\
&= s_N \beta^N + \ldots + (s_1 + c_0)\beta + r_0.
\end{aligned}
$$

El cociente c_0 es la *llevada*. A continuación dividimos $s_1 + c_0$ por β:

$$s_1 + c_0 = c_1 \cdot \beta + r_1, \quad r_1 < \beta.$$

El resto, r_1, pertenece a D_β. Usando esta expresión de $s_1 + c_0$, se puede expresar la suma como sigue:

$$
\begin{aligned}
x + y &= s_N \beta^N + \ldots + s_2 \beta^2 + (s_1 + c_0)\beta + r_0 \\
&= s_N \beta^N + \ldots + s_2 \beta^2 + (c_1 \cdot \beta + r_1)\beta + r_0 \\
&= s_N \beta^N + \ldots + (s_2 + c_1)\beta^2 + r_1 \beta + r_0.
\end{aligned}
$$

Reiteramos el proceso hasta llegar a la expresión:

$$x + y = (s_N + c_{N-1})\beta^N + r_{N-1}\beta^{N-1} + r_{N-2}\beta^{N-2} + \ldots r_1\beta + r_0,$$

en la que todos los r_i son dígitos. Para concluir se calcula la expresión de $s_N + c_{N-1}$ en base β:

$$s_N + c_{N-1} = (d_P d_{P-1} \ldots d_0)_\beta,$$

que usamos para obtener la expresión final de $x + y$ en dicha base:

$$
\begin{aligned}
x + y &= (s_N + c_{N-1})\beta^N + r_{N-1}\beta^{N-1} + \ldots + r_1\beta + r_0 \\
&= (d_P\beta^P + d_{P-1}\beta^{P-1} + \ldots + d_1\beta + d_0)\beta^N + r_{N-1}\beta^{N-1} + \ldots + r_1\beta + r_0 \\
&= d_P\beta^{N+P} + \ldots + d_1\beta^{N+1} + d_0\beta^N + r_{N-1}\beta^{N-1} + \ldots + r_1\beta + r_0.
\end{aligned}
$$

Obtenemos finalmente:

$$x + y = (d_P \ldots d_0 r_{N-1} \ldots r_1 r_0)_\beta.$$

Al igual que en base 10, los cálculos se suelen organizar como sigue: se escribe un número encima de otro haciendo que cocientes de iguales potencias de β queden alineados:

$$
\begin{array}{ccccc}
 & a_N & \ldots & a_1 & a_0 \\
+ & b_N & \ldots & b_1 & b_0 \\
\hline
\end{array}
$$

Se empieza por sumar la columna que está más a la derecha. Se divide el resultado por β, se escribe debajo de la línea el resto y se lleva el cociente a la siguiente columna:

$$
\begin{array}{ccccc}
 & & & & c_0 \\
 & a_N & \ldots & a_1 & a_0 \\
+ & b_N & \ldots & b_1 & b_0 \\
\hline
 & & & & r_0 \\
\end{array}
$$

A continuación se va repitiendo la operación para todas las columnas hacia la izquierda hasta llegar a la primera:

$$
\begin{array}{cccccc}
 & c_{N-1} & c_{N-2} & \ldots & c_0 & \\
 & a_N & a_{N-1} & \ldots & a_1 & a_0 \\
+ & b_N & b_{N-1} & \ldots & b_1 & b_0 \\
\hline
 & r_{N-1} & & \ldots & r_1 & r_0 \\
\end{array}
$$

y, finalmente, se coloca la expresión en base β del resultado de la suma de la primera columna debajo de la línea:

$$
\begin{array}{ccccccc}
 & & c_{N-1} & c_{N-2} & \cdots & c_0 & \\
 & & a_N & a_{N-1} & \cdots & a_1 & a_0 \\
+ & & b_N & b_{N-1} & \cdots & b_1 & b_0 \\
\hline
d_P & \cdots & d_0 & r_{N-1} & \cdots & r_1 & r_0
\end{array}
$$

Veamos un ejemplo de suma en base 2:

$$
\begin{array}{r}
(1 \quad 0 \quad 1 \quad 1)_2 \\
+ \quad (1 \quad 1 \quad 0 \quad 1)_2 \\
\hline
(1 \quad 1 \quad 0 \quad 0 \quad 0)_2
\end{array}
$$

La misma suma expresada en numeración decimal es:

$$
\begin{array}{r}
11 \\
+ \quad 13 \\
\hline
24
\end{array}
$$

En base $\beta = 2$, la aritmética es particularmente simple. Por ejemplo, en el producto de dos números, solo intervienen productos por 0 y por 1, que son inmediatos. Veamos un ejemplo de producto en base 2:

$$
\begin{array}{r}
(1 \quad 0 \quad 0 \quad 1 \quad 0 \quad 0)_2 \\
\times \qquad (1 \quad 0 \quad 1 \quad 1)_2 \\
\hline
1 \quad 0 \quad 0 \quad 1 \quad 0 \quad 0 \\
1 \quad 0 \quad 0 \quad 1 \quad 0 \quad 0 \\
1 \quad 0 \quad 0 \quad 1 \quad 0 \quad 0 \\
\hline
(1 \quad 1 \quad 0 \quad 0 \quad 0 \quad 1 \quad 1 \quad 0 \quad 0)_2
\end{array}
$$

El mismo producto expresado en numeración decimal es:

$$
\begin{array}{r}
3 \quad 6 \\
\times \quad 1 \quad 1 \\
\hline
3 \quad 6 \\
3 \quad 6 \\
\hline
3 \quad 9 \quad 6
\end{array}
$$

1.3. Almacenamiento de los números en el ordenador

1.3.1. Sistemas de almacenamiento

Los programas o lenguajes de programación científica que operan con números los almacenan de maneras diferentes, según su naturaleza, que se denominan *tipos*. Lo primero que caracteriza a un tipo es el número de bits N que se requieren para almacenar un número.

En el tipo que usan los ordenadores para almacenar enteros se reserva 1 bit para el signo (por ejemplo, se usa el 0 para representar el signo $+$ y el 1 para representar el signo $-$), y los $N-1$ restantes, a almacenar los dígitos en base 2 de su valor absoluto. Por ejemplo, en el tipo `int` de Python, se usan 32 bits para almacenar enteros. No obstante, en Python también se puede usar el formato `long`, que destina un número ilimitado de bits para almacenar enteros.

En lo que se refiere al almacenamiento de números reales, en los primeros ordenadores se utilizaban los sistemas denominados de coma fija. En estos sistemas, de los N bits destinados a almacenar un número, se reserva el primer bit para el signo; a continuación, se reserva un cierto número de bits $M \leq N$ para la parte entera del número, finalmente, los $N-M-1$ bits restantes se usan para almacenar la parte fraccionaria. En este tipo de representación, la coma que separa la parte entera de la fraccionaria está siempre entre el bit $M+1$ y el $M+2$: de ahí el nombre de coma fija.

En la representación en coma fija, mientras mayor sea M, mayores son los números que se pueden llegar a representar de forma exacta, pero menor la precisión con la que se representan. Supongamos, por ejemplo, que $N = 32$ y $M = 30$. El menor y el mayor número positivo que pueden ser representados de forma exacta son, respectivamente:

$$2^{-1} = 0'5, \quad 2^{-1}+1+2+\ldots+2^{29} = 2^{30} - \frac{1}{2} \approx 1'0737 \cdot 10^9.$$

El más pequeño se obtiene poniendo 0 en el bit reservado para el signo, 1 en el bit reservado para la parte fraccionaria, y 0 en los 30 reservados para la parte entera. El más grande corresponde a poner 0 en el signo y 1 en los 31 bits restantes. Si, por el contrario, se toma $N = 32$ y $M = 1$, el menor y el mayor número positivo representables son, respectivamente:

$$2^{-30} \approx 9.3132 \cdot 10^{-10}, \quad 1+2^{-1}+\ldots+2^{-30} = 2-\frac{1}{2^{30}} \approx 1'999999999068677.$$

Entre estos dos casos extremos, en una aplicación práctica habría que decidir la posición de la coma decimal según fuera necesario trabajar con números grandes o con mucha precisión.

Aunque el sistema de coma fija se sigue usando para la representación de enteros, para números reales se ha impuesto el uso de **sistemas de numeración en punto flotante** (*floating point systems*), que evitan tener que elegir entre magnitud y precisión mediante el uso de la notación científica:

Definición 1.3.1. Se dice que un número está representado en **notación científica** en el sistema de numeración de base β cuando se escribe de la forma:

$$x = \pm m \cdot \beta^j,$$

siendo

$$m = (a_N \ldots a_0' b_1 \ldots b_n \ldots)_\beta$$

la *mantisa* y $j \in \mathbb{Z}$ el exponente.

Obviamente, un mismo número admite infinitas expresiones en notación científica, por ejemplo:

$$x = 1'234 \cdot 10^5 = 12'34 \cdot 10^4 = 0'001234 \cdot 10^8 = \ldots$$

A fin de determinar una de ellas, se define la notación científica *normalizada* como sigue:

Definición 1.3.2. Se dice que un número está representado en **notación científica normalizada** en el sistema de numeración de base β cuando se escribe de la forma:

$$x = \pm m \cdot \beta^j,$$

siendo

$$m = (a_0' b_1 \ldots b_n \ldots)_\beta$$

con $a_0 \geq 1$ y $j \in \mathbb{Z}$ el exponente.

En el caso del ejemplo anterior, su expresión normalizada es la primera que aparece.

Es evidente que, dada una base de numeración β, todo número real tiene una única expresión en notación científica normalizada, salvo el 0: en esta representación única se basan los sistemas de numeración en punto flotante. En concreto, un sistema de numeración en punto flotante viene determinado por los siguientes valores:

- la base de numeración β utilizada (usualmente $\beta = 2$);

- el número de bits t que se utilizan para almacenar la parte fraccionaria de la mantisa;

- el menor exponente representable L;

- el mayor exponente representable U.

Denominaremos **sistema de representación en punto flotante** (β, t, L, U) al caracterizado por una determinada elección de estos cuatro valores. Aunque en español la traducción más lógica de *floating point* sería 'coma flotante', porque tradicionalmente usamos comas y no puntos para separar la parte entera de la fraccionaria, la traducción habitual es la literal, 'punto flotante', que es la que usaremos aquí.

Los sistemas de punto flotante más usuales son los denominados simple y doble precisión:

1. **Simple precisión:** el estándar IEEE[1] para almacenar números reales en simple precisión es el sistema de representación en punto flotante $(2, 23, -126, 127)$, es decir:

   - $\beta = 2$;

   - $t = 23$;

   - $L = -126$;

   - $U = 127$.

   Un número real se almacena en este sistema en 32 bits, de los cuales 1 se reserva para el signo (con la convención 0 para signo $+$ y 1 para signo $-$), 23 para la parte fraccionaria de la mantisa y los 8 restantes para el exponente. Obsérvese que, en base $\beta = 2$, el único dígito posible para la parte entera de la mantisa normalizada es necesariamente 1, por lo que no es necesario almacenarlo. De los 8 dígitos reservados para el exponente, si se reservara 1 para el signo y 7 para su valor absoluto, se podrían representar todos los exponentes comprendidos entre -127 y 127. No obstante, se prescinde del exponente -127 a fin de liberar

---

[1] IEEE (leído i-e-cubo) son las siglas del Institute of Electrical and Electronics Engineers, una asociación técnico-profesional mundial dedicada, entre otras cosas, a la estandarización en nuevas tecnologías. Creado en el año 1884, entre sus fundadores figuran personalidades de la talla de Thomas A. Edison o Alexander Graham Bell.

configuraciones de los 32 bits para otros usos, tales como la representación del número 0 o para situaciones de *overflow* o *underflow*, que se describirán más adelante.

2. **Doble precisión:** el estándar IEEE para almacenar números reales en doble precisión es el sistema de representación en punto flotante (2, 52, -1022, 1023), es decir:

   - $\beta = 2$;
   - $t = 52$;
   - $L = -1022$;
   - $U = 1023$.

   Un número real en este sistema se almacena en 64 bits, de los cuales 1 se reserva para el signo, 52 para la parte fraccionaria de la mantisa y los 11 restantes para el exponente. Nuevamente, se prescinde del exponente -1023 para liberar configuraciones para usos especiales.

Los lenguajes de programación científica (como FORTRAN, C, C++, etc.) permiten trabajar con simple y doble precisión simultáneamente: cuando se declara una nueva variable, hay que indicar explícitamente si va a contener números en simple o doble precisión. En Matlab o Python, los números se almacenan por defecto en doble precisión, pero se puede trabajar en otras precisiones declarando previamente las variables. Es más, en Python, el usuario puede diseñar su propio sistema (β, t, L, U).

1.3.2. Números representables

En general, dado un sistema de representación en punto flotante (β, t, L, U), el conjunto de números representables, es decir, el conjunto de números que se pueden almacenar de forma exacta, es el siguiente:

$$\mathcal{F} = \left\{ \pm (a'_0 b_1 \ldots b_t)_\beta \cdot \beta^j, a_0 \in D_\beta - \{0\}, b_n \in D_\beta, 1 \le n \le t, j \in \mathbb{Z}, L \le j \le U \right\} \cup \{0\}.$$

Se pueden probar fácilmente las siguientes propiedades del conjunto $\mathcal{F}$:

- $\mathcal{F}$ es finito y su cardinal es:

$$1 + 2 \cdot (\beta - 1) \cdot \beta^t \cdot (U - L + 1).$$

Por ejemplo, para el sistema correspondiente a simple precisión:

$$card(\mathcal{F}) = 1 + 254 \cdot 2^{24} \approx 4'2614 \cdot 10^9,$$

y para doble precisión:

$$card(\mathcal{F}) = 1 + 2046 \cdot 2^{53} \approx 1'8429 \cdot 10^{19}.$$

■ El menor número positivo representable, denominado **cero máquina**, es:

$$0_m = \beta^L.$$

Para el sistema correspondiente a simple precisión:

$$0_m = 2^{-126} \approx 1'1755 \cdot 10^{-38},$$

y para doble precisión:

$$0_m = 2^{-1022} \approx 2'2251 \cdot 10^{-308}.$$

■ El mayor número positivo representable, denominado **infinito máquina**, es:

$$\begin{aligned}
\infty_m &= \left((\beta - 1) + (\beta - 1)\beta^{-1} + \ldots + (\beta - 1)\beta^{-t}\right)\beta^U \\
&= (\beta - \beta^{-t})\beta^U.
\end{aligned}$$

Para el sistema correspondiente a simple precisión:

$$\infty_m = (2 - 2^{-23})2^{127} \approx 3'4028 \cdot 10^{38},$$

y para doble precisión:

$$\infty_m = (2 - 2^{-52})2^{1023} \approx 1'7977 \cdot 10^{308}.$$

■ Los elementos de $\mathcal{F}$ no están repartidos de forma uniforme en la recta real: su densidad es mucho mayor en las proximidades de 0_m que en las de ∞_m.

1.3.3. *Overflow*, *underflow* y aproximación flotante

Cuando se introduce un número decimal en un ordenador o calculadora a través del teclado, es muy probable que no pertenezca al conjunto $\mathcal{F}$. Por ejemplo, si introducimos el número decimal $0'1$ y el ordenador trabaja en base 2, es imposible almacenar internamente el número de forma exacta, independientemente de quiénes sean N o t, ya que, como vimos en un ejemplo, la expresión de $0'1$ en base 2 no es finita.

Son tres las causas que hacen que un número $x = \pm m \cdot 2^j$ no pueda ser almacenado de forma exacta en la memoria del ordenador:

1. Que j supere al mayor exponente representable.

2. Que j sea menor que el menor exponente representable.

3. Que su mantisa tenga más de t dígitos no nulos.

En el primer caso, el ordenador responde con un mensaje de error: se dice que se ha producido un *overflow*. Usualmente, cuando el resultado de una operación está en esta situación, el mensaje que suele aparecer es que el resultado es NaN (*not a number*).

En el segundo caso, se dice que se ha producido un *underflow* y el ordenador no suele dar mensajes de error, simplemente aproxima el número por 0 o usando alguna de las configuraciones especiales que se mencionaron al describir la simple y la doble precisión.

En el tercer caso, el número se aproxima redondeando la mantisa a t dígitos fraccionarios:

Definición 1.3.3. Dados un sistema de numeración en punto flotante y un número $x \in \mathbb{R}$ tal que el exponente j de su expresión en notación científica normalizada $x = \pm m \cdot 2^j$ es representable, se denomina **aproximación flotante** de x a:

$$fl(x) = \pm rd_t(m) \cdot 2^j.$$

El número que se almacena en memoria es $fl(x)$. En consecuencia, cada vez que introducimos un número, antes incluso de operar con él, tenemos ya, por lo general un error, salvo en el caso particular en el que el número pertenezca al conjunto $\mathcal{F}$.

1.3.4. Aritmética flotante

Dado un sistema de numeración en punto flotante (β, t, L, U), las restricciones al conjunto $\mathcal{F}$ de las operaciones usuales de los números reales, tales como la suma y el producto, dejan de ser operaciones, ya que el resultado de la operación aplicada a dos elementos de dicho conjunto no tiene por qué permanecer en él. Veamos algunos ejemplos para la suma:

- $0_m + \infty_m \notin \mathcal{F}$.

- $1 + 0_m \notin \mathcal{F}$ si $t < -L$.

- En simple precisión $1 + 2^{-25} \notin \mathcal{F}$.

¿Cómo se hace entonces en un ordenador para sumar dos números x e y almacenados en memoria RAM? La suma se hace en las siguientes etapas:

1. En primer lugar, los números son transferidos a la unidad aritmético-lógica (ALU), donde se almacenan en registros especiales en los que el número de bits es mayor que el utilizado para su representación en la RAM.

2. El número de bits disponible en la ALU permite calcular de forma exacta el exponente j y los $t + 1$ primeros dígitos de la parte fraccionaria de la mantisa m de la suma exacta $s = x + y$, expresada en notación científica normalizada.

3. Tras este cálculo, el resultado de la suma es el siguiente:

   - Si $L \leq j \leq U$, se devuelve $fl(s) = rd_t(s) \cdot \beta^j$ a la RAM como resultado de la suma.

   - Si $j < L$, se produce un *underflow* y el resultado que se devuelve a la RAM es 0 o una configuración especial de las mencionadas.

   - Si $j > U$, se produce un *overflow*, se usa nuevamente una configuración especial para almacenar el resultado de la suma y aparece un mensaje de error en la pantalla.

En resumen, salvo *over-* o *underflows*, el resultado de sumar dos elementos de $\mathcal{F}$, x e y, es $fl(x + y)$.

Cuando se suman dos números x e y que no están en la memoria, sino que se introducen por teclado, hay un paso previo a la suma: calcular y almacenar en RAM sus aproximaciones flotantes, $fl(x)$ y $fl(y)$. A continuación, se aplica el procedimiento descrito a estas aproximaciones, que son elementos de $\mathcal{F}$. Es decir, salvo *over-* o *underflows*, la suma que realiza el ordenador, que denominaremos **suma flotante**, es la siguiente:

$$x \oplus y = fl(fl(x) + fl(y)).$$

Muchas de las propiedades de las operaciones de números reales dejan de verificarse de forma exacta. Así, puede ocurrir que

$$x \oplus y = x, \quad y \neq 0$$

si y es muy pequeño comparado con x. Si, por ejemplo, se trabaja en doble precisión y $x = 1$ e $y = 2^{-60}$, entonces las representaciones de los números en notación científica normalizada son:

$$x = 1 \cdot 2^0, \quad y = 1 \cdot 2^{-60},$$

y sus aproximaciones flotantes, que se obtienen redondeando a 52 dígitos fraccionarios en base 2 las mantisas (que en ambos casos son 1) coinciden con los números:

$$fl(x) = x, \quad fl(y) = y.$$

En consecuencia:

$$fl(x) + fl(y) = x + y = 1 + 2^{-60}.$$

El resultado de la suma en el ordenador sería la aproximación flotante de este número, cuya representación en notación científica normalizada es:

$$fl(x) + fl(y) = (1'\overbrace{0\ldots0}^{59}1)_2 \cdot 2^0.$$

Al redondear la mantisa a 52 dígitos fraccionarios, obtenemos:

$$x \oplus y = fl(fl(x) + fl(y)) = 1 \cdot 2^0 = x.$$

El procedimiento para calcular las demás operaciones en el ordenador es similar al presentado para la suma. Así, salvo *over-* o *underflows*, el producto, la resta y la división de dos números x e y se calculan como sigue:

$$
\begin{aligned}
x \otimes y &= fl(fl(x) \cdot fl(y)); \\
x \ominus y &= fl(fl(x) - fl(y)); \\
x \oslash y &= fl(fl(x)/fl(y));
\end{aligned}
$$

y se denominan producto flotante, resta flotante y división flotante, respectivamente.

La suma y el producto flotante son conmutativos y tienen elemento neutro (0 y 1, respectivamente), pero no tienen ni la propiedad asociativa ni la distributiva. Veamos un ejemplo: tenemos un ordenador que trabaja en simple precisión y consideramos los números

$$a = 1, \quad b = c = 2^{-25}.$$

Los tres están en el conjunto $\mathcal{F}$, por lo que

$$fl(a) = a, \quad fl(b) = fl(c) = b = c.$$

Veamos cuál es el resultado de la operación

$$(a \oplus b) \oplus c.$$

Tenemos:

$$a \oplus b = fl(a + b) = fl(1 + 2^{-25}) = 1 = a,$$

ya que la mantisa del número $1 + 2^{-25}$ tiene 24 ceros después de la coma, por lo que su redondeo a 23 dígitos fraccionarios es 1. Entonces:

$$(a \oplus b) \oplus c = a \oplus c = a,$$

puesto que $a \oplus c = a \oplus b$.

Por otro lado, veamos el resultado de la operación:

$$a \oplus (b \oplus c).$$

En primer lugar:

$$b \oplus c = fl(b + c) = fl(2^{-24}) = 2^{-24}.$$

Por tanto:

$$a \oplus (b \oplus c) = 1 \oplus 2^{-24} = fl(1 + 2^{-24}) = 1 + 2^{-23},$$

que proporciona un resultado diferente (y más preciso) del resultado exacto $1 + 2^{-24}$. En consecuencia, en un ordenador, el orden en el que se realizan las operaciones puede afectar al resultado final.

Puede resultar inquietante que una propiedad tan básica como la asociativa se pierda cuando usamos un ordenador o una calculadora… pero por lo general se tendrá que *casi* se cumple, esto es, que

$$(a \oplus b) \oplus c \approx a \oplus (b \oplus c)$$

con un error pequeño. En el ejemplo que hemos visto, la diferencia entre una y otra aproximación de $a + b + c$ es de 2^{-23}, que es un número muy pequeño. No obstante, no siempre es así. En lo que queda del capítulo profundizaremos en el estudio de los errores y su propagación a fin de tener herramientas para analizar este tipo de cuestiones.

1.4. Errores

Definición 1.4.1. Sea $\bar{a} \in \mathbb{R}$ una aproximación de un número $a \in \mathbb{R}$. Denominaremos error de la aproximación a

$$\Delta a = \bar{a} - a.$$

Si $\Delta a > 0$, se dice que $\bar{a}$ es una aproximación de a por exceso y, si $\Delta a < 0$, que es una aproximación por defecto.

Se dice que K es una cota del error si

$$|\Delta a| \leq K.$$

Se suele representar que K es una cota del error mediante las expresiones:

$$\bar{a} = a \pm K, \text{ o bien } a = \bar{a} \pm K.$$

En la práctica, lo habitual es conocer la aproximación $\bar{a}$ y una cota del error: obsérvese que, si conociéramos la aproximación y el error, también conoceríamos el valor exacto de a. La aproximación aporta tanta más información sobre el número aproximado cuanto menor es la cota de error que se puede asegurar. Por ejemplo, si nos dicen que

$$a = 1 \pm 0'5,$$

sabemos que

$$|\Delta a| = |1 - a| = |a - 1| \leq 0'5 \iff 1 - 0'5 \leq a \leq 1 + 0'5$$
$$\iff a \in [0'5, 1'5],$$

por lo que podemos asegurar que el número aproximado está en el intervalo $[0'5, 1'5]$, de longitud 1.

Si, por el contrario, nos dicen que

$$a = 1 \pm \frac{1}{2} \cdot 10^{-3},$$

sabemos que

$$|\Delta a| = |1 - a| = |a - 1| \leq \frac{1}{2} \cdot 10^{-3} \quad \Longleftrightarrow \quad 1 - 0'0005 \leq 1 + 0'0005$$

$$\Longleftrightarrow \quad a \in [0'9995, 1'0005],$$

por lo que podemos asegurar que el número aproximado está en el intervalo $[0'9995, 1'0005]$, de longitud $0'0001$, lo que nos da mucha más información.

Veamos algunas cotas de error para distintas aproximaciones que han aparecido ya a lo largo del tema:

1. En la sección 1.2.1 se obtuvieron los resultados:

   $$tr_n(x) = x \pm \beta^{-n}, \quad rd_n(x) = x \pm \frac{1}{2}\beta^{-n}.$$

2. Vamos a hallar una cota del error que se comete cuando se aproxima un número real x por su aproximación flotante $fl(x)$. Sabemos que

   $$fl(x) = \pm rd_t(m) \cdot \beta^j,$$

   siendo $\beta = 2$ y

   $$x = \pm m \cdot \beta^j$$

   la expresión de x en notación científica normalizada. Tenemos entonces:

   $$|x - fl(x)| = |m - rd_t(m)|\beta^j \leq \frac{1}{2}\beta^{j-t}.$$

Obsérvese que, mientras que las cotas obtenidas para el truncamiento y el redondeo solo dependen del número de dígitos t, la obtenida para la aproximación flotante también depende del número x a través del exponente j. En consecuencia, cuanto mayor sea dicho exponente, mayor será la cota del error. Parece que se podría deducir que la aproximación flotante es peor mientras mayor es el exponente j.

Pero esta conclusión sería errónea: la cota del error es útil para, dadas varias aproximaciones de un mismo número, deducir cuál es, en principio, la más precisa. Como ya se comentó, la que más información proporciona y, por tanto, la más precisa es aquella para la que se pueda asegurar una menor cota de error. No obstante, las cotas de error no son suficiente para decidir, dadas varias aproximaciones de distintos números, cuál es la más precisa de todas ellas. Por ejemplo, si se mide la distancia de la Tierra al Sol con una cota de error de ± 1 metro y la longitud de un bolígrafo con un error de ± 1 centímetro, claramente la primera aproximación es más precisa, aunque la cota de error sea mayor. Es decir, para comparar aproximaciones de distintos números es necesario tener en cuenta la magnitud de los mismos. Para ello, se utiliza el concepto de error relativo:

Definición 1.4.2. Sea $\bar{a} \in \mathbb{R}$ una aproximación de un número $a \in \mathbb{R}$. Denominaremos **error relativo** de la aproximación a

$$\delta_a = \frac{\Delta a}{a}.$$

El error relativo mide el error que se comete por unidad. Si multiplicamos su valor absoluto por 100, obtenemos el porcentaje de error de la aproximación: $100 \cdot |\delta_a| \%$.

Supongamos, por ejemplo, que se aproximan $a = 50$ y $b = 1000$ por $\bar{a} = 49$ y $\bar{b} = 990$, respectivamente. ¿Cuál de las dos aproximaciones es más precisa? Tenemos que

$$\Delta a = -1, \quad \Delta b = -10,$$

por lo que el error de la segunda aproximación es, en valor absoluto, 10 veces más grande que el de la primera. Pero, si comparamos los errores relativos, vemos que

$$\delta_a = -\frac{1}{50} = -0'02, \quad \delta_b = -\frac{10}{1000} = -0'01,$$

por lo que el de la segunda es la mitad que el de la primera. Por tanto, es más precisa la segunda aproximación.

Si $\bar{a}$ es una aproximación de a, se tiene:

$$\delta_a = \frac{\Delta a}{a} = \frac{\bar{a} - a}{a} = \frac{\bar{a}}{a} - 1,$$

de donde se deduce:

$$\bar{a} = a(1 + \delta_a). \tag{1.4.17}$$

Definición 1.4.3. Dada una aproximación $\bar{a}$ de a, se dice que k es una cota del error relativo si

$$|\delta_a| \leq k.$$

Se acostumbra a representar que k es una cota del error relativo mediante la expresión:

$$\bar{a} = a(1 \pm k),$$

basada en la igualdad (1.4.17). Obsérvese que si k es una cota del error relativo, ak es una cota del error, es decir:

$$\bar{a} = a(1 \pm k) \implies \bar{a} = a \pm ak.$$

Vamos a calcular una cota del error relativo δ_x que se comete cuando se aproxima un número x por su aproximación flotante $fl(x)$. Recordemos que

$$fl(x) = \pm rd_t(m) \cdot \beta^j,$$

siendo $\beta = 2$ y

$$x = \pm m \cdot \beta^j$$

la expresión de x en notación científica normalizada. Tenemos entonces:

$$|\delta_x| = \left| \frac{fl(x) - x}{x} \right| = \frac{|fl(x) - x|}{|x|} \leq \frac{\frac{1}{2}\beta^{j-t}}{m \cdot \beta^j} = \frac{1}{2}\frac{\beta^{-t}}{m}.$$

Por otro lado, tenemos:

$$m = (a_0' b_1 \ldots b_t \ldots)_\beta = a_0 + b_1\beta^{-1} + \ldots + b_t\beta^{-t} + \ldots \geq a_0 \geq 1.$$

Por tanto:

$$|\delta_x| \leq \frac{1}{2}\frac{\beta^{-t}}{m} \leq \frac{1}{2}\beta^{-t}.$$

Se obtiene finalmente la siguiente cota del error relativo, válida para todo x (siempre que $L \leq j \leq U$):

$$fl(x) = x(1 \pm \mu),$$

donde

$$\mu = \frac{1}{2}\beta^{-t}$$

es la denominada **unidad de redondeo.**

Vemos entonces que, atendiendo a la cota del error relativo, la precisión de la aproximación flotante de un número es independiente de su magnitud:

siempre está acotada por la unidad de redondeo μ, que solo depende del número de dígitos fraccionarios t. Por ejemplo, para simple precisión

$$\mu = 2^{-24} \approx 5'9605 \cdot 10^{-8},$$

y para doble precisión

$$\mu = 2^{-53} \approx 1'1102 \cdot 10^{-16}.$$

Es decir, si se usa doble precisión, el porcentaje de error que se comete al almacenar un número introducido por el teclado es del orden de 10^{-14} %.

Antes de terminar esta sección, veamos otros dos conceptos relacionados con los errores de una aproximación.

Definición 1.4.4. Se dice que $\bar{a}$ es una aproximación de a con t dígitos fraccionarios exactos en la base de numeración β si

$$\bar{a} = a \pm \frac{1}{2}\beta^{-t}.$$

La cota del error de redondeo obtenido nos permite afirmar que $rd_t(x)$ es siempre una aproximación con t dígitos exactos. De hecho, podríamos interpretar la definición en el siguiente sentido: se dice que $\bar{a}$ es una aproximación de a con t dígitos fraccionarios exactos si se puede asegurar la misma cota de error que la hallada para el redondeo a t dígitos fraccionarios.

En el caso $\beta = 10$ se suele decir que la aproximación tiene t decimales exactos.

Definición 1.4.5. Si $\bar{a}$ es una aproximación de a tal que

$$\bar{a} = a \pm \frac{1}{2}\beta^{j}$$

para algún entero j, se denominan dígitos significativos de $\bar{a}$ a todos los de su expresión en base β que quedan a la derecha del primer dígito no nulo (empezando por la izquierda) y a la izquierda del dígito que corresponde a la potencia β^{j} incluyendo a ambos si es que los hubiera (es decir, si el primer dígito no nulo queda a la izquierda del que corresponde a β^{j}).

Aunque la definición parece un trabalenguas, con ejemplos se entiende mejor: si nos dicen que

$$a = 1'234567 \pm \frac{1}{2}10^{-3},$$

son entonces dígitos significativos todos los comprendidos entre el primer dígito no nulo empezando por la izquierda (el 1) y el correspondiente a 10^{-3} (el 4), incluyendo a estos dos. Se trata, por tanto, de una aproximación con 4 dígitos significativos.

Si tenemos

$$b = 0'00012 \pm \frac{1}{2}10^{-3},$$

la aproximación también tiene 3 dígitos fraccionarios exactos. Pero ahora el primer dígito no nulo por la izquierda (el 1) queda a la derecha del correspondiente a 10^{-3}, por lo que no tiene ningún dígito significativo.

Esencialmente, los dígitos significativos son aquellos que nos proporcionan alguna información sobre los dígitos de la expresión del número aproximado a en la base β. Por ejemplo, en la aproximación anterior, ¿qué podemos decir de la expresión decimal de a? La cota de error proporcionada nos permite hallar un intervalo al que pertenece a con seguridad:

$$|a - 1'234567| \leq \frac{1}{2}10^{-3} \iff a \in [1'234067, 1'235067].$$

La expresión decimal de todos los números del intervalo hallado y, por tanto, la de a comienza por

$$1'23\ldots$$

pero en el tercer decimal puede tener un 4 o un 5. Ahora bien, desde el cuarto decimal en adelante, puede aparecer cualquier dígito. Por tanto, los únicos dígitos que proporcionan una cierta información sobre la expresión decimal son los significativos.

En el segundo caso sabemos que

$$b \in [0'00012 - 0'0005, 0'00012 + 0'0005] = [-0'00038, 0'00062],$$

por lo que los dígitos 1 y 2 que aparecen en la aproximación no nos dan ninguna información sobre los de b.

Al igual que ocurría con el error y el error absoluto, el número de dígitos fraccionarios exactos nos permite decidir, dadas varias aproximaciones de un mismo número, cuál de ellas es la más precisa, mientras que el número de dígitos significativos nos permite comparar aproximaciones de distintos números. Veamos un ejemplo:

Aproximación	N.º dígitos fracc. exactos	N.º dígitos significativos
$0'001234 \pm \frac{1}{2}10^{-5}$	5	3
$56'7897 \pm \frac{1}{2}10^{-4}$	4	6
$1208'2 \pm \frac{1}{2}10^{-1}$	1	5
$0'000024 \pm \frac{1}{2}10^{-6}$	6	2
$15235 \pm \frac{1}{2}10$	0	4
$491567892 \pm \frac{1}{2}10^{2}$	0	7

Atendiendo a la segunda columna, la mejor aproximación sería la cuarta, pero en el concepto de número de dígitos exactos no se tiene en cuenta el tamaño del número, como sí ocurre en el de número de dígitos significativos, ya que la situación del primer dígito no nulo a la izquierda está relacionada con dicho tamaño. Así pues, es la tercera columna la que nos dice cuál es la aproximación más precisa: la última.

Si tenemos, por ejemplo, la aproximación $a = \bar{a} \pm 0'003$, ¿cuál será su número de cifras decimales exactas? Atendiendo a la definición de cifras decimales exactas, sería necesario obtener una cota de la forma $1/2 \cdot 10^{-t}$. Teniendo en cuenta las desigualdades

$$|a - \bar{a}| \leq 0'003 < 0'005 = \frac{1}{2}10^{-2},$$

vemos que pueden asegurarse dos cifras decimales exactas.

1.5. Propagación de errores

En esta sección nos planteamos la siguiente cuestión: si hacemos una operación matemática con números aproximados, ¿cómo afecta el error de estas aproximaciones al que se comete en el resultado final? Esto es lo que ocurre casi siempre que se realizan operaciones con un ordenador.

Supongamos, por ejemplo, que queremos evaluar una función f en un punto x del que conocemos solo una aproximación $\bar{x}$. ¿Cómo afecta el error Δx al valor de la función?

Para responder a esta cuestión vamos a usar los polinomios de Taylor. Repasemos algunos resultados conocidos de este tipo de polinomios:

Definición 1.5.1. Dada una función f n veces derivable en un punto c, se denomina polinomio de Taylor de f de grado n desarrollado en c al polinomio

$$p_{f,n,c}(x) = f(c) + f'(c)(x-c) + \frac{f''(c)}{2}(x-c)^2 + \ldots + \frac{f^{(n)}(c)}{n!}(x-c)^n.$$
$$(1.5.18)$$

Usaremos a menudo la notación

$$f^{(0)}(x) = f(x),$$

ya que es útil para escribir fórmulas como (1.5.18) en forma de sumatorio:

$$p_{f,n,c}(x) = \sum_{k=0}^{n} \frac{f^{(k)}(c)}{k!}(x-c)^k.$$
$$(1.5.19)$$

En esta última expresión también se ha usado el convenio usual

$$0! = 1.$$

El polinomio de Taylor es el único polinomio de grado menor o igual que n que satisface las igualdades:

$$p_{f,n,c}^{(k)}(c) = f^{(k)}(c), \quad k = 0, \ldots, n.$$

De hecho, $p_{f,n,c}$ es el polinomio de grado menor o igual que n cuya gráfica se aproxima más a la de f en las proximidades de f (véase la figura 1.1).

Obsérvese, por ejemplo, que la gráfica del polinomio de grado 1

$$p_{f,1,c}(x) = f(c) + f'(c)(x-c)$$

no es más que la recta tangente a la gráfica de f en el punto $(c, f(c))$.

El siguiente resultado (teorema de Taylor) da una expresión del error que se comete cuando se aproxima f por $p_{f,n,c}$.

Teorema 1.5.1. *Sea $f : I \subset \mathbb{R} \mapsto \mathbb{R}$ y sean c, x dos puntos distintos de I. Si f es $n+1$ veces derivable en (c, x) o (x, c) y n veces derivable en $[c, x]$ o $[x, c]$ (según si $c < x$ o $x < c$), entonces existe $\xi \in (c, x)$ o (x, c) tal que*

$$f(x) = p_{f,n,c}(x) + \frac{f^{(n+1)}(\xi)}{(n+1)!}(x-c)^{n+1}.$$
$$(1.5.20)$$

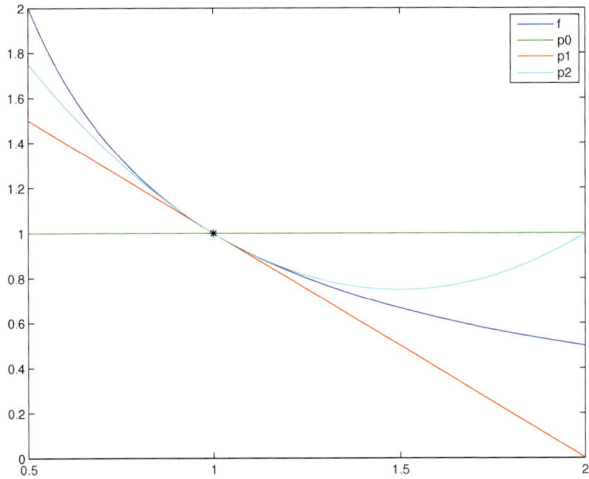

Figura 1.1. Polinomios de Taylor $p_{f,0,1}$ (p0), $p_{f,1,1}$ (p1), $p_{f,2,1}$ (p2).

El segundo sumando de la expresión de la derecha de la fórmula (1.5.20) es el *resto* o error que se comete al aproximar $f(x)$ por $p_{f,n,c}(x)$. Esta expresión, denominada *forma de Lagrange* del error, es similar a otras fórmulas de error que encontraremos en los próximos temas. En ella se aprecia que el error es tanto menor mientras más próximo a c está x o mientras mayor es n.

El teorema de Taylor puede ser entendido como una generalización del teorema del valor medio, ya que, para $n = 0$, lo que afirma es la existencia de un punto ξ situado entre x y c tal que

$$f(x) = f(c) + f'(\xi)(x - c)$$

o, equivalentemente,

$$f'(\xi) = \frac{f(x) - f(c)}{x - c}.$$

Bajo las condiciones de regularidad del teorema, tenemos asegurada la existencia de un punto ξ entre x y c tal que

$$f(x) = \sum_{k=0}^{n} \frac{f^{(k)}(c)}{k!}(x - c)^k + \frac{f^{(n+1)}(\xi)}{(n+1)!}(x - c)^{n+1}.$$

Equivalentemente, si denominamos $h = x - c$, esta igualdad puede escribirse como sigue:

$$f(c + h) = \sum_{k=0}^{n} \frac{f^{(k)}(c)}{k!} h^k + \frac{f^{(n+1)}(\xi)}{(n+1)!} h^{n+1}.$$

En particular, para $n = 1$:

$$f(c + h) = f(c) + f'(c)h + \frac{f''(\xi)}{2} h^2.$$

Volviendo a la cuestión inicial, si queremos evaluar f en x pero solo conocemos una aproximación $\bar{x}$ de x y f satisface las hipótesis del teorema de Taylor, tendremos:

$$f(\bar{x}) = f(x + \Delta x) = f(x) + f'(x)\Delta x + \frac{f''(\xi)}{2} \Delta x^2. \qquad (1.5.21)$$

Si el error Δx es muy pequeño, su cuadrado es muy pequeño comparado con el error. En consecuencia:

$$f(\bar{x}) \approx f(x) + f'(x)\Delta x,$$

lo que implica que

$$\Delta f = f(\bar{x}) - f(x) \approx f'(x)\Delta x.$$

Vemos, por tanto, que el error se multiplica aproximadamente por el factor $f'(x)$: el valor de la función es tanto más sensible a errores en el punto donde se evalúa mientras mayor es el valor absoluto de la derivada en dicho punto.

Si tenemos una cota del error

$$|\Delta x| \leq K,$$

obtenemos la *cota aproximada* del error en f siguiente:

$$|\Delta f| \lesssim |f'(x)|K.$$

En cuanto al error relativo, si $f(x) \neq 0$, se tiene:

$$\delta f = \frac{\Delta f}{f(x)} \approx \frac{f'(x)}{f(x)}\Delta x = \frac{x f'(x)}{f(x)}\delta x.$$

Vemos entonces que el error relativo se multiplica aproximadamente por el factor $\frac{x f'(x)}{f(x)}$. Si tenemos una cota del error relativo

$$|\delta x| \leq k,$$

obtenemos la cota aproximada del error:

$$|\delta f| \lesssim \left| \frac{x f'(x)}{f(x)} \right| k.$$

Veamos algunos ejemplos:

1. Se quiere calcular el volumen de una esfera cuyo radio es

$$r = 2 \pm 10^{-3} cm.$$

   El volumen aproximado es

$$V = \frac{4}{3}\pi 2^3 cm^3,$$

   y se desea calcular una cota aproximada del error cometido. Para responder, vemos que $V = f(2)$, siendo

$$f(x) = \frac{4}{3}\pi x^3,$$

   que verifica las hipótesis del teorema de Taylor. Tenemos además que

$$f'(2) = 4\pi 2^2 = 16\pi.$$

   En consecuencia:

$$|\Delta V| \lesssim 16\pi 10^{-3} = 0'0502\ldots$$

2. Se quiere calcular $1/c$ para un cierto número $c \in (0, \infty)$ del que sólo se conoce una aproximación $\bar{c} \in (0, \infty)$ tal que:

$$\bar{c} = c(1 \pm k).$$

   Se desea obtener una cota aproximada del error relativo $\delta_{c^{-1}}$ cometido al aproximar $1/c$ por $1/\bar{c}$. Como la función $f(x) = 1/x$ en $(0, \infty)$ está en las hipótesis del teorema de Taylor y

$$\frac{c f'(c)}{f(c)} = -1,$$

   obtenemos:

$$|\delta_{c^{-1}}| \lesssim k.$$

1.5.1. Propagación de errores en aritmética flotante

Ya hemos visto que el error relativo que se comete cuando se aproxima un número para poder almacenarlo en el ordenador está acotado por la unidad de redondeo $\mu = \frac{1}{2}\beta^{-t}$. Lo que abordamos en esta sección es cómo afectan estos errores al resultado de una operación aritmética. En concreto, vamos a demostrar que se tienen las siguiente cotas aproximadas para el error relativo que se comete cuando se calculan las operaciones aritméticas básicas:

- Producto:
$$\left| \frac{x \otimes y - xy}{xy} \right| \lesssim 3\mu.$$

- Suma:
$$\left| \frac{x \oplus y - (x+y)}{x+y} \right| \lesssim \left(\frac{|x|}{|x+y|} + \frac{|y|}{|x+y|} + 1 \right) \mu. \qquad (1.5.22)$$

- División:
$$\left| \frac{y \oslash x - y/x}{y/x} \right| \lesssim 3\mu.$$

Antes de demostrarlas, vamos a comentar su significado. En el caso del producto o la división, el error relativo del resultado está controlado. En efecto, es a lo sumo 3 veces la unidad de redondeo, lo que es razonable, porque en su cálculo se redondea 3 veces: se redondean los dos números y el resultado de la operación. No obstante, en el caso de la suma hay dos casos muy distintos:

1. Si x e y tienen el mismo signo, entonces tanto $x/(x+y)$ como $y/(x+y)$ son positivos, y la cota aproximada del error relativo se reduce a:
$$\left| \frac{x \oplus y - (x+y)}{x+y} \right| \lesssim \left(\frac{x}{x+y} + \frac{y}{x+y} + 1 \right) \mu = 2\mu.$$

   En este caso, la situación es aún mejor que en el caso del producto: el error relativo que se produce cuando calculamos en el ordenador dos números del mismo signo, está aproximadamente acotado por 2 veces la unidad de redondeo.

2. Si x e y tienen distinto signo, la expresión a la derecha de (1.5.22) no se puede simplificar más. Obsérvese que, en este caso, el factor que

aparece multiplicando a μ puede dispararse si el denominador de las dos fracciones se aproxima a 0, es decir, si $x + y \approx 0$. En consecuencia, la suma de dos números de distinto signo puede disparar el error relativo si los números son próximos en valor absoluto y de signo contrario. Nótese que, si $x = -y$, entonces $fl(x) = -fl(y)$ y entonces $x + y = x \oplus y$, por lo que el error es 0: las dificultades solo aparecen cuando se restan números próximos pero distintos.

Al aumento brusco del error relativo (y la consiguiente pérdida drástica de dígitos significativos) que se produce al restarse dos números próximos se le denomina **error de cancelación.** Veamos un ejemplo sencillo. Supongamos que tenemos las siguientes aproximaciones:

$$x = 1'2345678 \pm \frac{1}{2}10^{-4}, \quad y = 1'2345321 \pm \frac{1}{2}10^{-4}.$$

Ambas aproximaciones tienen 4 decimales exactos y 5 dígitos significativos. Si aproximamos la diferencia entre x e y por la diferencia de las aproximaciones:

$$x - y \approx 0'0000357,$$

¿cuántos dígitos significativos podemos asegurar? Para responder a esta pregunta encontremos primero una cota de error:

$$
\begin{aligned}
|x - y - 0'0000357| &= |(x - 1'2345678) - (y - 1'2345321)| \\
&\leq |x - 1'2345678| + |y - 1'2345321| \\
&\leq \frac{1}{2}10^{-4} + \frac{1}{2}10^{-4} \\
&= 10^{-4} \\
&< \frac{1}{2}10^{-3},
\end{aligned}
$$

por lo que solo podemos asegurar 3 cifras decimales exactas y, en consecuencia, 0 dígitos significativos. . .

Se dice que un problema o una operación matemática están **mal condicionados** si errores relativos pequeños en los datos pueden provocar errores relativos grandes en los resultados. En consecuencia, la resta de números próximos es una operación mal condicionada, por lo que se debe evitar siempre que sea posible.

Un ejemplo típico en el que la diferencia de dos números próximos puede aparecer o ser evitada es el cálculo de las raíces de un polinomio de segundo grado. En efecto, supongamos que queremos resolver

$$ax^2 + bx + c = 0.$$

Es sabido que las dos soluciones de la ecuación vienen dadas por:

$$x_1 = \frac{-b - \sqrt{b^2 - 4ac}}{2a}, \quad x_2 = \frac{-b + \sqrt{b^2 - 4ac}}{2a}.$$

Supongamos, sin pérdida de generalidad, que $b \leq 0$ (en otro caso, se multiplicaría la ecuación por -1). Si b^2 es mucho mayor que $4ac$, entonces

$$\sqrt{b^2 - 4ac} \approx \sqrt{b^2} = -b.$$

En ese caso, en el numerador de la expresión de x_1 aparece la diferencia de dos números próximos, lo que puede llevar a la aparición de errores de cancelación. Obsérvese que en el cálculo de x_2 no hay problema, puesto que en el numerador aparece la suma de dos números positivos.

Una forma de evitar la cancelación consiste en reescribir x_1 como sigue:

$$\begin{aligned}
x_1 &= -\frac{b + \sqrt{b^2 - 4ac}}{2a} \\
&= -\frac{(b + \sqrt{b^2 - 4ac})(b - \sqrt{b^2 - 4ac})}{2a(b - \sqrt{b^2 - 4ac})} \\
&= \frac{2c}{\sqrt{b^2 - 4ac} - b}.
\end{aligned}$$

En el denominador aparece la diferencia de un número positivo y uno negativo, por lo que desaparece el problema.

Con este ejemplo se ve que fórmulas que son matemáticamente equivalentes pueden conducir a resultados numéricos muy diferentes. En este caso, los errores relativos en los datos afectan menos a la segunda fórmula, que proporciona, en consecuencia, un mejor resultado.

A continuación se detallan las deducciones de las cotas aproximadas del error relativo para las distintas operaciones:

A) Producto

Sabemos que, salvo *over-* o *underflow*, el resultado de mutliplicar dos números x e y usando el sistema de representación en punto flotante (β, t, L, U) es

$$x \otimes y = fl(p),$$

siendo p el producto exacto de las aproximaciones flotantes de los factores:

$$p = fl(x) \cdot fl(y).$$

Vamos a obtener una cota aproximada del error relativo que se comete cuando se aproxima $x \cdot y$ por $x \otimes y$. Para ello, partimos de las siguientes igualdades:

$$
\begin{aligned}
x \otimes y &= fl(p) = p(1 + \delta_p) \\
&= fl(x) \cdot fl(y) \cdot (1 + \delta_p) \\
&= x(1 + \delta_x)\, y(1 + \delta_y)(1 + \delta_p) \\
&= xy(1 + \delta_x + \delta_y + \delta_p + \delta_x\delta_y + \delta_x\delta_p + \delta_y\delta_p + \delta_x\delta_y\delta_p),
\end{aligned}
$$

siendo δ_x, δ_y, δ_p, respectivamente, los errores relativos que se cometen cuando aproximamos los números x, y, p por sus aproximaciones flotantes $fl(x)$, $fl(y)$, $fl(p)$, todos ellos acotados por μ.

A fin de simplificar la última expresión, vamos a proceder como sigue: si t es suficientemente grande, μ es un número muy pequeño: recuérdese que, para simple precisión, μ era del orden de 10^{-8} y, para doble precisión, del orden de 10^{-16}. Los errores relativos, cuyos valores absolutos son menores que μ, son en consecuencia números muy pequeños. Entonces, los productos de errores relativos y sus cuadrados son muy pequeños comparados con los errores relativos, ya que sus valores absolutos están acotados por μ^2 (que es del orden de 10^{-16} en simple precisión y del orden de 10^{-32} en doble precisión). Con más razón, el producto de tres errores relativos va a ser muy pequeño comparado con los errores relativos. Lo que vamos a hacer, en consecuencia, es despreciar los productos y potencias de errores relativos. Obtenemos entonces la siguiente aproximación:

$$
x \otimes y \approx xy(1 + \delta_x + \delta_y + \delta_p),
$$

de la que deducimos:

$$
|x \otimes y - xy| \approx |xy||\delta_x + \delta_y + \delta_p| \le |xy|(|\delta_x| + |\delta_y| + |\delta_p|) \le 3\mu|xy|.
$$

Es decir, hemos obtenido la siguiente cota aproximada del error:

$$
|x \otimes y - xy| \lesssim 3\mu|xy|,
$$

de la que deducimos, finalmente, la siguiente cota para el error relativo:

$$
\left| \frac{x \otimes y - xy}{xy} \right| \lesssim 3\mu.
$$

Se trata de un resultado razonable: puesto que intervienen tres errores debido a aproximar x, y, p por sus aproximaciones flotantes, el error relativo del producto está acotado por 3μ. En este sentido, el producto es una operación *segura*: el error relativo sigue siendo del orden de μ, por lo que no se dispara.

Obsérvese que, en caso de no haber despreciado los productos de errores relativos, hubiéramos obtenido la siguiente cota del error relativo:

$$\left| \frac{x \otimes y - xy}{xy} \right| \le g(\mu) = 3\mu + 3\mu^2 + \mu^3,$$

pero, a efectos de estudiar si el error relativo se dispara o se mantiene razonablemente acotado, es suficiente con estudiar el primer término de la cota obtenida, siempre que μ sea pequeño.

B) Suma

Cuando se suman dos números reales x e y con un programa que trabaja con el sistema de representación en punto flotante (β, t, L, U), el resultado de la suma es, salvo *over-* o *underflows*,

$$x \oplus y = fl(s),$$

siendo s la suma exacta de las aproximaciones flotantes de los factores:

$$s = fl(x) + fl(y).$$

Vamos a obtener una cota aproximada del error relativo que se comete cuando se aproxima $x+y$ por $x \oplus y$. Para ello, partimos de la siguiente cadena de igualdades:

$$\begin{aligned}
x \oplus y &= fl(s) = s(1 + \delta_s) \\
&= (fl(x) + fl(y)) \cdot (1 + \delta_s) \\
&= (x(1 + \delta_x) + y(1 + \delta_y))(1 + \delta_s) \\
&= x + y + x\delta_x + y\delta_y + (x + y)\delta_s + x\delta_x\delta_s + y\delta_y\delta_s,
\end{aligned}$$

siendo δ_x, δ_y, δ_s, respectivamente, los errores relativos que se cometen cuando aproximamos los números x, y, s por sus aproximaciones flotantes $fl(x)$, $fl(y)$, $fl(s)$, todos ellos acotados por μ.

Despreciando nuevamente los productos de errores relativos, llegamos a la aproximación:

$$x \oplus y \approx x + y + x\delta_x + y\delta_y + (x + y)\delta_s,$$

de la que deducimos:

$$|x \oplus y - (x+y)| \lesssim (|x| + |y| + |x+y|)\mu,$$

así como la expresión (1.5.22):

$$\left| \frac{x \oplus y - (x+y)}{x+y} \right| \lesssim \left(\frac{|x|}{|x+y|} + \frac{|y|}{|x+y|} + 1 \right) \mu.$$

C) Inverso para el producto

Veamos a continuación qué ocurre con el cálculo del inverso para el producto de un número no nulo x. En este caso, salvo *over-* o *underflows*, la aproximación que daría el ordenador sería:

$$1 \oslash x = fl(d),$$

siendo d el inverso exacto de la aproximación flotante de x:

$$d = \frac{1}{fl(x)}.$$

Vamos a obtener una cota aproximada del error relativo que se comete cuando se aproxima $1/x$ por $1 \oslash x$. Para ello, partimos de la siguiente cadena de igualdades:

$$\begin{aligned} 1 \oslash x &= fl(d) = d(1 + \delta_d) \\ &= \frac{1}{fl(x)} \cdot (1 + \delta_d) \\ &= \frac{1}{x(1 + \delta_x)} \cdot (1 + \delta_d), \end{aligned} \tag{1.5.23}$$

siendo δ_x y δ_d los errores relativos que se cometen al aproximar x y d por $fl(x)$ y $fl(d)$, respectivamente.

Aplicando la expresión (1.5.21) para la función $f(x) = 1/x$ definida en $(0, \infty)$ (obsérvese que dicha expresión se dedujo del teorema de Taylor, cuyas hipótesis se cumplen si $|\delta_x|$ es suficientemente pequeño), se obtiene:

$$\begin{aligned} \frac{1}{x(1 + \delta_x)} &= \frac{1}{x} - \frac{1}{x^2} x \delta_x + \frac{2}{2\xi^3} x^2 \delta_x^2 \\ &= \frac{1}{x} - \frac{\delta_x}{x} + \frac{x^2 \delta_x^2}{\xi^3}. \end{aligned}$$

Podemos ahora aplicar esta igualdad en (1.5.23) y obtenemos:

$$
\begin{aligned}
1 \oslash x &= \frac{1}{x(1+\delta_x)} \cdot (1+\delta_d) \\
&= \left(\frac{1}{x} - \frac{\delta_x}{x} + \frac{x^2 \delta_x^2}{\xi^3} \right) \cdot (1+\delta_d) \qquad (1.5.24) \\
&\approx \frac{1}{x} - \frac{\delta_x}{x} + \frac{\delta_d}{x},
\end{aligned}
$$

donde la última línea se ha obtenido despreciando productos y potencias de errores relativos, como en los casos del producto y la suma. Obtenemos finalmente:

$$
\frac{1 \oslash x - 1/x}{1/x} \approx -\delta_x + \delta_d,
$$

y la cota aproximada del error relativo:

$$
\left| \frac{1 \oslash x - 1/x}{1/x} \right| \lesssim 2\mu.
$$

En consecuencia, el error relativo no se dispara al aproximar el inverso de un número.

D) División

Veamos finalmente cómo se comporta el error relativo cuando se dividen un número y por otro no nulo x en un ordenador. En este caso, salvo *over-* o *underflows*, la aproximación que daría el ordenador sería:

$$
y \oslash x = fl(y) \cdot (1/fl(x)) \cdot (1+\delta_d),
$$

siendo δ_d el error cometido al redondear el resultado de la división para pasarlo al sistema de numeración. Usando lo ya visto para el producto y el inverso de un número, obtenemos:

$$
\begin{aligned}
y \oslash x &= fl(y) \cdot (1/fl(x)) \cdot (1+\delta_d) \\
&\approx y(1+\delta_y) \cdot \left(\frac{1}{x} - \frac{\delta_x}{x} \right) \cdot (1+\delta_d) \\
&\approx \frac{y}{x}(1+\delta_y - \delta_x + \delta_d),
\end{aligned}
$$

de donde se deduce la cota aproximada:

$$
\left| \frac{y \oslash x - y/x}{y/x} \right| \lesssim 3\mu.
$$

El comportamiento es, en consecuencia, similar al del producto.

1.6. Ejercicios propuestos

Ejercicio 1.1. Convierte los siguientes números binarios a forma decimal:

(a) $(1010)_2$.

(b) $(100101)_2$.

Ejercicio 1.2. Convierte los siguientes números en base 10 a forma binaria:

(a) 45.

(b) 18.

Ejercicio 1.3. Convierte los siguientes números binarios a forma decimal:

(a) $(0'1100011)_2$.

(b) $(11'111111)_2$.

Ejercicio 1.4. Convierte los siguientes números decimales a base 2:

(a) $0'1$.

(b) $3'8$.

Ejercicio 1.5. Dados los dígitos

$$a_N, a_{N-1}, \ldots, a_0, b_1, \ldots, b_{j-1}, b_j,$$

de la base de numeración β, demuestra, suponiendo que $b_j < \beta - 1$, que las representaciones

$$\left(a_N a_{N-1} \ldots a_0' b_1 \ldots b_j \overline{(\beta - 1)} \right)_\beta$$

y

$$(a_N a_{N-1} \ldots a_0' b_1 \ldots b_{j-1}(b_j + 1))_\beta$$

definen el mismo número real.

Ejercicio 1.6. Sea $x = (\beta - 1)\beta^{-(t+1)}$, siendo $\beta \geq 2$ y $t \geq 1$ dos números naturales.

(a) Calcula el truncamiento $tr_t(x)$ y el redondeo $rd_t(x)$ de x a t dígitos fraccionarios en base β.

(b) Calcula el error absoluto y relativo que se comete al aproximar x por $tr_t(x)$ y por $rd_t(x)$.

(c) Compara con las cotas teóricas. ¿Coinciden en algún caso el error y la cota?

Ejercicio 1.7. Sea el sistema de números en punto flotante normalizado $\mathcal{F}(\beta, t, L, U) = \mathcal{F}(2, 3, -1, 2)$.

(a) Escribe todos los números del sistema.

(b) Calcula el cero máquina y el infinito máquina de dicho sistema.

Ejercicio 1.8. Se sabe que $1'234567$ es una aproximación de un cierto número a con 4 cifras decimales exactas. Caracteriza el conjunto de todos los posibles valores de a.

Ejercicio 1.9. Hoy día se sabe que el número π es irracional (sus 10 primeras cifras decimales son $3'1415926535$), pero durante mucho tiempo se creyó que era racional. Así, el astrónomo chino Tsu Chung-Chi (430 d. C.) dio la aproximación $\bar{\pi} = \frac{355}{113}$, cuyas 10 primeras cifras decimales son $3'1415929203$. Calcula el número de decimales exactos y el número de dígitos significativos de la mencionada aproximación.

Ejercicio 1.10. La medición del lado de un cuadrado fue de 10 cm con un error posible de $\pm 0'3$ cm. Halla una cota aproximada del error absoluto y relativo cometido al calcular el área.

Ejercicio 1.11. Un tanque de almacenamiento de aceite en forma de cilindro circular vertical tiene una altura de 5 m. El radio mide 8 m con un error posible de $\pm 0'25$ m. Calcula una cota aproximada del error absoluto cometido al calcular el volumen.

Ejercicio 1.12. El alcance R de un proyectil con una velocidad inicial v_0 y un ángulo θ está dado por la fórmula

$$R = \frac{v_0^2}{g}\,\mathrm{sen}(2\theta),$$

siendo g la aceleración de la gravedad. Si v_0 y θ se mantienen constantes, demuestra que el error relativo que se comete al calcular el alcance es aproximadamente proporcional al error relativo que se comete en g.

Capítulo 2

Resolución de ecuaciones

2.1. Introducción

Resolver la ecuación

$$x^2 - 3x + 2 = 0 \qquad (2.1.1)$$

significa, como es bien sabido, buscar valores numéricos de x que satisfagan la igualdad. En este caso, se trata de una ecuación de segundo grado que todos sabemos resolver usando la conocida regla

$$x = \frac{-b \pm \sqrt{b^2 - 4ac}}{2a}, \qquad (2.1.2)$$

que permite hallar las soluciones (en caso de existir) de la ecuación

$$ax^2 + bx + c = 0.$$

En el caso particular de (2.1.1), esta fórmula nos da las soluciones de la ecuación:

$$x = 1, \quad x = 2.$$

Si tenemos que resolver ahora la ecuación

$$x^3 - 6x^2 + 11x - 6 = 0, \qquad (2.1.3)$$

sabemos que, en caso de existir alguna solución entera, esta tiene que ser un divisor del término independiente (es decir, el que no va multiplicado por ninguna potencia de x), que en este caso es 6. Es razonable entonces probar si son soluciones ± 1, ± 2, ± 3, ± 6. Y, en efecto, $x = 1$ es solución, como vemos si usamos la regla de Ruffini:

$$
\begin{array}{r|rrrr}
 & 1 & -6 & 11 & -6 \\
1 & & 1 & -5 & 6 \\
\hline
 & 1 & -5 & 6 & 0
\end{array}
$$

Es decir:

$$x^3 - 6x^2 + 11x - 6 = (x - 1)(x^2 - 5x + 6),$$

y de esta igualdad extraemos dos conclusiones: primera, que $x = 1$ resuelve la ecuación (2.1.3) (basta sustituir x por 1 en la anterior igualdad); segunda, que las demás soluciones (si existen) tienen que serlo también de

$$x^2 - 5x + 6 = 0.$$

Una nueva aplicación de la fórmula (2.1.2) permite calcular las otras dos soluciones:

$$x = 2, \quad x = 3.$$

Ahora bien, este procedimiento solo funciona cuando hay alguna raíz entera, cosa que no siempre tiene que ocurrir. Por ejemplo, si consideramos la nueva ecuación

$$x^5 - 5x^3 + 1 = 0, \tag{2.1.4}$$

se puede comprobar fácilmente que ni $x = -1$ ni $x = 1$ la satisfacen, por lo que no puede tener soluciones enteras (¿por qué?). ¿Cómo podemos saber si tiene o no soluciones? Si consideramos la función polinómica

$$f(x) = x^5 - 5x^3 + 1,$$

la ecuación (2.1.4) es equivalente a buscar los ceros de la función f que, como sabemos, se corresponden con los cortes de la gráfica de f con el eje de abscisas. En consecuencia, una forma de saber si la ecuación tiene soluciones o no consiste en estudiar la gráfica de f y ver si pasa por el eje de abscisas y cuántas veces lo hace. Como es habitual, se empieza derivando la función:

$$f'(x) = 5x^4 - 15x^2 = 5x^2(x^2 - 3).$$

La derivada tiene tres ceros: $-\sqrt{3}$, 0 y $\sqrt{3}$. Estudiando el signo de la derivada entre estos tres puntos, es fácil ver que la función f es estrictamente

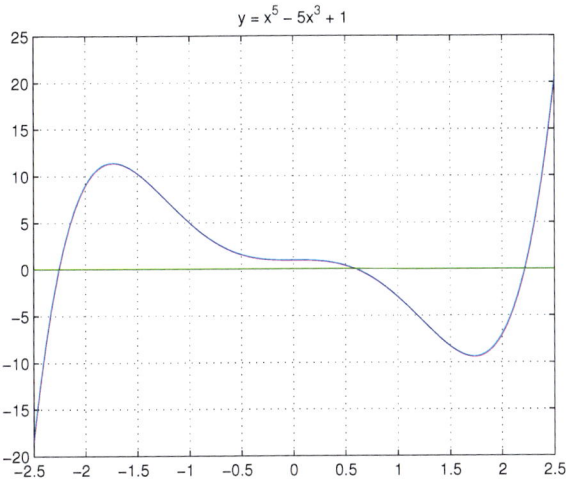

Figura 2.1. Gráfica de $f(x) = x^5 - 5x^3 + 1$.

creciente en $(-\infty, -\sqrt{3})$, decreciente en $(-\sqrt{3}, \sqrt{3})$ y estrictamente creciente en $(\sqrt{3}, \infty)$. Por tanto, $-\sqrt{3}$ es un punto de máximo local, $x = \sqrt{3}$, un punto de mínimo local, y $x = 0$, un punto de inflexión. Además:

$$f\left(-\sqrt{3}\right) = 1 + 6\sqrt{3} > 0,$$
$$f(0) = 1 > 0,$$
$$f\left(\sqrt{3}\right) = 1 - 6\sqrt{3} < 0,$$
$$\lim_{x \to -\infty} f(x) = -\infty,$$
$$\lim_{x \to \infty} f(x) = \infty.$$

Toda esta información permite que nos hagamos una idea de cómo es la gráfica de f (véase la figura 2.1). Y de este dibujo extraemos la conclusión de que f pasa tres veces por el eje de abscisas. Además, si tenemos en cuenta la siguiente tabla de valores

x	$f(x)$
-3	-107
-2	9
0	1
1	-3
2	-7
3	109

y el hecho de que f es continua, el teorema de Bolzano nos permite afirmar que en cada uno de los intervalos $[-3, -2]$, $[0, 1]$ y $[2, 3]$ hay al menos un cero de la función f. Pero, como en cada uno de estos intervalos la función es estrictamente monótona, no puede haber más de uno.

Como conclusión de todo este estudio, podemos decir que la ecuación (2.1.4) tiene tres soluciones que están contenidas en los intervalos $[-3, -2]$, $[0, 1]$ y $[2, 3]$. A este procedimiento se le denomina **aislar las raíces** de la función. Pero, una vez aisladas, ¿cómo podemos calcularlas? Podríamos preguntarnos si existirá alguna fórmula similar a (2.1.2) para ecuaciones polinómicas de mayor grado. La respuesta es positiva para grado 3 y 4. Son las denominadas **fórmulas de Cardano,** que este hizo públicas en su obra *Ars magna* (1545), aunque fueron descubiertas con anterioridad: la fórmula para ecuaciones de grado 3 fue descubierta por Scipione del Ferro en 1515 y para las de grado 4 por Ludovico Ferrari. Tras la publicación del *Ars magna* de Cardano, muchos matemáticos intentaron encontrar una fórmula general para las de grado 5, pero solo hallaban resultados parciales. La teoría desarrollada por Evariste Galois (1811-1832) permitió probar en el siglo XIX que no es posible encontrar una fórmula general para ecuaciones polinómicas de grado 5 o superior que permita calcular con exactitud las soluciones con un número finito de operaciones. Lo que sí es posible es aplicar métodos numéricos que nos permitan aproximar dichas soluciones con la precisión deseada: este será el objetivo del presente capítulo.

Hasta ahora, todos los ejemplos vistos correspondían a ecuaciones polinómicas, pero estas no son las únicas posibles: podemos considerar ecuaciones tales como

$$x - e^{-x} = 0. \tag{2.1.5}$$

Por más cálculos que se hagan, no es posible *despejar la x*. Si, como en el caso anterior, consideramos la función

$$f(x) = x - e^{-x},$$

podemos estudiar su gráfica para aislar las raíces. En este caso:

$$f'(x) = 1 + e^{-x} > 0, \quad \forall x \in \mathbb{R}.$$

La función es estrictamente creciente, por lo que, a lo sumo, puede tener un 0 (véase la figura 2.2). Teniendo en cuenta que

$$f(0) = -1, \quad f(1) = 1 - \frac{1}{e} > 0,$$

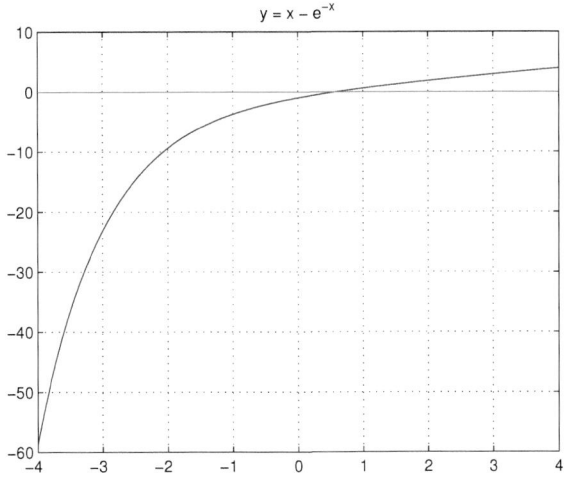

Figura 2.2. Gráfica de $f(x) = x - e^{-x}$.

una nueva aplicación del teorema de Bolzano nos permite afirmar que la ecuación (2.1.5) tiene una única solución y que esta pertenece al intervalo $[0, 1]$. Pero, nuevamente, no es posible encontrar un procedimiento que permita calcular con exactitud dicha solución con un número finito de cálculos.

Ecuaciones de una variable surgen en muchas aplicaciones de las matemáticas. Un ejemplo clásico viene dado por la denominada ecuación de Kepler:

$$K = x - \alpha \operatorname{sen}(x), \tag{2.1.6}$$

derivada por Johannes Kepler en 1609 y que ha jugado un papel importante en mecánica celeste. Esta ecuación se utilizaba para localizar un planeta, conocida la excentricidad de su órbita $\alpha \in [0, 1)$. Con K se denota el ángulo que hubiera recorrido el planeta desde el último perihelio si tuviera una órbita circular con el Sol en su centro y viajara con velocidad angular uniforme. La incógnita, x, es la denominada *anomalía excéntrica*. Para más detalle puede consultarse la *Wikipedia*.

Si consideramos la función

$$f(x) = x - \alpha \operatorname{sen}(x) - K, \quad x \in \mathbb{R}$$

es fácil comprobar que

$$\lim_{x \to -\infty} f(x) = -\infty, \quad \lim_{x \to \infty} f(x) = \infty,$$

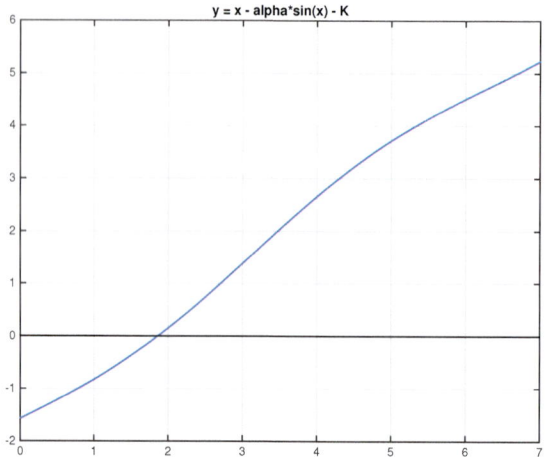

Figura 2.3. Gráfica de $f(x) = x - 0'3\,\mathrm{sen}(x) - \pi/2$.

$$f'(x) = 1 - \alpha \cos(x) > 0, \quad \forall x \in \mathbb{R},$$

(ya que $0 \leq \alpha < 1$). Por tanto, la función es estrictamente creciente y cambia su signo, por lo que tiene una única raíz l. La figura 2.3 muestra la gráfica de la función para $K = \pi/2$ y $\alpha = 0'3$.

Kepler, consciente de que no podía calcularse de forma exacta x, conocidos K y α, con un número finito de operaciones, propuso un método iterativo, del tipo de los que vamos a estudiar en este tema, para aproximar su valor.

En general, en este capítulo estudiaremos técnicas numéricas para aproximar las soluciones de una ecuación de la forma

$$f(x) = 0,$$

siendo f una función definida en un cierto dominio $I \subset \mathbb{R}$. En todos los casos, el primer paso será **aislar las raíces,** es decir, estudiar la gráfica de la función, determinar cuántas veces corta al eje de abscisas y encontrar intervalos que contengan uno y solo uno de dichos puntos de corte. Una vez determinado el número y la ubicación de las soluciones de la ecuación, se trata de calcularlas, teniendo en cuenta que:

- En la mayoría de los casos no hay procedimientos matemáticos que permitan calcular las soluciones de la ecuación con exactitud con un número finito de operaciones. En ese sentido, lo que ocurre con las ecuaciones polinómicas de grado menor o igual que 4 es una situación muy particular.

- Al no ser posible encontrar con exactitud las soluciones con un número finito de pasos, lo que se hace es aproximarlas con el grado de precisión que se solicite. Para ello, se aplicará un **método numérico.** Los métodos que se estudiarán en el capítulo son procedimientos que permiten generar sucesiones $\{x_n\}$ de números reales de las que se puede afirmar, a partir de ciertos resultados teóricos, que convergen hacia una de las soluciones de la ecuación.

- En la mayor parte de los casos, no será posible hallar la expresión explícita del n-ésimo término de estas sucesiones sin haber calculado previamente todos los términos anteriores. Tampoco será posible hallar su límite de forma exacta con un número finito de operaciones (ya que esto daría un procedimiento para calcular la solución buscada con un número finito de operaciones).

- En la práctica, lo que haremos es detener el cálculo de los términos de la sucesión en un término x_N, con N lo suficientemente grande, y tomaremos x_N como aproximación de la solución l. En efecto, si se nos pide calcular la solución con un error menor que ε, si la sucesión $\{x_n\}$ converge hacia l, por la definición de límite sabemos que existe un N tal que, para todo $n \geq N$, se tiene:

$$|x_n - l| < \varepsilon.$$

Bastaría entonces tomar el término x_N como aproximación de la solución l. Otra dificultad será cómo determinar dicho valor N: como l no es conocido, tampoco podemos calcular la distancia de x_n a l. Estudiaremos algunos **criterios de parada** que nos permitan decidir en qué termino de la sucesión debemos pararnos para obtener la precisión deseada.

En la siguiente sección veremos todos estos conceptos con el método numérico más sencillo: el de dicotomía o bipartición.

2.2. Algunos ejemplos de métodos numéricos

2.2.1. Método de dicotomía

Supongamos que queremos resolver la ecuación

$$f(x) = 0,$$

y que sabemos que la función f es continua y tiene un único 0, l, contenido en el intervalo $[a, b]$. Supongamos además que

$$f(a)f(b) < 0,$$

es decir, que los valores de la función en a y b tienen distinto signo (nótese que esto es una condición suficiente para que f tenga un 0 por el teorema de Bolzano, pero no es una condición necesaria).

Veamos un procedimiento para aproximar l. Definimos

$$a_0 = a, \quad b_0 = b,$$

y calculamos

$$c_0 = \frac{a_0 + b_0}{2}.$$

Pueden ocurrir tres cosas:

- Si $f(c_0) = 0$, entonces $l = c_0$ y hemos encontrado con exactitud la solución que buscábamos.

- Si $f(a_0)f(c_0) < 0$, entonces $l \in [a_0, c_0]$. En ese caso definimos:

$$a_1 = a_0, \quad b_1 = c_0.$$

- En otro caso, $l \in [c_0, b_0]$ y definimos:

$$a_1 = c_0, \quad b_1 = b_0.$$

A la salida de este primer paso, o bien hemos encontrado la solución de forma exacta, o bien disponemos de un intervalo que la contiene y cuya longitud es la mitad del intervalo de partida.

En el segundo paso definimos:

$$c_1 = \frac{a_1 + b_1}{2}.$$

Pueden ocurrir tres cosas:

- Si $f(c_1) = 0$, entonces $l = c_1$ y hemos encontrado con exactitud la solución que buscábamos.

- Si $f(a_1)f(c_1) < 0$, entonces $l \in [a_1, c_1]$. En ese caso definimos:

$$a_2 = a_1, \quad b_2 = c_1.$$

- En otro caso, $l \in [c_1, b_1]$ y definimos:

$$a_2 = c_1, \quad b_2 = b_1.$$

A la salida de este segundo paso, o bien hemos encontrado la solución de forma exacta, o bien disponemos de un intervalo que la contiene y cuya longitud es la cuarta parte del intervalo de partida.

El método de dicotomía consiste en repetir indefinidamente este procedimiento, de manera que, o bien hallemos la solución exacta en un número finito de pasos, o bien construyamos una sucesión de intervalos encajados que contengan a la solución buscada.

En forma algorítmica, el procedimiento general es como sigue:

- Sean $a_0 = a$ y $b_0 = b$.

- Para $n = 0, 1, 2\ldots$

  - Calculamos
    $$c_n = \frac{a_n + b_n}{2}.$$
    - Si $f(c_n) = 0$, entonces $l = c_n$ y se detiene el algoritmo.
    - Si $f(a_n)f(c_n) < 0$, definimos:

    $$a_{n+1} = a_n, \quad b_{n+1} = c_n.$$

    - En otro caso definimos:

    $$a_{n+1} = c_n, \quad b_{n+1} = b_n.$$

  - Siguiente n.

A cada paso de un algoritmo se le suele denominar **iteración** (no confundir con *interacción*, que no tiene nada que ver. . .). Cuando se pone en práctica este algoritmo, pueden ocurrir dos cosas:

- Que el algoritmo se detenga en un número finito de iteraciones, es decir, que exista N natural tal que

$$c_N = l.$$

- Que se genere una sucesión de intervalos $[a_n, b_n]$ tales que:

  - $[a_{n+1}, b_{n+1}] \subset [a_n, b_n]$;
  - $b_{n+1} - a_{n+1} = \dfrac{b_n - a_n}{2}$ para todo n;
  - $l \in [a_n, b_n]$, ya que, por construcción, el signo de los valores de la función en a_n y b_n son siempre distintos.

A partir de la segunda propiedad de los intervalos es fácil obtener por inducción la siguiente igualdad:

$$b_n - a_n = \frac{b - a}{2^n}, \quad \forall n. \tag{2.2.7}$$

Por otro lado, para cualquier n tenemos que $l \in [a_n, b_n]$ y c_n es el punto medio del intervalo. En consecuencia, la distancia de l a c_n ha de ser menor que la mitad de la longitud del intervalo $[a_n, b_n]$, es decir:

$$|c_n - l| < \frac{b_n - a_n}{2},$$

y, en consecuencia, teniendo en cuenta (2.2.7):

$$|c_n - l| < \frac{b - a}{2^{n+1}}, \quad \forall n. \tag{2.2.8}$$

De esta última desigualdad deducimos que

$$\lim_{n \to \infty} |c_n - l| = 0,$$

o, equivalentemente,

$$\lim_{n \to \infty} c_n = l.$$

Resumiendo, el algoritmo de dicotomía permite, o bien encontrar la solución l en un número finito de iteraciones, o bien encontrar una sucesión $\{c_n\}$ que converge hacia l.

Supongamos ahora que nos piden aproximar l con un error absoluto menor que ε, ¿cómo podemos saber en qué iteración N del algoritmo debemos detenernos para poder asegurar que $c_N = l \pm \varepsilon$? Para responder a esta pregunta podemos utilizar la **cota de error** (2.2.8): si N es tal que

$$\frac{b-a}{2^{N+1}} < \varepsilon, \tag{2.2.9}$$

(2.2.8) nos permite afirmar que

$$|c_N - l| < \varepsilon.$$

Por tanto, trabajando con (2.2.9), podemos ver que basta con tomar N tal que

$$2^{N+1} > \frac{b-a}{\varepsilon},$$

es decir,

$$(N+1)\log(2) > \log(b-a) - \log(\varepsilon),$$

o, finalmente:

$$N > \frac{\log(b-a) - \log(\varepsilon)}{\log(2)} - 1.$$

Si detenemos el algoritmo en la N-ésima iteración, siendo N el menor natural que satisface esta desigualdad, tenemos asegurado que c_N es una aproximación de l con error absoluto menor que ε. Como era de esperar, N es tanto mayor cuanto mayor sea la longitud del intervalo inicial y menor ε.

Veamos un ejemplo. Si consideramos nuevamente la ecuación (2.1.5),

$$x - e^{-x} = 0,$$

sabemos que hay una única solución, que está en el intervalo $[0, 1]$, y que, en los extremos del intervalo, la función $f(x) = x - e^{-x}$ cambia de signo. Podemos entonces aplicar el algoritmo de dicotomía para calcular la solución con 6 cifras decimales exactas, es decir, con un error absoluto menor que

$$\varepsilon = \frac{1}{2} \cdot 10^{-6}.$$

Teniendo en cuenta que $a = 0$, $b = 1$, tendremos asegurado el error que se nos pide si nos detenemos en la N-ésima iteración, siendo N tal que

$$N > \frac{\log(1) - \log\left(\frac{1}{2}10^{-6}\right)}{\log(2)} - 1 = 6\frac{\log(10)}{\log(2)} = 19'9315\ldots$$

Iteración	c_{n-1}	$f(c_{n-1})$
1	5.00000000e-01	-1.06530660e-01
2	7.50000000e-01	2.77633447e-01
3	6.25000000e-01	8.97385715e-02
4	5.62500000e-01	-7.28282473e-03
5	5.93750000e-01	4.14975498e-02
6	5.78125000e-01	1.71758392e-02
7	5.70312500e-01	4.96376039e-03
8	5.66406250e-01	-1.15520202e-03
9	5.68359375e-01	1.90535961e-03
10	5.67382813e-01	3.75349169e-04
11	5.66894531e-01	-3.89858797e-04
12	5.67138672e-01	-7.23791185e-06
13	5.67260742e-01	1.84059854e-04
14	5.67199707e-01	6 8.84120273e-05
15	5.67169189e-01	4.05873218e-05
16	5.67153931e-01	1.66747710e-05
17	5.67146301e-01	4.71844608e-06
18	5.67142487e-01	1.25972876e-06
19	5.67144394e-01	1.72935969e-06
20	5.67143440e-01	2.34815727e-007

Tabla 2.1. Resultados obtenidos para la ecuación $x - e^{-x} = 0$ con el método de dicotomía a partir de $a_0 = 0$ y $b_0 = 1$.

Es suficiente hacer $N = 20$ iteraciones del algoritmo. En la tabla 2.1 vemos los resultados que se obtienen al aplicar el algoritmo usando un ordenador.

Las primeras cifras decimales de l son las siguientes:

$$l = 0'567143290409784\ldots$$

y, en efecto, se comprueba que las 6 primeras cifras decimales de c_{19} coinciden.

Hay que tener en cuenta un matiz importante: aunque teóricamente la convergencia de la sucesión $\{c_n\}$ nos permite, dado cualquier $\varepsilon > 0$, encontrar un término de la sucesión c_N tal que $|c_N - l| < \varepsilon$, en la práctica, los cálculos se realizan con un ordenador o una calculadora, por lo que no se puede esperar obtener una precisión mayor que la correspondiente al sistema de representación flotante que use el ordenador. Más concretamente, si el sistema utilizado es el (β, t, L, U) y

$$l = \pm m\beta^j,$$

no puede esperarse aproximar l con un error absoluto menor que

$$\varepsilon = \frac{1}{2}\beta^{j-t},$$

que es la cota del error de la mejor aproximación de l en el sistema de numeración del ordenador.

Resumiendo, el método de dicotomía tiene dos ventajas principales:

- Es un método seguro: o se alcanza la solución en un número finito de iteraciones o se genera una sucesión que converge con seguridad a la misma.

- La cota de error (2.2.8) proporciona información suficiente para determinar cuántas iteraciones son necesarias para asegurar una precisión dada.

Pero también tiene dos inconvenientes:

- No siempre se puede aplicar: la función tiene que tener un cambio de signo en un intervalo que contenga a la raíz que se calcula.

- Es un método muy lento comparado con otros: para alcanzar una precisión dada hay métodos que, como veremos, necesitan muchas menos iteraciones.

2.2.2. Método de *regula falsi* o de la falsa posición

La lentitud relativa del método de dicotomía se explica por el hecho de que el método usa poca información de la función cuyas raíces se buscan: en cada iteración solo se usa el signo de los valores de la función en los extremos del intervalo. Ahora bien, si tenemos una función f que toma valores de distinto signo en un intervalo $[a, b]$, de la que sabemos que tiene una única raíz en el intervalo y ocurre que

$$|f(a)| < |f(b)|,$$

es más probable que tenga una raíz cerca de a, ya que la gráfica en el punto $(a, f(a))$ está más próxima al eje de abscisas que en el punto $(b, f(b))$. Esta es la motivación del segundo método que vamos a estudiar, denominado de *regula falsi* o de la *falsa posición*.

Al igual que en el método de dicotomía, empezamos por definir:

$$a_0 = a, \quad b_0 = b.$$

Pero, a continuación, en vez de calcular el punto medio del intervalo, aproximamos la gráfica de la función por la cuerda que une los puntos $(a_0, f(a_0))$, $(b_0, f(b_0))$, cuya ecuación es:

$$y = f(b_0) + \frac{f(b_0) - f(a_0)}{b_0 - a_0}(x - b_0),$$

y tomamos como c_0 su punto de corte con el eje $y = 0$, es decir, c_0 ha de verificar:

$$f(b_0) + \frac{f(b_0) - f(a_0)}{b_0 - a_0}(c_0 - b_0) = 0.$$

Despejando:

$$c_0 = b_0 - \frac{b_0 - a_0}{f(b_0) - f(a_0)}f(b_0).$$

A continuación se procede como en el método de dicotomía:

- Si $f(c_0) = 0$, entonces $l = c_0$ y hemos encontrado con exactitud la solución que buscamos.

- Si $f(a_0)f(c_0) < 0$, entonces $l \in [a_0, c_0]$. En ese caso, definimos:

$$a_1 = a_0, \quad b_1 = c_0.$$

- En otro caso, $l \in [c_0, b_0]$ y definimos:

$$a_1 = c_0, \quad b_1 = b_0.$$

A la salida de este primer paso, o bien hemos encontrado la solución exacta (este será el caso con total seguridad si f es una función afín, es decir, si la ecuación es lineal), o bien hemos encontrado un intervalo más pequeño que contiene la solución que se busca.

En la segunda iteración aproximamos la gráfica de la función por la cuerda que une los puntos $(a_1, f(a_1))$, $(b_1, f(b_1))$ y tomamos como c_1 su punto de corte con el eje $y = 0$:

$$c_1 = b_1 - \frac{b_1 - a_1}{f(b_1) - f(a_1)}f(b_1).$$

A continuación se procede como en el método de dicotomía:

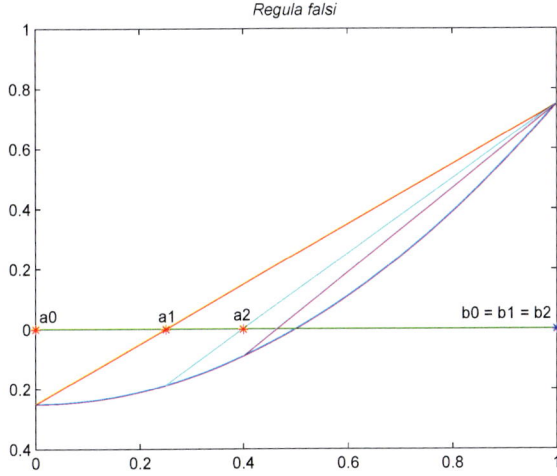

Figura 2.4. Método de *regula falsi:* 3 primeras iteraciones.

- Si $f(c_1) = 0$, entonces $l = c_0$ y hemos encontrado con exactitud la solución que buscamos.

- Si $f(a_1)f(c_1) < 0$, entonces $l \in [a_1, c_1]$. En ese caso, definimos:

$$a_2 = a_1, \quad b_2 = c_1.$$

- En otro caso, $l \in [c_1, b_1]$ y definimos:

$$a_2 = c_1, \quad b_2 = b_1.$$

A la salida de esta segunda iteración, o bien hemos encontrado la solución exacta, o bien hemos encontrado un intervalo más pequeño que contiene la solución que se busca. Como en el caso de dicotomía, se continúa este procedimiento indefinidamente.

El algoritmo es como sigue (véase la figura 2.4):

- Sean $a_0 = a$ y $b_0 = b$.

- Para $n = 0, 1, 2\ldots$

  - Calculamos

$$c_n = b_n - \frac{b_n - a_n}{f(b_n) - f(a_n)} f(b_n).$$

○ Si $f(c_n) = 0$, entonces $l = c_n$ y se detiene el algoritmo.

○ Si $f(a_n)f(c_n) < 0$, definimos:

$$a_{n+1} = a_n, \quad b_{n+1} = c_n.$$

○ En otro caso, definimos:

$$a_{n+1} = c_n, \quad b_{n+1} = b_n.$$

• Siguiente n.

Este algoritmo o bien proporciona la solución exacta en un número finito de pasos, o bien proporciona una sucesión $\{c_n\}$. En este caso, también ocurre que tanto la solución l como c_n están en el intervalo $[a_n, b_n]$, con lo que se tiene la cota de error:

$$|c_n - l| < b_n - a_n. \tag{2.2.10}$$

A diferencia de lo que ocurre en el caso del método de dicotomía, no es posible encontrar una fórmula fácil que nos diga *a priori* cuál va a ser la longitud del intervalo $[a_n, b_n]$. Por tanto, si queremos obtener la solución con un error menor que ε, no se puede saber *a priori* cuántas iteraciones serán necesarias, pero, en cada iteración, se puede comprobar si se verifica que

$$b_n - a_n < \varepsilon,$$

y, en caso afirmativo, detener el método. El algoritmo quedaría como sigue:

▪ Sean $a_0 = a$ y $b_0 = b$.

▪ Para $n = 0, 1, 2\ldots$

• Calculamos

$$c_n = b_n - \frac{b_n - a_n}{f(b_n) - f(a_n)} f(b_n).$$

• Si $b_n - a_n < \varepsilon$, se detiene el algoritmo.

• En otro caso:

○ Si $f(c_n) = 0$, entonces $l = c_n$ y se detiene el algoritmo.

○ Si $f(a_n)f(c_n) < 0$, definimos:

$$a_{n+1} = a_n, \quad b_{n+1} = c_n.$$

○ En otro caso, definimos:

$$a_{n+1} = c_n, \quad b_{n+1} = b_n.$$

- Siguiente n.

Ahora bien, en este caso, no puede afirmarse en general que se tenga que

$$\lim_{n \to \infty} (b_n - a_n) = 0,$$

por lo que la demostración de la convergencia de c_n a l no es tan directa como en el caso del método de dicotomía. No entraremos aquí en la discusión teórica de la convergencia de la sucesión, solo haremos algunos comentarios.

Como se ha dicho, si la gráfica de la función es una recta que corta al eje x una sola vez, el método proporciona la solución exacta en una sola iteración. Por tanto, cabe esperar que el método sea tanto más rápido cuanto más próxima a una recta sea la gráfica de la función. Ahora bien, si la función verifica por ejemplo que

$$f(a) > 0 > f(b) \quad \text{y} \quad |f(a)| > |f(b)|,$$

pero decrece mucho más rápidamente en las proximidades de a de lo que decrece en las proximidades de b, puede ocurrir que el método de dicotomía sea más rápido (véase, por ejemplo, lo que ocurre en la figura 2.5). En ese caso, la gráfica distaría mucho de la de una recta, ya que, en las funciones afines, el crecimiento o decrecimiento es el mismo en todo punto.

Ahora bien, si f es derivable, sabemos que, en las proximidades de l, la gráfica de la función se aproxima a la recta tangente:

$$f(x) \approx f'(l)(x - l), \quad \text{si } x \approx l.$$

Si además $f'(l) \neq 0$, la recta tangente corta al eje x una sola vez (en $x = l$). Por tanto, si el intervalo de partida $[a, b]$ es lo suficientemente pequeño, cabe esperar que el método proporcione una sucesión $\{c_n\}$ que converja hacia l más rápidamente de lo que lo hace la generada por el de dicotomía. La figura 2.6 muestra las tres primeras iteraciones del método para la misma función que la correspondiente a la figura 2.5, pero en un intervalo más pequeño: en este caso, la convergencia es más rápida que la del método de dicotomía.

Volviendo al ejemplo (2.1.5), si se aplica el método de *regula falsi* en el intervalo $[0, 1]$ para obtener la solución l con un error menor que $\varepsilon = 1/2 \cdot 10^{-6}$ usando la cota de error (2.2.10), se obtienen los valores que muestra la tabla 2.2.

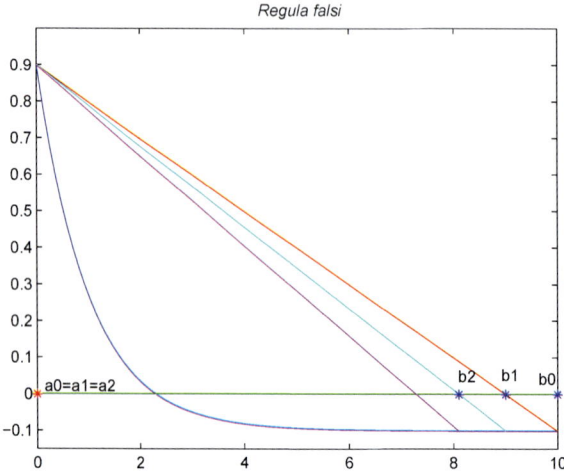

Figura 2.5. Método de *regula falsi:* 3 primeras iteraciones.

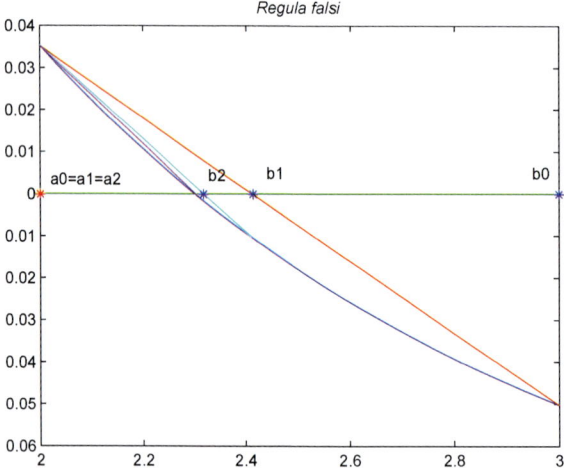

Figura 2.6. Método de *regula falsi:* 3 primeras iteraciones.

En principio, no parece ser mucho más rápido, puesto que se detiene en la decimoséptima iteración. No obstante, si se compara con la solución exacta:

$$l = 0'567143290409784\ldots$$

vemos que ya en la séptima iteración se obtienen las primeras 6 cifras decimales de la solución. Además se puede comprobar que las 14 primeras cifras decimales de c_{15} ya coinciden con las de l.

Esto ocurre a menudo: el algoritmo se ha detenido en $N = 17$ porque es la primera vez que se verifica que

$$b_n - a_n < \frac{1}{2}10^{-6},$$

lo que asegura que

$$|l - c_{16}| < \frac{1}{2}10^{-6},$$

ya que ambos números están en el intervalo $[a_{16}, b_{16}]$, pero su distancia es mucho menor que la longitud del intervalo. De hecho:

$$|l - c_{16}| \approx 3.8858 \cdot 10^{-15}.$$

Por tanto, puede ocurrir que el error real sea mucho menor que la cota teórica de error.

2.2.3. Método de la secante

El método de la secante tiene mucho en común con el de *regula falsi*, pero, a diferencia de este y del de dicotomía, no se retiene en cada iteración un intervalo que contenga la solución que se busca. El método resultante puede ser mucho más rápido aunque también puede fallar en algunos casos, es decir, puede ocurrir que no produzca una sucesión que converja hacia la solución buscada. El método parte de una función f con una única raíz en el intervalo $[a, b]$ (no es necesario que haya un cambio de signo de la función en los extremos del intervalo). Inicialmente se eligen dos puntos distintos del intervalo

$$x_0, \; x_1 \in [a, b].$$

Pueden ser los extremos del intervalo ($x_0 = a$, $x_1 = b$), pero cualquier otra elección es posible. Aproximamos la gráfica de la función por la recta secante

Iteración	c_{n-1}	$f(c_{n-1})$
1	0.61269983678028	7.08139479e-02
2	0.57218141209051	7.88827286e-03
3	0.56770321423578	8.77391980e-04
4	0.56720555263302	9.75727261e-05
5	0.56715021424050	1.08506212e-05
6	0.56714406037510	1.20664581e-06
7	0.56714337603392	1.34185291e-07
8	0.56714329993163	1.49221019e-08
9	0.56714329146866	1.65941538e-09
10	0.56714329052754	1.84535609e-10
11	0.56714329042288	2.05214734e-11
12	0.56714329041124	2.28217445e-12
13	0.56714329040995	2.53796983e-13
14	0.56714329040980	2.83106871e-14
15	0.56714329040979	3.10862447e-15
16	0.56714329040978	3.33066907e-16
17	0.56714329040978	-1.11022302e-16

Tabla 2.2. Resultados obtenidos para la ecuación $x - e^{-x} = 0$ con el método de *regula falsi* a partir de $a_0 = 0$ y $b_0 = 1$.

que pasa por $(x_0, f(x_0))$, $(x_1, f(x_1))$ y, *si dicha recta corta al eje x, definimos como x_2 dicho punto de corte:*

$$x_2 = x_1 - \frac{x_1 - x_0}{f(x_1) - f(x_0)} f(x_1).$$

Obsérvese que este punto de corte existe siempre que

$$f(x_0) \neq f(x_1),$$

ya que, en otro caso, la recta que une los puntos $(x_0, f(x_0))$, $(x_1, f(x_1))$ es la recta $y = f(x_0)$, que es paralela al eje x.

Si $f(x_2) = 0$, hemos hallado la solución exacta. En otro caso, si x_2 pertenece al dominio de la función, definimos x_3 como el punto de corte con el eje x de la recta $(x_1, f(x_1))$, $(x_2, f(x_2))$ si es que este existe:

$$x_3 = x_2 - \frac{x_2 - x_1}{f(x_2) - f(x_1)} f(x_2).$$

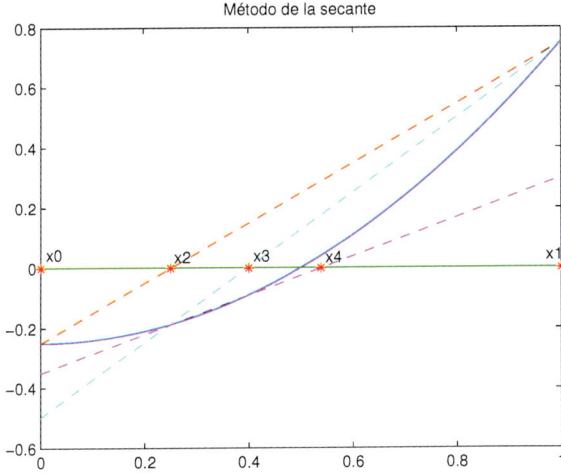

Figura 2.7. Método de la secante: 3 primeras iteraciones.

Y así indefinidamente (véase la figura 2.7).
El algoritmo se escribe como sigue:

- Se eligen dos puntos distintos x_0 y x_1 del intervalo $[a, b]$.

- Para $n = 1, 2\ldots$

    - Si x_n no pertenece al dominio de la función o si

    $$f(x_n) = f(x_{n-1}),$$

    se detiene el algoritmo (no se puede continuar).
    - En otro caso, se calcula

    $$x_{n+1} = x_n - \frac{x_n - x_{n-1}}{f(x_n) - f(x_{n-1})} f(x_n).$$

        - Si $f(x_{n+1}) = 0$, entonces $l = x_{n+1}$ y se detiene el algoritmo.
    - Siguiente n.

Si aplicamos el algoritmo al ejemplo (2.1.5) con $x_0 = 0$, $x_1 = 1$, se obtienen los valores de la tabla 2.3.

Iteración	x_{n+1}	$f(x_{n+1})$
1	0.61269983678028	7.08139479e-02
2	0.56383838916107	-5.18235451e-03
3	0.56717035841974	4.24192424e-05
4	0.56714330660496	2.53801666e-08
5	0.56714329040970	-1.24233956e-13

Tabla 2.3. Resultados obtenidos para la ecuación $x - e^{-x} = 0$ con el método de la secante a partir de $x_0 = 0$ y $x_1 = 1$.

Se observa que las 13 primeras cifras decimales de x_6 coinciden con las de l: la convergencia es más rápida que la de los métodos de dicotomía y de *regula falsi*.

No obstante, el método presenta los siguientes inconvenientes:

- Puede que el método se detenga en un número finito de iteraciones por no ser posible calcular un nuevo término de la sucesión (véanse las figuras 2.8 y 2.9).

- Puede que se genere una sucesión que no converja a la solución que se busca.

- No es fácil construir una cota del error.

No obstante, se puede demostrar que, si la función es derivable y la raíz l que se busca es simple, es decir, si

$$f(l) = 0 \quad \text{y} \quad f'(l) \neq 0,$$

entonces, tomando x_0 y x_1 *suficientemente próximos* a l, el método genera una sucesión que converge hacia l.

2.2.4. Método de la tangente o de Newton

La idea geométrica del método es muy similar a la del método de la secante, pero, en vez de utilizar rectas secantes a la gráfica, se usan rectas tangentes.

Sea f una función derivable con una única raíz en el intervalo $[a, b]$ (no es necesario que haya un cambio de signo de la función en los extremos del intervalo), inicialmente se elige un punto arbitrario del intervalo

$$x_0 \in [a, b].$$

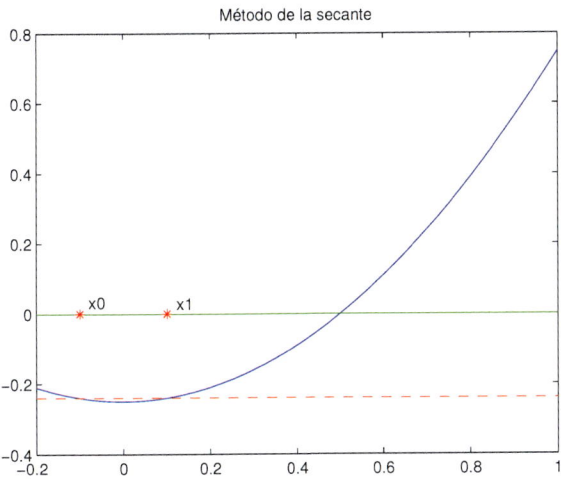

Figura 2.8. Método de la secante: no se puede continuar por ser paralela al eje x la secante.

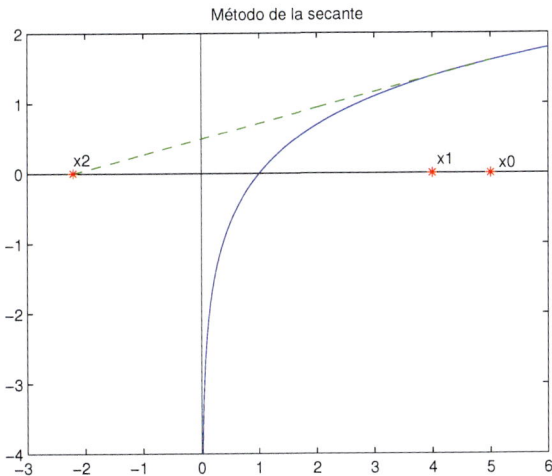

Figura 2.9. Método de la secante: no se puede continuar por no estar x_2 en el dominio de f.

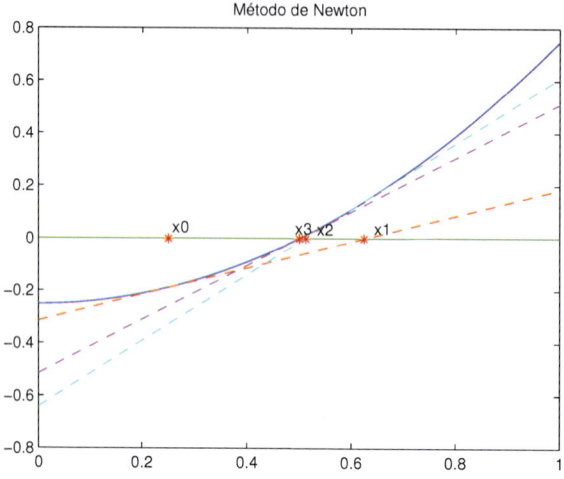

Figura 2.10. Método de Newton: 3 primeras iteraciones.

Aproximamos la gráfica de la función por su recta tangente en $(x_0, f(x_0))$:

$$y = f(x_0) + f'(x_0)(x - x_0),$$

y, *si dicha recta corta al eje x*, definimos x_1 como dicho punto de corte:

$$x_1 = x_0 - \frac{f(x_0)}{f'(x_0)}.$$

Obsérvese que este punto de corte existe siempre que

$$f'(x_0) \neq 0,$$

ya que, en otro caso, la recta tangente a la gráfica de la función que pasa por $(x_0, f(x_0))$ es la recta $y = f(x_0)$, que es paralela al eje x.

Si $f(x_1) = 0$, hemos hallado la solución exacta. En otro caso, si x_1 pertenece al dominio de la función, f es derivable en x_1 y $f'(x_1) \neq 0$, definimos x_2 como el punto de corte de la recta tangente a la gráfica de la función en el punto $(x_1, f(x_1))$:

$$x_2 = x_1 - \frac{f(x_2)}{f'(x_2)}.$$

Y así indefinidamente (véase la figura 2.10).

El algoritmo se escribe como sigue:

- Se elige un punto x_0 del intervalo $[a, b]$.

- Para $n = 0, 1, 2\ldots$

  - Si x_n no pertenece al dominio de f, f no es derivable en x_n o
  $$f'(x_n) = 0,$$
  se detiene el algoritmo (no se puede continuar).
  - En otro caso, se calcula
  $$x_{n+1} = x_n - \frac{f(x_n)}{f'(x_n)}.$$
    - Si $f(x_{n+1}) = 0$, entonces $l = x_{n+1}$ y se detiene el algoritmo.
  - Siguiente n.

Si aplicamos el algoritmo al ejemplo (2.1.5) con $x_0 = 0'5$, obtenemos los valores de la tabla 2.4.

Iteración	x_n	$f(x_n)$
0	0.50000000000000	-1.06530660e-01
1	0.56631100319722	-1.30450981e-03
2	0.56714316503486	-1.96480472e-07
3	0.56714329040978	-4.55191440e-15

Tabla 2.4. Resultados obtenidos para la ecuación $x - e^{-x} = 0$ con el método de Newton a partir de $x_0 = 0'5$.

Se observa que las 14 primeras cifras decimales de x_3 coinciden con las de l. La convergencia es más rápida que la de todos los métodos vistos hasta ahora.

No obstante, el método presenta algunos inconvenientes similares a los de la secante:

- Puede que el método se detenga en un número finito de iteraciones por no ser posible calcular un nuevo término de la sucesión (véanse las figuras 2.11 y 2.12).

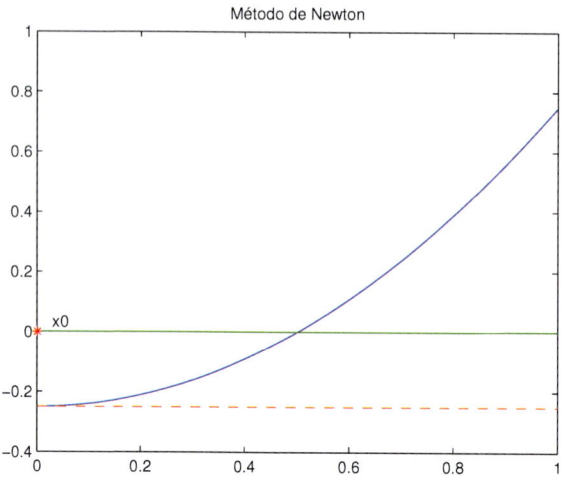

Figura 2.11. Método de Newton: no se puede continuar por ser paralela al eje x la recta tangente.

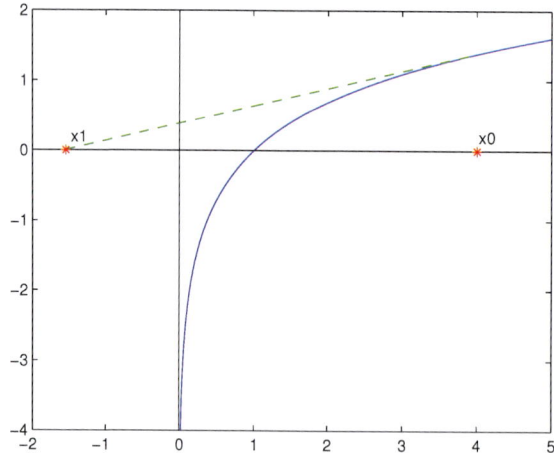

Figura 2.12. Método de Newton: no se puede continuar por no estar x_1 en el dominio de f.

- Puede que se genere una sucesión que no converja a la solución que se busca.

- No es fácil construir una cota del error.

No obstante, veremos en este capítulo que, si la raíz l que se busca es simple, entonces, tomando x_0 *suficientemente próximo* a l, el método genera una sucesión que converge hacia l. Además construiremos una cota de error válida bajo ciertas condiciones sobre f.

2.2.5. Métodos multipaso

Repasando los métodos vistos hasta ahora, vemos que, en el método de la secante, para obtener un nuevo término de la sucesión x_{n+1} basta con conocer los dos últimos términos calculados x_n, x_{n-1}. Sin embargo, en el método de Newton, para obtener un nuevo término x_{n+1} basta con conocer el último término calculado x_n.

En general, se dice que un método es de k pasos si, para obtener x_{n+1}, basta con conocer los k últimos términos de la sucesión calculados. Genéricamente, un método de k pasos se puede escribir en la forma:

$$x_{n+1} = g(x_n, x_{n-1}, \ldots, x_{n-k+1}), \quad n = k - 1, k \ldots$$

donde la función de k variables g representa el conjunto de operaciones que es necesario ejecutar con los últimos k términos de la sucesión para obtener el siguiente. Por ejemplo, el método de la secante es de dos pasos o bipaso y se puede escribir en la forma:

$$x_{n+1} = g(x_n, x_{n-1}),$$

siendo

$$g(x, y) = y - \frac{y - x}{f(y) - f(x)} f(y),$$

donde f es la función a la que se le desea calcular la raíz.

El método de Newton es de un paso o unipaso y se puede escribir en la forma:

$$x_{n+1} = g(x_n),$$

siendo

$$g(x) = x - \frac{f(x)}{f'(x)}.$$

Para generar una sucesión con un método de k pasos es necesario proporcionar los k primeros términos de la sucesión

$$x_0, \dots, x_{k-1},$$

que se suelen denominar **semillas.** En consecuencia, un método unipaso necesita una única semilla x_0. Obviamente, cada elección de semilla genera una sucesión diferente. El método será tanto más robusto cuanto mayor sea el conjunto de semillas que generan una sucesión que converge hacia la solución buscada.

Obsérvese que los métodos de dicotomía o de *regula falsi* no son propiamente métodos multipaso, ya que para construir un término de la sucesión es necesario conocer un intervalo que contenga la solución buscada.

2.2.6. Test de parada

Los distintos métodos que hemos visto hasta ahora son de tipo **iterativo:** en cada iteración se produce un nuevo término de una sucesión que se espera que converja hacia la solución que se busca. En la práctica, por supuesto, no es posible generar una sucesión completa, por lo que es necesario disponer de un criterio que nos permita decidir en qué iteración detener el algoritmo, es decir, cuándo x_N está ya lo suficientemente próximo a la solución l. A este criterio se le denomina **test de parada.** Hay test de parada de distintos tipos.

En primer lugar, están los que se basan en una cota de error justificada teóricamente: si se demuestra que existe una sucesión de números positivos $\{c_n\}$, fácil de calcular, que tienda a 0 y tal que

$$|x_n - l| \le c_n, \quad \forall n,$$

y se nos pide hallar la solución de la ecuación con un error menor que ε, tendremos asegurado el resultado si nos detenemos en la primera iteración para la que se tenga

$$c_N < \varepsilon.$$

Este es el caso de las cotas de error (2.2.8) y (2.2.10) para los métodos de dicotomía y de *regula falsi*, respectivamente. Mientras que, en el primer caso, la cota de error nos permite predecir *a priori* el número de iteraciones que vamos a necesitar, en el segundo hay que ir comprobando si se verifica a medida que vamos haciendo nuevas iteraciones: este será el caso más habitual.

Los inconvenientes que presentan los test de parada basados en cotas de error son los siguientes:

- No siempre es fácil deducir cotas de error.

- En ocasiones, la cota de error puede ser mucho mayor que el error real, lo que en la práctica puede llevarnos a hacer muchas más iteraciones de las necesarias. Hemos comprobado este hecho en el ejemplo de aplicación de *regula falsi* a la ecuación (2.1.5).

Debido a estos inconvenientes, es frecuente recurrir a test de parada **heurísticos,** como los siguientes:

1. Se detiene el algoritmo cuando dos términos sucesivos están lo suficientemente próximos. Este tipo de test de parada tiene distintas versiones:

   a) Usando el error absoluto: se detiene la sucesión cuando

   $$|x_N - x_{N-1}| < \varepsilon. \qquad (2.2.11)$$

   b) Usando el error relativo: se detiene la sucesión cuando

   $$\left| \frac{x_N - x_{N-1}}{x_N} \right| < \varepsilon. \qquad (2.2.12)$$

   c) Estabilización de las cifras decimales: si se desea obtener l con p cifras decimales, se detiene el algoritmo cuando las p primeras cifras decimales de los términos de la sucesión empiezan a repetirse.

2. Se detiene el algoritmo cuando el valor de la función en el N-ésimo término de la sucesión es lo suficientemente pequeño: como buscamos el único valor de x que anula a la función en el intervalo en el que se ha aislado la raíz, consideramos que x_N es una aproximación razonable cuando

   $$|f(x_N)| < \varepsilon. \qquad (2.2.13)$$

En principio, estos test de parada heurísticos no aseguran que el error real sea menor que ε: puede ocurrir que dos términos consecutivos de la sucesión estén muy próximos entre sí, pero que ambos estén aún lejos del límite. Del mismo modo, puede ocurrir que el valor de la función en un término de la sucesión sea muy pequeño en valor absoluto, pero que dicho término esté aún lejos del cero de la función.

No obstante, en determinadas circunstancias, estos test heurísticos están plenamente justificados, ya sea por razones prácticas o por razones teóricas.

Empecemos por las razones prácticas: si tomamos ε igual a la unidad de redondeo del ordenador con el que se trabaja, es decir, si

$$\varepsilon = \frac{1}{2}\beta^{-t},$$

y si se obtienen dos términos consecutivos que verifiquen (2.2.11), tenemos entonces que

$$fl(x_{N-1}) = fl(x_N),$$

con lo que, desde el punto de vista del ordenador, se han encontrado ya dos términos de la sucesión coincidentes, con lo que, en la práctica, la sucesión ha convergido.

Si, por otro lado, ε es el cero máquina, es decir, si

$$\varepsilon = \beta^L,$$

cuando se llega a un término de la sucesión que verifique (2.2.13), el valor de la función es cero en la aritmética flotante, por lo que también podemos decir que se ha encontrado la solución de la ecuación en aritmética flotante.

En lo que se refiere a las razones teóricas, veremos que, en algunos casos, las sucesiones que genera un método numérico oscilan en torno a la solución que se busca, es decir, para cada n se tiene, o bien

$$x_n \leq l \leq x_{n+1},$$

o bien

$$x_{n+1} \leq l \leq x_n.$$

En uno u otro caso se tiene que

$$|x_{n+1} - l| \leq |x_{n+1} - x_n|,$$

por lo que (2.2.11) asegura que el error es menor que ε.

Veamos finalmente que, bajo ciertas condiciones, un test de tipo (2.2.13) también puede asegurar que x_N aproxima a l con el error deseado.

Proposición 2.2.1. *Supongamos que la función f es de clase C^1 en el intervalo $[a, b]$ en el que se tiene aislada la raíz l y que se desea encontrar la raíz con un error absoluto menor que $\delta > 0$. Sea*

$$m = \min_{x \in [a,b]} |f'(x)|.$$

Supongamos que $m > 0$ y sea

$$\varepsilon = m\delta.$$

Entonces, si $x^* \in [a, b]$ es tal que

$$|f(x^*)| < \varepsilon,$$

necesariamente se tiene que

$$|x^* - l| < \delta.$$

Demostración. Por el teorema del valor medio, sabemos que existe $c \in (a, b)$ tal que

$$f'(c)(x^* - l) = f(x^*) - f(l) = f(x^*).$$

Entonces,

$$\varepsilon > |f(x^*)| = |f'(c)(x^* - l)| \geq m|x^* - l|.$$

En consecuencia:

$$|x^* - l| \leq \frac{\varepsilon}{m} = \delta.$$

$\square$

Vamos a aplicar esta proposición al ejemplo (2.1.5). En este caso, tenemos la función

$$f(x) = x - e^{-x}$$

en el intervalo $[0, 1]$. Su derivada

$$f'(x) = 1 + e^{-x}$$

es positiva y decreciente en el intervalo. Por tanto:

$$m = \min_{x \in [0,1]} |f'(x)| = f'(1) = 1 + e^{-1}.$$

Si queremos encontrar la solución con un error menor que

$$\delta = \frac{1}{2} 10^{-6}$$

con cualquier método, bastará con que nos detengamos cuando

$$|f(x_N)| < \varepsilon = \delta(1 + e^{-1}) = 6.83939720\ldots \cdot 10^{-7}.$$

Examinando el valor de f que aparece en cada una de las tablas correspondientes a la aplicación de los distintos métodos estudiados, comprobamos que, atendiendo a este test de parada, teníamos asegurado un error menor que δ en:

- la iteración 20 del método de dicotomía (con la que hemos hallado c_{19});

- la iteración 7 de *regula falsi* (con la que hemos hallado c_6);

- la iteración 4 del método de la secante (con la que hallamos x_5);

- la iteración 2 del método de Newton (con la que hallamos x_2).

2.3. Métodos unipaso o de punto fijo

En lo que queda de capítulo nos vamos a centrar en el análisis de convergencia de los métodos unipaso, que también se denominan **de punto fijo** (por las razones que se verán) o **de iteración funcional.** Supongamos que f es una función con una raíz aislada en el intervalo I. La estructura general de un método unipaso o de punto fijo se basa en, elegido x_0, definir (si es posible) la sucesión $\{x_n\}$ dada por

$$x_{n+1} = g(x_n), \quad n = 0, 1, 2 \ldots$$

siendo $g : J \mapsto \mathbb{R}$ la denominada **función de iteración,** que está definida en un cierto intervalo J que contiene a l en su interior y que no necesariamente coincide con el intervalo I en el que está aislada la solución l de la ecuación

$$f(x) = 0.$$

Es más, J no tiene por qué estar contenido en el dominio de f. Lógicamente, la semilla del método tiene que estar en J, ya que, en otro caso, ni siquiera podríamos calcular $x_1 = g(x_0)$. En consecuencia, el método puede ser escrito así:

$$\begin{cases} x_0 \in J, \\ x_{n+1} = g(x_n), \quad n = 0, 1, 2 \ldots \end{cases} \tag{2.3.14}$$

En adelante, siempre supondremos que la función g es continua en su dominio J.

Claramente, para que el método tenga alguna utilidad, debe ocurrir que, para cada semilla $x_0 \in J$, o al menos para cada semilla perteneciente a algún subconjunto de J, (2.3.14) permita definir una sucesión y que dicha sucesión converja hacia la solución l que se busca.

Como es natural, como semilla tomaremos una primera aproximación de la solución que buscamos. El método será tanto más robusto cuanto menos fina tenga que ser esta primera aproximación para que la sucesión obtenida evaluando una y otra vez la función g converja hacia l. Lo ideal es que el método sea convergente en el siguiente sentido:

Definición 2.3.1. Se dice que el método (2.3.14) es **convergente** en el intervalo J si, para cada semilla $x_0 \in J$, la sucesión $\{x_n\}$ está bien definida (es decir, $x_n \in J$ para todo n) y converge hacia l.

O, al menos, que sea convergente restringiendo el intervalo J. La condición mínima para que un método sea útil es que sea localmente convergente en el siguiente sentido:

Definición 2.3.2. Se dice que el método (2.3.14) es **localmente convergente** en el intervalo J si existe $\varepsilon > 0$ tal que, para cada semilla $x_0 \in J$ verificando $|x_0 - l| < \varepsilon$, la sucesión $\{x_n\}$ está bien definida (es decir, $x_n \in J$ para todo n) y converge hacia l.

Si probamos que un método es localmente convergente tenemos asegurado al menos que, si la semilla es una aproximación suficientemente buena de la raíz, entonces la sucesión que genera está bien definida y tiende a l. Claramente, convergente implica localmente convergente.

2.3.1. Condición necesaria de convergencia

Dado un método (2.3.14), supongamos que hay al menos una semilla $x_0 \in J$ para la que la sucesión $\{x_n\}_{n=0}^{\infty}$ está bien definida y converge hacia l (lo que ocurre si el método es localmente convergente o convergente) . Como g es continua, la sucesión $\{g(x_n)\}$ es convergente y su límite es $g(l)$. Por otro lado, la sucesión $\{x_{n+1}\}_{n=0}^{\infty}$ es una subsucesión de $\{x_n\}_{n=0}^{\infty}$ (en la que únicamente se ha suprimido el primer término x_0) y, en consecuencia, también converge hacia l. Por tanto, tomando límite cuando $n \to \infty$ en la igualdad

$$x_{n+1} = g(x_n), \quad n = 0, 1, 2 \ldots$$

obtenemos que

$$l = g(l). \tag{2.3.15}$$

En consecuencia, una condición necesaria para que el método sea convergente es que l sea un **punto fijo** de la función g (de ahí, el nombre de los métodos): la imagen de l a través de la función g tiene que ser l. Por tanto, si dibujamos la gráfica de g, esta tiene que cortar a la bisectriz $y = x$ en el punto (l, l). Cuando estemos analizando un método de punto fijo, trabajaremos con dos funciones:

- La función f cuya raíz l se busca. La gráfica de esta función corta al eje $y = 0$ en el punto $(l, 0)$.

- La función de iteración g que se elige para generar sucesiones a partir de semillas x_0. La gráfica de esta función ha de cortar a la bisectriz $y = x$ en el punto (l, l).

Son muy frecuentes los errores por confundir ambas funciones...

Obsérvese que, si se cumple la condición necesaria (2.3.15), al menos hay una elección de semilla x_0 que asegura que la sucesión $\{x_n\}$ está bien definida y es convergente. Esta elección es:

$$x_0 = l.$$

Con esta semilla, la sucesión que se genera es constantemente igual a l,

$$x_n = l, \quad n = 0, 1, 2 \ldots$$

y, obviamente, converge a l. Pero, si esta fuera la única semilla para la que la sucesión existe y converge hacia l, el método sería completamente inútil: para usar l como semilla hay que saber cuánto vale exactamente y, en ese caso, no necesitamos ningún método para calcularla.

Obsérvese también que, si en J hubiera otro punto fijo $\tilde{l}$ de g diferente de l, el método no sería convergente en J: la elección de semilla

$$x_0 = \tilde{l}$$

generaría la sucesión constantemente igual a $\tilde{l}$ que no converge hacia l. Dicho de otra manera, la ecuación

$$x = g(x), \quad x \in J$$

ha de ser equivalente a la ecuación

$$f(x) = 0, \quad x \in I$$

en el sentido de que ambas han de tener una única solución l que coincide. Esta es otra manera de expresar la condición necesaria de convergencia.

2.3.2. Ejemplos

Si la función f es de clase 1 ya hemos visto un ejemplo de método de punto fijo: el método de Newton. La función de iteración es:

$$g(x) = x - \frac{f(x)}{f'(x)}.$$

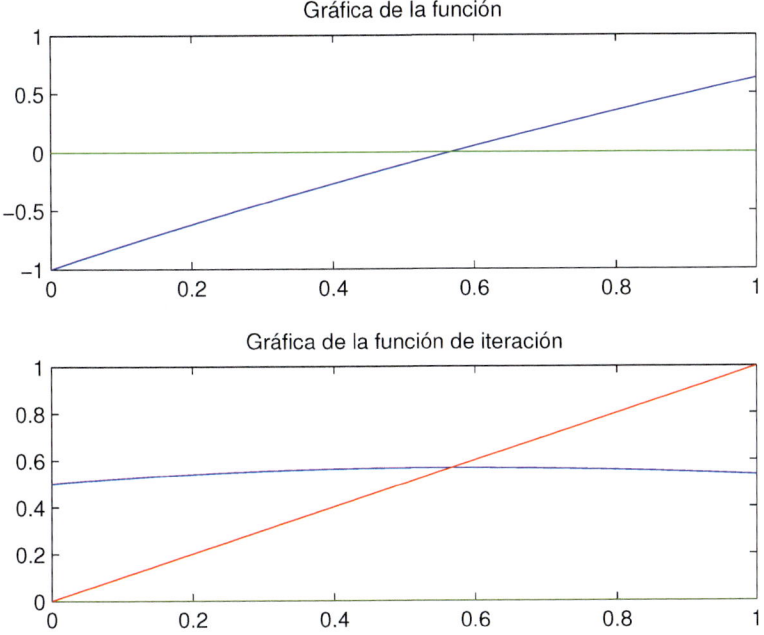

Figura 2.13. Ejemplo (2.1.5): gráficas de la función a la que se le busca el cero y de la función de iteración correspondiente al método de Newton.

Es fácil ver que las ecuaciones

$$x = g(x)$$

y

$$f(x) = 0$$

son equivalentes. En el caso particular de la ecuación (2.1.5), la función de iteración del método de Newton es:

$$g(x) = x - \frac{x - e^{-x}}{1 + e^{-x}} = \frac{1 + x}{1 + e^x}.$$

En la figura 2.13 se comparan las gráficas de las funciones $f(x)$ y $g(x)$. Como puede verse, la segunda corta a la bisectriz $y = x$ en el mismo punto en el que la gráfica de f corta al eje x.

La condición necesaria de convergencia estudiada en el epígrafe anterior puede ser utilizada para generar infinitos métodos de punto fijo para resolver una ecuación. En efecto, si reescribimos la ecuación $f(x) = 0$ de manera equivalente en una ecuación de la forma $g(x) = x$, es natural considerar el método de punto fijo que tiene a g por función de iteración. Por ejemplo, la ecuación (2.1.5) puede escribirse de forma equivalente como sigue:

$$x = e^{-x}. \tag{2.3.16}$$

Es razonable entonces considerar el método de punto fijo que tiene por función de iteración la función

$$g(x) = e^{-x}, \tag{2.3.17}$$

cuyo dominio de definición es $\mathbb{R}$. Obtenemos así el método:

$$\begin{cases} x_0 \in \mathbb{R}, \\ x_{n+1} = e^{-x_n}, \quad n = 0, 1, 2 \dots \end{cases} \tag{2.3.18}$$

Si una sucesión generada por el método converge, su límite necesariamente satisface (2.3.16), que es equivalente a (2.1.5), que es la ecuación que queremos resolver. Si se aplica este método con semilla $x_0 = 0'5$ y test de parada $|x_n - x_{n+1}| < 1/2 \cdot 10^{-6}$ se obtienen los valores que se presentan en la tabla 2.5.

El algoritmo se detiene en la iteración 22 y, en efecto, las 6 primeras cifras decimales de x_{22} coinciden con las de la solución exacta l. Veremos más adelante que el test de parada utilizado asegura que el error real es menor que la cota exigida. La sucesión generada parece entonces converger hacia la solución del problema, pero la convergencia es más lenta que la de todos los métodos ya aplicados a este mismo ejemplo.

Tomando logaritmos en (2.3.16), obtenemos otra reescritura equivalente de (2.1.5):

$$x = -\log(x). \tag{2.3.19}$$

Es razonable entonces considerar el método de punto fijo que tiene por función de iteración la función

$$g(x) = -\log(x), \tag{2.3.20}$$

cuyo dominio de definición es $(0, \infty)$. Obtenemos así el método:

$$\begin{cases} x_0 > 0, \\ x_{n+1} = -\log(x_n), \quad n = 0, 1, 2 \dots \end{cases} \tag{2.3.21}$$

Nuevamente, si una sucesión generada por el método converge, su límite necesariamente satisface (2.3.19), que es equivalente a (2.1.5), que es la ecuación que queremos resolver. Si se aplica este método con semilla $x_0 = 0'5$

Iteración	x_n	$f(x_n)$
0	0.50000000	-0.10653066
1	0.60653066	0.06129145
2	0.54523921	-0.03446388
3	0.57970309	0.01963847
4	0.56006463	-0.01110752
5	0.57117215	0.00630920
6	0.56486295	-0.00357510
7	0.56843805	0.00202859
8	0.56640945	-0.00115018
9	0.56755963	0.00065242
10	0.56690721	-0.00036998
11	0.56727720	0.00020984
12	0.56706735	-0.00011901
13	0.56718636	0.00006750
14	0.56711886	-0.00003828
15	0.56715714	0.00002171
16	0.56713543	-0.00001231
17	0.56714775	0.00000698
18	0.56714076	-0.00000396
19	0.56714472	0.00000225
20	0.56714248	-0.00000127
21	0.56714375	0.00000072
22	0.56714303	-0.00000041

Tabla 2.5. Resultados obtenidos con el método $x_{n+1} = e^{-x_n}$ con semilla $x_0 = 0'5$.

y test de parada $|x_n - x_{n+1}| < 1/2 \cdot 10^{-6}$, se obtienen los valores que se presentan en la tabla 2.6.

El algoritmo se detiene en la cuarta iteración, ya que x_4 es negativo y, en consecuencia, no pertenece al dominio de la función de iteración. Al menos para la semilla elegida, el método no produce una sucesión convergente.

Una familia de métodos que se puede aplicar a cualquier ecuación $f(x) = 0$ se obtiene tomando cualquier número real $\alpha \neq 0$ y reescribiendo la ecuación en forma equivalente como sigue:

$$x = x - \alpha f(x).$$

Iteración	x_n	$f(x_n)$
0	0.50000000	-0.10653066
1	0.69314718	0.19314718
2	0.36651292	-0.32663426
3	1.00372150	0.63720858
4	-0.00371460	error

Tabla 2.6. Resultados obtenidos con el método $x_{n+1} = -\log(x_n)$ con semilla $x_0 = 0'5$.

Esta reescritura sugiere considerar el método de punto fijo con función de iteración

$$g(x) = x - \alpha f(x),$$

cuyo dominio es el mismo que el de f. Obtenemos así una familia uniparamétrica de métodos:

$$\begin{cases} x_0 \in \text{Dom}(f), \\ x_{n+1} = x_n - \alpha f(x_n), \quad n = 0, 1, 2 \ldots \end{cases} \tag{2.3.22}$$

2.3.3. Condición necesaria y suficiente para que las sucesiones estén bien definidas

En los ejemplos anteriores se ha visto que no siempre la expresión (2.3.14) define realmente una sucesión: si un término x_n se sale del dominio de definición de g ya no podrán calcularse los términos siguientes. Veamos una condición necesaria y suficiente para que (2.3.14) defina siempre una sucesión:

Proposición 2.3.1. *La expresión*

$$\begin{cases} x_0 \in J, \\ x_{n+1} = g(x_n), \quad n = 0, 1, 2 \ldots \end{cases}$$

define una sucesión para todo $x_0 \in J$ si y solo si $g(J) \subset J$ (es decir, la imagen de g está contenida en su dominio de definición).

Demostración. Veamos, en primer lugar, que, si $g(J) \subset J$, entonces la sucesión está bien definida. Para ello, habrá que probar que $x_n \in J$ para todo n. Probémoslo por inducción. Como $x_0 \in J$, la propiedad se cumple para $n = 0$. Supongamos que $x_n \in J$. Entonces

$$x_{n+1} = g(x_n) \in g(J) \subset J,$$

como queríamos probar.

Veamos a continuación el recíproco. Para ello, supongamos que todas las sucesiones están bien definidas y tenemos que probar entonces que $g(J) \subset J$. Razonaremos por reducción al absurdo. Suponemos $g(J) \not\subset J$. Existe entonces algún elemento $\bar{x}$ de $g(J)$ que no está en J. Como $\bar{x} \in g(J)$, existe algún elemento y de J tal que $\bar{x} = g(y)$. Si tomáramos ahora $x_0 = y$, tendríamos:

$$x_1 = g(x_0) = g(y) = \bar{x} \notin J.$$

En consecuencia, el elemento x_1 no está en el dominio de g, por lo que no podemos calcular x_2. Esto contradice la hipótesis de que las sucesiones están bien definidas para todo $x_0 \in J$, lo que concluye la demostración.

$\square$

2.3.4. Construcción gráfica de las sucesiones generadas por un método de punto fijo

Supongamos que queremos resolver una ecuación $f(x) = 0$ y que aplicamos un método de punto fijo (2.3.14) para resolverla. En este epígrafe vamos a estudiar un procedimiento gráfico que permite hacerse una idea del comportamiento de las sucesiones generadas por el método. Por fijar ideas, vamos a considerar nuevamente la ecuación (2.1.5) y el método (2.3.18). La función de iteración es, en consecuencia,

$$g(x) = e^{-x},$$

que tiene un único punto fijo que coincide con la solución de la ecuación.

Tomamos una semilla, por ejemplo $x_0 = 0'1$. El siguiente punto de la sucesión es

$$x_1 = g(x_0),$$

es decir, la imagen de x_0 proporcionada por la función g. Por tanto, el punto de la gráfica de g de coordenadas $(x_0, g(x_0))$ tiene por coordenada vertical al siguiente término de la sucesión. En consecuencia, si trazamos una recta horizontal que pase por dicho punto, la recta cortará al eje vertical en x_1. A continuación vamos a situar x_1 en el eje horizontal. Para ello, tendremos en cuenta que la recta horizontal trazada corta a la bisectriz $y = x$ en el punto (x_1, x_1). Si dibujamos entonces una recta vertical que pase por este punto, esta cortará al eje horizontal en el punto x_1. Tenemos así ya los dos primeros términos de la sucesión situados en el eje horizontal.

A continuación repetimos el proceso para situar x_2 en el eje horizontal: trazamos primero una recta horizontal que pase por $(x_1, g(x_1))$, buscamos su

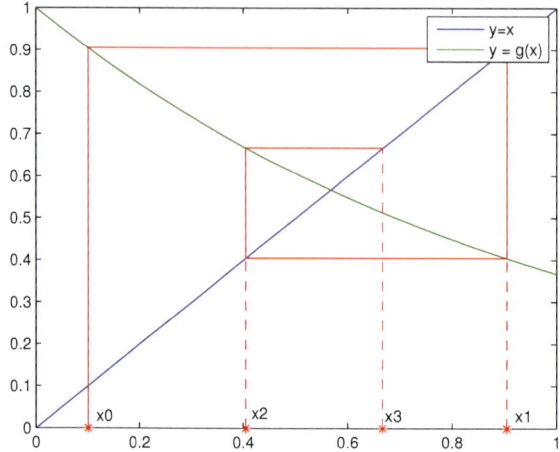

Figura 2.14. Primeras tres iteraciones del método $x_{n+1} = e^{-x_n}$ con semilla $x_0 = 0'1$.

punto de corte con la bisectriz $y = x$ y dibujamos una recta vertical que pase por dicho punto. El punto de corte de esta recta vertical con el eje x es x_2. Así podemos seguir indefinidamente para hacernos una idea de cómo evoluciona la sucesión. En la figura 2.14 se muestra la obtención geométrica de las tres primeras iteraciones.

En la figura 2.15 se dibujan los primeros términos de la sucesión generada por diferentes semillas: parece que la sucesión converge sea cual sea la semilla. A fin de evitar un exceso de líneas en las gráficas, en adelante, las líneas verticales no se prolongarán hasta cortar al eje x: solo se marcará con un asterisco su proyección sobre dicho eje, que corresponde a un nuevo término de la sucesión. La acumulación de asteriscos en las proximidades del punto fijo indica la convergencia de la sucesión al mismo.

Si, por el contrario, consideramos el método (2.3.21) y llevamos a cabo un análisis gráfico similar de la sucesión sobre la base de la gráfica de la nueva función de iteración

$$g(x) = -\log(x),$$

que tiene también un único punto fijo que coincide con la solución buscada, vemos que la situación es diferente. En la figura 2.16 se muestran las primeras cuatro iteraciones del método partiendo de $x_0 = 0'5$, que se corresponden con las entradas de la tabla 2.6. Como ya se vio, x_4 es negativo, por lo que no se

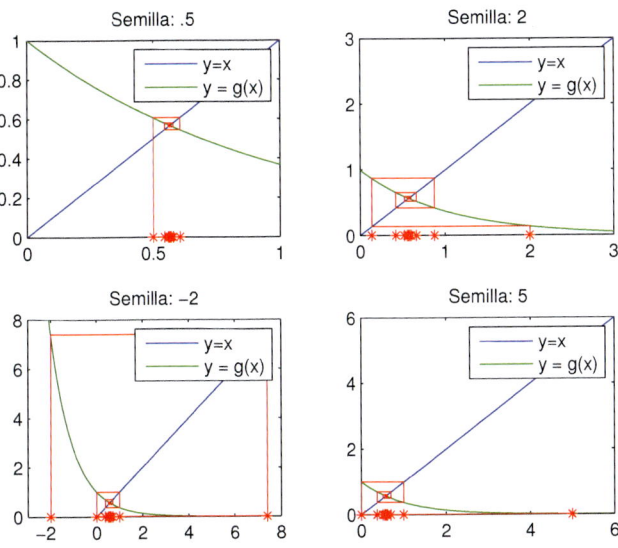

Figura 2.15. Primeras iteraciones del método $x_{n+1} = e^{-x_n}$ con distintas semillas.

puede generar el siguiente término de la sucesión. Esto ocurre incluso si se toma una semilla muy próxima a la solución: en la figura 2.17 se parte de la semilla $x_0 = 0'567143290$, que tiene las primeras 9 cifras decimales iguales a las de la solución que se busca. Tras 38 iteraciones, aparece un término negativo que impide continuar la sucesión.

Este tipo de diagramas se suelen denominar de *caracol* o de *tela de araña* y pueden ser muy útiles en la práctica. Por ejemplo, de los diagramas obtenidos para los dos métodos anteriores parece deducirse que el método (2.3.18) es convergente en todo $\mathbb{R}$ y que el método (2.3.21) no es ni siquiera localmente convergente. Por supuesto, los diagramas no permiten demostrar estas afirmaciones, pero nos pueden dar pistas sobre el comportamiento del método.

Veamos algunos ejemplos más considerando el método (2.3.22) aplicado a la ecuación (2.1.5) con distintos valores de α:

- Para $\alpha = 0'2$, las sucesiones generadas por el método parecen converger (véase la figura 2.18).

- Para $\alpha = 1$, las sucesiones generadas por el método parecen converger (véase la figura 2.19).

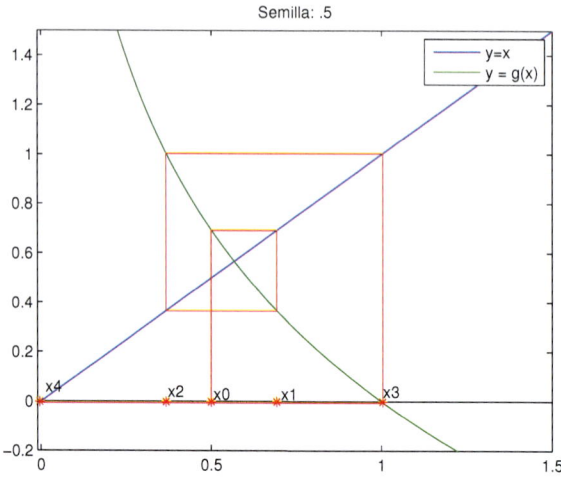

Figura 2.16. Primeras cuatro iteraciones del método $x_{n+1} = -\log(x_n)$ con semilla $x_0 = 0'5$.

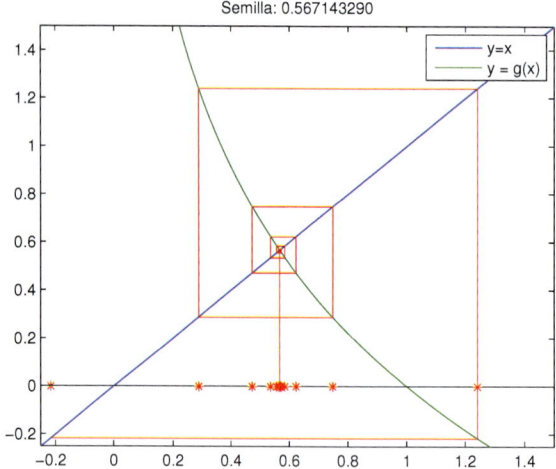

Figura 2.17. Primeras 38 iteraciones del método $x_{n+1} = -\log(x_n)$ con semilla $x_0 = 0'567143290$.

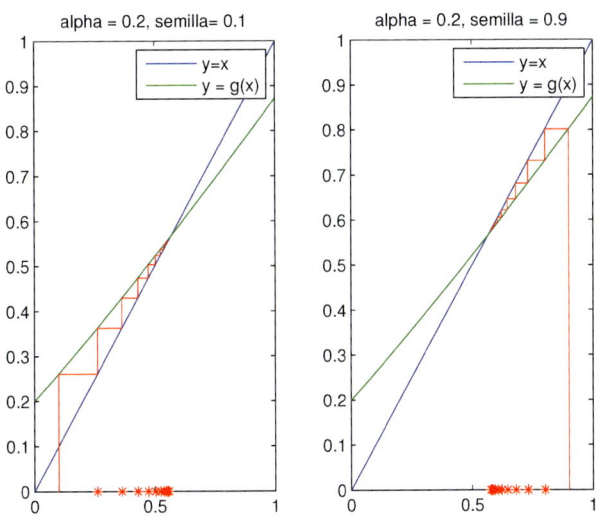

Figura 2.18. Método $x_{n+1} = x_n - \alpha(x_n - e^{-x_n})$ con $\alpha = 0'2$.

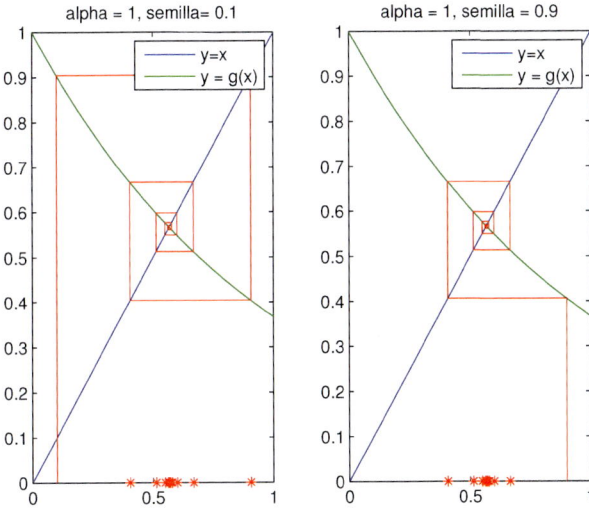

Figura 2.19. Método $x_{n+1} = x_n - \alpha(x_n - e^{-x_n})$ con $\alpha = 1$.

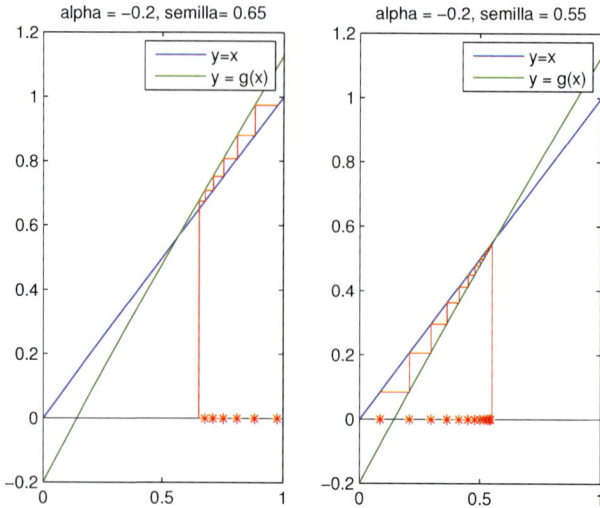

Figura 2.20. Método $x_{n+1} = x_n - \alpha(x_n - e^{-x_n})$ con $\alpha = -0'2$.

- Para $\alpha = -0'2$, las sucesiones generadas por el método parecen alejarse del punto fijo (véase la figura 2.20).

- Para $\alpha = 1'4$, las sucesiones generadas por el método también parecen alejarse del punto fijo (véase la figura 2.21).

2.3.5. Monotonía de las funciones de iteración y de las sucesiones generadas

De los ejemplos vistos parece deducirse que, si la función de iteración es estrictamente creciente, la sucesión generada es monótona (véanse las figuras 2.18 y 2.20). Veamos que, en efecto, es así:

Proposición 2.3.2. *Sea $g : J \mapsto \mathbb{R}$ una función monótona creciente, definida en un intervalo $J \subset \mathbb{R}$ con un único punto fijo l y tal que $g(J) \subset J$. Dado x_0, la sucesión $\{x_n\}_{n=0}^{\infty}$ dada por*

$$x_{n+1} = g(x_n), \quad n = 0, 1, 2 \ldots$$

está bien definida y es monótona. Además:

- *Si $x_0 < l$, entonces $x_n \leq l$ para todo n.*

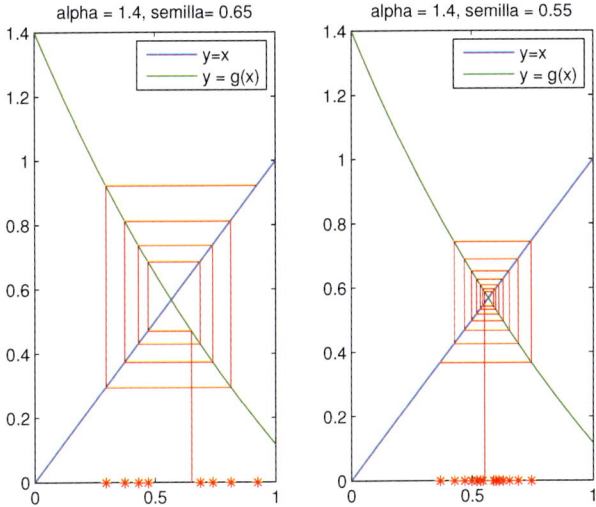

Figura 2.21. Método $x_{n+1} = x_n - \alpha(x_n - e^{-x_n})$ con $\alpha = 1'4$.

- *Si $x_0 = l$, entonces $x_n = l$ para todo n.*

- *Si $x_0 > l$, entonces $x_n \geq l$ para todo n.*

Demostración. La proposición 2.3.1 asegura que la sucesión está bien definida. En cuanto a la monotonía, comparando x_0 con $x_1 = g(x_0)$, se pueden dar
dos posibilidades:

- $x_0 \leq x_1$. Vamos a demostrar por inducción que la sucesión es entonces
  monótona creciente, es decir:

$$x_n \leq x_{n+1}, \quad \forall n.$$

  Ya lo tenemos para $n = 0$. Lo suponemos cierto para n: $x_n \leq x_{n+1}$.
  Por ser g monótona creciente y por la definición de la sucesión, se verifica:
$$x_{n+1} = g(x_n) \leq g(x_{n+1}) = x_{n+2},$$
  como queríamos demostrar.

- $x_0 \geq x_1$. Vamos a demostrar por inducción que la sucesión es entonces
  monótona decreciente, es decir:

$$x_n \geq x_{n+1}, \quad \forall n.$$

Ya lo tenemos para $n = 0$. Lo suponemos cierto para n: $x_n \geq x_{n+1}$. Por ser g monótona creciente y por la definición de la sucesión, se verifica:

$$x_{n+1} = g(x_n) \geq g(x_{n+1}) = x_{n+2},$$

como queríamos demostrar.

La última parte de la demostración se demuestra también por inducción. Si, por ejemplo, $x_0 < l$, queremos probar por inducción que

$$x_n < l, \quad \forall n.$$

Ya tenemos que la propiedad es cierta para $n = 0$. La suponemos cierta para n: $x_n < l$ y, usando la definición de la sucesión, la monotonía de g y el hecho de que l es un punto fijo, tenemos:

$$x_{n+1} = g(x_n) \leq g(l) = l,$$

como queríamos demostrar. La demostración de los otros dos casos es análoga.

$\square$

Veamos qué pasa si la función de iteración es decreciente. Las figuras 2.15, 2.19 y 2.21 parecen indicar que las sucesiones no son monótonas, pero sí lo son las subsucesiones de los pares y de los impares. Además, parece que los términos de la sucesión van quedando a la derecha y a la izquierda de l dejando al punto fijo siempre entre dos términos consecutivos. Para demostrar que esto es así, vamos a empezar por introducir alguna notación necesaria.

Dada una función $g : J \subset \mathbb{R} \mapsto \mathbb{R}$ tal que $g(J) \subset J$, representaremos por g^2 la composición de g consigo misma, es decir, $g^2 = g \circ g$:

$$g^2(x) = (g \circ g)(x) = g(g(x)), \quad \forall x \in J.$$

No hay que confundir g^2 con el producto de g por g. Por ejemplo, si

$$g(x) = e^{-x},$$

entonces

$$g^2(x) = g(g(x)) = e^{-g(x)} = e^{-e^{-x}}.$$

Si l es un punto fijo de g también lo es de g^2, ya que:

$$g^2(l) = g(g(l)) = g(l) = l.$$

Veamos qué relación hay entre las sucesiones generadas por la función de iteración g y la función g^2:

Lema 2.3.3. *Sea $g : J \mapsto \mathbb{R}$ tal que $g(J) \subset J$. Dado $x_0 \in J$, consideramos las sucesiones $\{x_n\}_{n=0}^{\infty}$, $\{y_n\}_{n=0}^{\infty}$, $\{z_n\}_{n=0}^{\infty}$, definidas por:*

$$x_{n+1} = g(x_n), \quad n = 0, 1 \ldots$$

$$\begin{cases} y_0 = x_0, \\ y_{n+1} = g^2(y_n), \quad n = 0, 1 \ldots \end{cases} \tag{2.3.23}$$

$$\begin{cases} z_0 = x_1, \\ z_{n+1} = g^2(z_n), \quad n = 0, 1 \ldots \end{cases} \tag{2.3.24}$$

Entonces, las tres sucesiones están bien definidas y se tienen las igualdades:

$$y_n = x_{2n}, \quad n = 0, 1 \ldots, \quad z_n = x_{2n+1}, \quad n = 0, 1 \ldots$$

La demostración se hace de nuevo por inducción. Vemos entonces que las sucesiones generadas con la función de iteración g^2 a partir de las semillas x_0 y x_1 son, respectivamente, la subsucesión de los pares y de los impares de la sucesión generada con la función de iteración g a partir de la semilla x_0.

Lema 2.3.4. *Sea $g : J \mapsto \mathbb{R}$ una función monótona decreciente definida en un intervalo $J \subset \mathbb{R}$ tal que $g(J) \subset J$. Entonces, la función g^2 es monótona creciente.*

Demostración. Dados $x, y \in J$ tales que $x \leq y$, se tiene:

$$x \leq y \implies g(y) \leq g(x) \implies g(g(x)) \leq g(g(y)) \iff g^2(x) \leq g^2(y),$$

como se quería demostrar.

$\square$

Ahora ya podemos probar lo que parecían sugerir los ejemplos vistos en los que la función de iteración era decreciente:

Proposición 2.3.5. *Sea $g : J \mapsto \mathbb{R}$ una función monótona decreciente definida en un intervalo $J \subset \mathbb{R}$ con un único punto fijo l y tal que $g(J) \subset J$. Dado x_0, la sucesión $\{x_n\}_{n=0}^{\infty}$ dada por*

$$x_{n+1} = g(x_n), \quad n = 0, 1, 2 \ldots$$

está bien definida, y las subsucesiones $\{x_{2n}\}_{n=0}^{\infty}$ y $\{x_{2n+1}\}_{n=0}^{\infty}$ son monótonas. Además:

- *Si $x_0 < l$, entonces $x_{2n} \leq l$ y $x_{2n+1} \geq l$ para todo n.*

- *Si $x_0 = l$, entonces $x_n = l$ para todo n.*

- *Si $x_0 > l$, entonces $x_{2n} \geq l$ y $x_{2n+1} \leq l$ para todo n.*

Demostración. La proposición 2.3.1 asegura que la sucesión está bien definida. En lo que se refiere a la monotonía, usando el lema 2.3.3, sabemos que $\{x_{2n}\}_{n=0}^{\infty}$ y $\{x_{2n+1}\}_{n=0}^{\infty}$ coinciden con las sucesiones $\{y_n\}_{n=0}^{\infty}$ y $\{z_n\}_{n=0}^{\infty}$ dadas por (2.3.23) y (2.3.24). Pero estas son dos sucesiones generadas por la función de iteración g^2 que, por el lema 2.3.4, es monótona creciente. En consecuencia, la proposición 2.3.2 nos permite afirmar que ambas son monótonas.

En lo que respecta a la última parte de la proposición, si $x_0 < l$, por la proposición 2.3.2, tenemos:

$$x_{2n} = y_n \leq l, \quad n = 0, 1 \ldots,$$

siendo $\{y_n\}_{n=0}^{\infty}$ la sucesión dada por (2.3.23), que se genera aplicando la función de iteración monótona creciente g^2 a la semilla $x_0 < l$.

Por otro lado, por la definición de x_1, por ser g decreciente y l punto fijo, se tiene:

$$l = g(l) \leq g(x_0) = x_1.$$

Aplicando nuevamente la proposición 2.3.2 tenemos:

$$x_{2n+1} = z_n \geq l, \quad n = 0, 1 \ldots,$$

siendo $\{z_n\}_{n=0}^{\infty}$ la sucesión dada por (2.3.24), que se genera aplicando la función de iteración monótona creciente g^2 a la semilla $x_1 \geq l$. La demostración del caso $x_0 > l$ es similar y la del caso $x_0 = l$ es trivial.

$\square$

Obsérvese que, si la función de iteración es decreciente, para cada n se tiene:

$$x_n \leq l \leq x_{n-1},$$

o bien

$$x_{n-1} \leq l \leq x_n,$$

ya que $n - 1$ y n son par e impar o impar y par. En consecuencia, el test de parada

$$|x_n - x_{n-1}| \leq \varepsilon$$

asegura que el error es menor que ε, ya que siempre se verifica:

$$|l - x_n| \leq |x_n - x_{n-1}|.$$

Al ser decreciente la función de iteración del método (2.3.18), se demuestra que el test de parada utilizado para generar la tabla 2.5 asegura un error menor que $1/2 \cdot 10^{-6}$.

Vamos a estudiar ahora la convergencia de los métodos con funciones de iteración monótonas.

En las figuras 2.18 y 2.20 se muestran las gráficas de dos funciones de iteración monótonas crecientes. La primera da lugar a un método convergente, y la segunda, a uno que no lo es. Claramente, la diferencia entre las dos gráficas está en que, mientras que, en el primer caso, la función de iteración queda por encima de la recta $y = x$ a la izquierda del punto y por debajo de ella a su derecha, en el segundo caso, ocurre lo contrario. Veamos que se trata de un hecho general:

Proposición 2.3.6. *Sea $g : J \mapsto \mathbb{R}$ una función continua y monótona creciente, definida en un intervalo $J \subset \mathbb{R}$ con un punto fijo l y tal que $g(J) \subset J$. Supongamos que*

$$g(x) > x, \quad \forall x < l \quad y \quad g(x) < x, \quad \forall x > l.$$

Entonces, dada cualquier semilla $x_0 \in J$, la sucesión $\{x_n\}_{n=0}^{\infty}$ dada por

$$x_{n+1} = g(x_n), \quad n = 0, 1, 2 \ldots$$

converge hacia l.

Demostración. Obsérvese que las hipótesis sobre la función implican que l es el único punto fijo, ya que, si $x \neq l$, entonces $g(x) < x$ o $g(x) > x$. Sea $x_0 \in J$, menor que l. Entonces,

$$x_0 < g(x_0) = x_1.$$

La demostración de la proposición 2.3.2 prueba que la sucesión $\{x_n\}_{n=0}^{\infty}$ es monótona creciente y está acotada superiormente por l. En consecuencia, es convergente. Si denominamos m a su límite, se tiene:

$$m = \lim_{n \to \infty} x_{n+1} = \lim_{n \to \infty} g(x_n) = g(m),$$

donde se ha usado la definición de la sucesión y la continuidad de g. En consecuencia, m es un punto fijo. Pero, como la función tiene un único punto fijo l, se tiene que $m = l$, con lo que hemos demostrado que la sucesión converge hacia l. La demostración es similar si $x_0 > l$ y trivial si $x_0 = l$.

$\square$

En el caso de funciones de iteración decreciente, la condición suficiente de convergencia se basa nuevamente en el uso de la función g^2:

Proposición 2.3.7. *Sea $g : J \mapsto \mathbb{R}$ una función continua y monótona decreciente, definida en un intervalo $J \subset \mathbb{R}$ con un punto fijo l y tal que $g(J) \subset J$. Supongamos que g es tal que*

$$g^2(x) > x, \quad \forall x < l \quad y \quad g^2(x) < x, \quad \forall x > l. \qquad (2.3.25)$$

Entonces, dada cualquier semilla $x_0 \in J$, la sucesión $\{x_n\}_{n=0}^{\infty}$ dada por

$$x_{n+1} = g(x_n), \quad n = 0, 1, 2 \dots$$

converge hacia l.

Demostración. Obsérvese que g^2 está en las hipótesis de la proposición 2.3.6. Por tanto, dado $x_0 \in J$, las sucesiones $\{y_n\}_{n=0}^{\infty}$ y $\{z_n\}_{n=0}^{\infty}$ dadas por (2.3.23) y (2.3.24) convergen a l. Pero, usando el lema 2.3.3, sabemos que $\{x_{2n}\}_{n=0}^{\infty}$ y $\{x_{2n+1}\}_{n=0}^{\infty}$ coinciden con las sucesiones $\{y_n\}_{n=0}^{\infty}$ y $\{z_n\}_{n=0}^{\infty}$. Por tanto, la subsucesión de los pares y la de los impares convergen ambas a l, lo que implica que la sucesión converge a l.

□

Se pueden obtener fácilmente resultados de no convergencia con hipótesis similares a las de las proposiciones anteriores:

Proposición 2.3.8. *Sea $g : J \mapsto \mathbb{R}$ una función continua y monótona creciente, definida en un intervalo $J \subset \mathbb{R}$ con un punto fijo l y tal que $g(J) \subset J$. Supongamos que*

$$g(x) < x, \quad \forall x < l \quad o \quad g(x) > x, \quad \forall x > l.$$

Entonces, se pueden elegir semillas tan próximas como se desee a l tales que la sucesión $\{x_n\}_{n=0}^{\infty}$ dada por

$$x_{n+1} = g(x_n), \quad n = 0, 1, 2 \dots$$

no converge hacia l.

Demostración. Supongamos que $g(x) < x$ para todo $x < l$. Tomando una semilla $x_0 < l$, la demostración de la proposición 2.3.2 prueba que la sucesión $\{x_n\}_{n=0}^{\infty}$ es monótona decreciente. En consecuencia, $x_n \leq x_0 < l$ para todo n, lo que implica que la sucesión no puede converger hacia l. La demostración del caso $g(x) > x$ para todo $x > l$ es similar.

□

Proposición 2.3.9. *Sea* $g : J \mapsto \mathbb{R}$ *una función continua y monótona decreciente, definida en un intervalo* $J \subset \mathbb{R}$ *con un punto fijo* l *y tal que* $g(J) \subset J$. *Supongamos que*

$$g^2(x) < x, \quad \forall x < l \quad o \quad g^2(x) > x, \quad \forall x > l.$$

Entonces, se pueden elegir semillas tan próximas como se desee a l *tales que la sucesión* $\{x_n\}_{n=0}^{\infty}$ *dada por*

$$x_{n+1} = g(x_n), \quad n = 0, 1, 2 \dots$$

no converge hacia l.

La demostración se deja como ejercicio.

En consecuencia, si para hallar la solución de una ecuación $f(x) = 0$ aplicamos un método (2.3.14) con función de iteración monótona creciente g, tenemos asegurada la convergencia si la gráfica de g queda por encima de la bisectriz a la izquierda del punto fijo y por debajo a su derecha. Si g es monótona decreciente, la condición suficiente de convergencia es que la gráfica de g^2 quede por encima de la bisectriz a la izquierda de l y por debajo a su derecha. En la figura 2.22 se muestran las gráficas de g^2 para los métodos (2.3.18) y (2.3.21). Se puede comprobar que, mientras en el primer caso se verifica la condición suficiente, no ocurre así en el segundo. En conclusión, solo el primer método es convergente.

En las figuras 2.23 y 2.24 se muestran las gráficas de g^2 para los métodos cuyas funciones de iteración aparecen en las figuras 2.19 y 2.21. Se puede comprobar que, efectivamente, solo se verifica la condición suficiente en el primer caso.

En el caso de las funciones monótonas decrecientes, la condición suficiente de convergencia también puede interpretarse en términos de comparación entre la gráfica de g y la recta perpendicular a la bisectriz que pasa por (l, l), esto es, la recta $y = 2l - x$. En las figuras 2.25 y 2.26 se comparan las gráficas de las funciones de iteración de los métodos (2.3.18) y (2.3.21) con dicha recta. Como se puede comprobar, mientras que, en el caso del primer método (que parecía ser convergente), la gráfica queda por debajo de la recta a la izquierda de l y por encima a la derecha, en el caso del segundo método (que parecía no ser localmente convergente), ocurre lo contrario.

Este resultado se expone en la proposición 2.3.10.

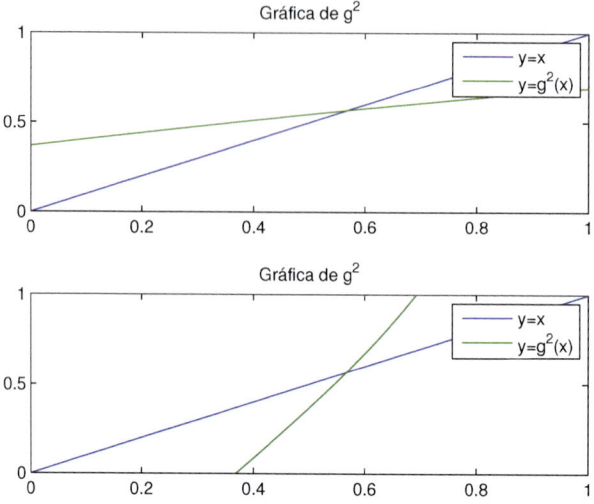

Figura 2.22. Arriba: gráfica de g^2 para el método $x_{n+1} = e^{-x_n}$. Abajo: gráfica de g^2 para el método $x_{n+1} = -\log(x_n)$.

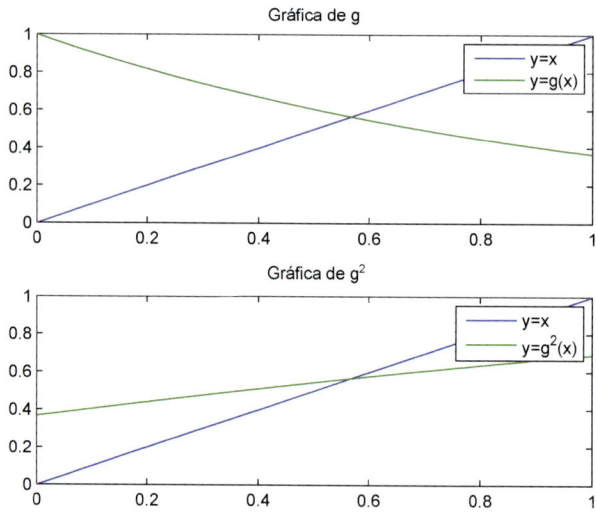

Figura 2.23. Método $x_{n+1} = x_n - \alpha(x_n - e^{-x_n})$ con $\alpha = 1$: gráficas de g y de g^2.

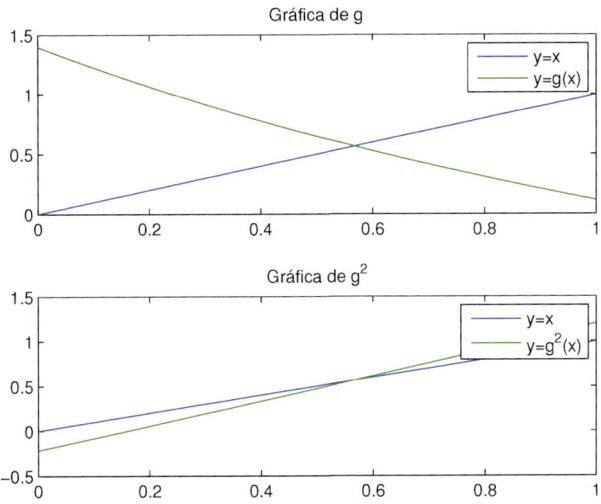

Figura 2.24. Método $x_{n+1} = x_n - \alpha(x_n - e^{-x_n})$ con $\alpha = 1'4$: gráficas de g y de g^2.

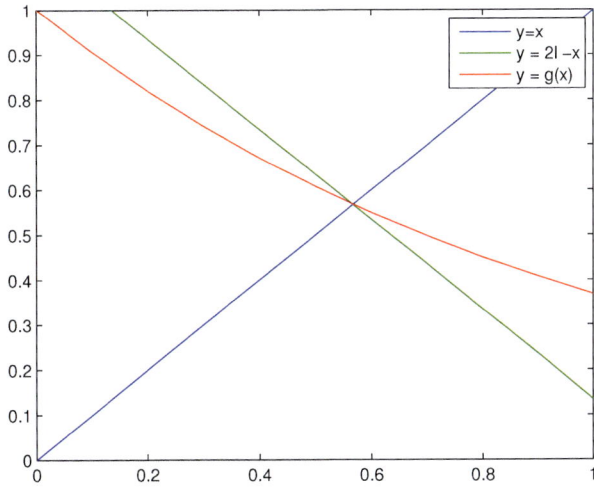

Figura 2.25. Comparación entre la gráfica de g y la recta $y = 2l - x$ para el método $x_{n+1} = e^{-x_n}$.

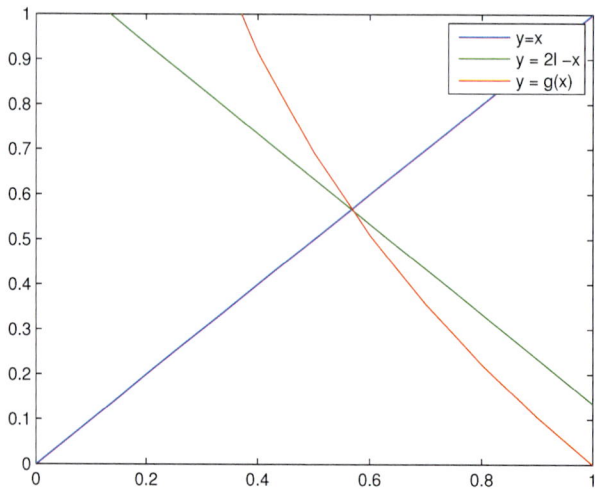

Figura 2.26. Comparación entre la gráfica de g y la recta $y = 2l - x$ para el método $x_{n+1} = -\log(x_n)$.

Proposición 2.3.10. *Sea $g : J \mapsto \mathbb{R}$ una función continua y monótona decreciente, definida en un intervalo $J \subset \mathbb{R}$ con un único punto fijo l y tal que $g(J) \subset J$. Supongamos que, para todo $x \in J$, se tiene que $2l - x \in J$ y que se verifican las desigualdades:*

$$g(x) < 2l - x, \quad \forall x < l \quad y \quad g(x) > 2l - x, \quad \forall x > l. \qquad (2.3.26)$$

Entonces, dada cualquier semilla $x_0 \in J$, la sucesión $\{x_n\}_{n=0}^{\infty}$ dada por

$$x_{n+1} = g(x_n), \quad n = 0, 1, 2 \ldots$$

converge hacia l.

Demostración. Si demostramos que la función g^2 satisface las desigualdades (2.3.25) estaremos en las condiciones de aplicar la proposición 2.3.7, lo que permite concluir la demostración.

Sea $x \in J$ tal que $x < l$. Se tiene:

$$g(x) < 2l - x.$$

Como g es decreciente:

$$g^2(x) \geq g(2l - x).$$

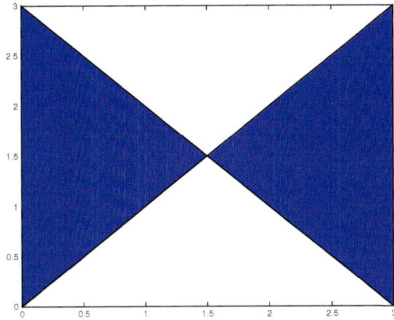

Figura 2.27. Región que ha de contener a la gráfica de una función de iteración monótona para asegurar la convergencia si $l = 1'5$.

Pero, si $x < l$, $\tilde{x} = 2l - x > l$ y, por tanto:

$$g(2l - x) = g(\tilde{x}) > 2l - \tilde{x} = 2l - (2l - x) = x.$$

Entonces,

$$g^2(x) \geq g(2l - x) > x,$$

como queríamos probar. La demostración para $x > l$ es similar.

$\square$

La condición suficiente de convergencia dada por la proposición puede ser difícil de comprobar gráficamente, ya que, como l no se conoce (es la solución que se desea aproximar), resulta complicado dibujar la recta $y = 2l - x$.

2.3.6. Análisis de la convergencia

En el epígrafe anterior se ha visto que, para funciones de iteración monótonas, la condición suficiente de convergencia se puede resumir diciendo que la gráfica de la función g tiene que quedar en la región dibujada en azul en la figura 2.27, esto es, la región comprendida entre la bisectriz $y = x$ y la normal a la bisectriz que pasa por el punto fijo l.

En la práctica, muchas funciones de iteración no son monótonas. Por ejemplo, volviendo a la ecuación de Kepler (2.1.6), su reescritura

$$x = K + \alpha\,\mathrm{sen}(x)$$

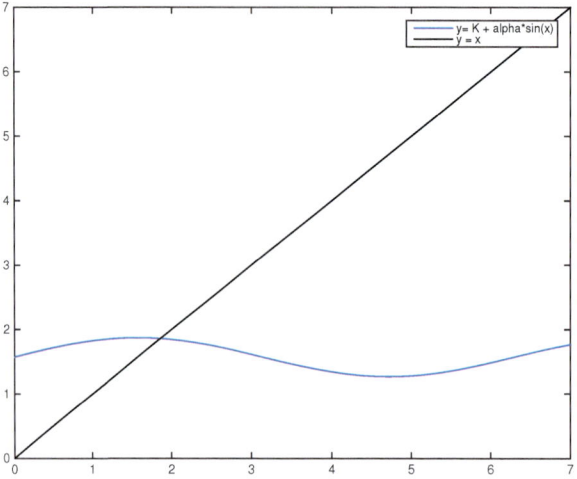

Figura 2.28. Gráfica de $g(x) = \pi/2 + 0'3 \operatorname{sen}(x)$.

sugiere el método de punto fijo

$$\begin{cases} x_0 \in \mathbb{R}, \\ x_{n+1} = K + \alpha \operatorname{sen}(x_n), \quad n = 0, 1, 2 \ldots \end{cases} \tag{2.3.27}$$

La función de iteración

$$g(x) = K + \alpha \operatorname{sen}(x), \quad x \in \mathbb{R}$$

no es monótona (véase la figura 2.28).

Vamos a estudiar a continuación un criterio aplicable a cualquier función g basado en el concepto de contractividad.

Definición 2.3.3. Dada una función $g : J \subset \mathbb{R} \mapsto \mathbb{R}$, se dice que g es **contractiva** si existe una constante $C \in [0, 1)$ tal que

$$|g(x) - g(y)| \leq C|x - y|, \quad \forall x, y \in J.$$

La idea intuitiva es que, al paso por una función contractiva, la distancia de dos puntos cualesquiera del intervalo x, y se *contrae* en un factor C. Por ejemplo, si $C = 0'5$, la distancia entre las imágenes de dos puntos es menor o igual que la mitad de la distancia entre los puntos. Es inmediato probar el siguiente resultado, que se deja como ejercicio:

Lema 2.3.11. *Si la función $g : J \subset \mathbb{R} \mapsto \mathbb{R}$ es contractiva, entonces es continua.*

Observación 2.3.1. Contractividad no implica derivabilidad. Por ejemplo, la función

$$g(x) = \frac{|x|}{2}$$

no es derivable en $x = 0$ y es contractiva en $\mathbb{R}$ con constante $C = 1/2$. En efecto:

$$|g(x) - g(y)| = \frac{1}{2}||x| - |y|| \leq \frac{1}{2}|x - y|.$$

Veamos que la gráfica de una función contractiva está en la región de color azul de la figura 2.27. Si $x \in J$ y $x > l$, se tiene:

$$|g(x) - l| = |g(x) - g(l)| \leq C|x - l| = C(x - l)$$

o, equivalentemente,

$$l - C(x - l) \leq g(x) \leq l + C(x - l),$$

lo que implica que, a la derecha de l, la gráfica de g queda por encima de la recta que pasa por (l, l) con pendiente $-C$ y por debajo de la que pasa por el mismo punto con pendiente C. Análogamente, si $x \in J$ y $x < l$:

$$|g(x) - l| = |g(x) - g(l)| \leq C|x - l| = -C(x - l)$$

o, equivalentemente,

$$l + C(x - l) \leq g(x) \leq l - C(x - l),$$

lo que implica que, a la izquierda de l, la gráfica de g queda por encima de la recta que pasa por (l, l) con pendiente C y por debajo de la que pasa por el mismo punto con pendiente $-C$. Como $C < 1$, la gráfica está contenida en la región coloreada en rojo en la figura 2.29, que está contenida en la región de color azul.

Se tiene el siguiente resultado:

Proposición 2.3.12. *Sea $g : J \mapsto \mathbb{R}$ una función contractiva en un intervalo $J \subset \mathbb{R}$ con un punto fijo l y tal que $g(J) \subset J$. Dado $x_0 \in J$, la sucesión $\{x_n\}_{n=0}^{\infty}$ dada por*

$$x_{n+1} = g(x_n), \quad n = 0, 1, 2 \ldots$$

está bien definida y converge hacia l.

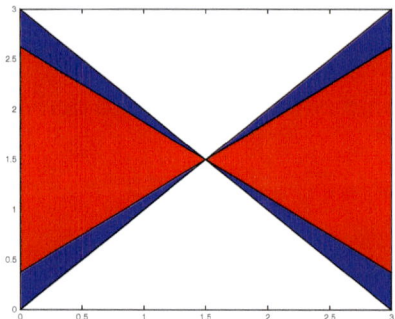

Figura 2.29. Región que ha de contener a la gráfica de una función de iteración contractiva con punto fijo $l = 1'5$ y constante de contractividad $C = 0'75$.

Demostración. La proposición 2.3.1 asegura que la sucesión está bien definida. Veamos ahora la convergencia. Para ello, probaremos por inducción la siguiente desigualdad:

$$|x_n - l| \leq C^n |x_0 - l|, \qquad (2.3.28)$$

siendo C la constante de contractividad de la función g. Para $n = 1$ se tiene:

$$|x_1 - l| = |g(x_0) - g(l)| \leq C|x_0 - l|,$$

donde se ha usado la contractividad de g, la definición de la sucesión y el hecho de que l es punto fijo. Supongamos que se verifica:

$$|x_n - l| \leq C^n |x_0 - l|.$$

Entonces, razonando como en el caso $n = 1$, tenemos:

$$|x_{n+1} - l| = |g(x_n) - g(l)| \leq C|x_n - l| \leq C^{n+1}|x_0 - l|,$$

como queríamos demostrar. Tenemos entonces las desigualdades:

$$0 \leq |x_n - l| \leq C^n |x_0 - l|, \quad \forall n.$$

Como $C \in [0, 1)$, sabemos que

$$\lim_{n \to \infty} C^n = 0.$$

Aplicando el criterio de comparación:

$$\lim_{n \to \infty} |x_n - l| = 0,$$

o, equivalentemente:

$$\lim_{n \to \infty} x_n = l,$$

como queríamos probar.

$\square$

El resultado anterior puede ser reformulado como una **condición suficiente de convergencia** de un método numérico: dada una ecuación

$$f(x) = 0, \quad x \in I,$$

con una única solución, si un método numérico

$$\begin{cases} x_0 \in J, \\ x_{n+1} = g(x_n), \quad n = 0, 1, 2 \ldots \end{cases}$$

es tal que:

1. las ecuaciones $(f(x) = 0, \; x \in I)$ y $(g(x) = x, \; x \in J)$ son equivalentes;

2. $g : J \mapsto \mathbb{R}$ es contractiva;

3. $g(J) \subset J$;

entonces, el método es convergente. Además, si J es cerrado y acotado, es decir, $J = [a, b]$, entonces de la desigualdad (2.3.28) se deduce la cota de error

$$|x_n - l| \leq C^n (b - a), \tag{2.3.29}$$

ya que $x_0, l \in [a, b]$.

Si en el resultado anterior se pide que el intervalo sea cerrado, no es necesario añadir como hipótesis la existencia y unicidad de punto fijo, ya que se deduce de las demás hipótesis. Esto es lo que se denomina **teorema del punto fijo de Banach,** que se estudia en contextos más generales de las matemáticas:

Teorema 2.3.13. *Sea $g : J \mapsto \mathbb{R}$ una función contractiva en un intervalo cerrado $J \subset \mathbb{R}$ tal que $g(J) \subset J$. Entonces g tiene un único punto fijo $l \in J$. Además, dado $x_0 \in J$, la sucesión $\{x_n\}_{n=0}^{\infty}$ dada por*

$$x_{n+1} = g(x_n), \quad n = 0, 1, 2 \ldots$$

está bien definida y converge hacia l.

Demostración. Empecemos por probar la unicidad de punto fijo. Para ello, supongamos que g tiene dos puntos fijos diferentes, l y m. Entonces, si C es la constante de contractividad de la función, se tiene:

$$|l - m| = |g(l) - g(m)| \leq C|l - m| < |l - m|,$$

lo que es contradictorio. En consecuencia, g tiene a lo sumo un punto fijo.

Demostremos su existencia. Para ello, tomamos cualquier punto $x_0 \in J$. Como en resultados anteriores, se prueba que la sucesión $\{x_n\}_{n=0}^{\infty}$ está bien definida. Si $x_1 = x_0$, entonces $l = x_0$ es punto fijo de g, ya que $x_1 = g(x_0)$, por lo que ya tendríamos probada la existencia de punto fijo. Es inmediato comprobar además que la sucesión generada por x_0 es constante y, en consecuencia, convergente hacia $l = x_0$.

Supongamos entonces que $x_0 \neq x_1$. Vamos a demostrar que la sucesión generada por x_0 es convergente y que su límite es necesariamente un punto fijo de g. No podemos usar el razonamiento de la proposición anterior basado en la desigualdad (2.3.28) puesto que aún no hemos demostrado que exista l. Por tanto, para demostrar que la sucesión es convergente hay que utilizar una vía indirecta: vamos a ver que es de Cauchy. Es decir, dado $\varepsilon > 0$, hay que probar que existe un natural N tal que, para todo par de naturales m, n mayores que N, se tenga:

$$|x_m - x_n| < \varepsilon.$$

Para ello, demostraremos en primer lugar la desigualdad:

$$|x_{n+1} - x_n| \leq C^n |x_1 - x_0|, \quad \forall n,$$

siendo C la constante de contractividad de la función. Para $n = 0$, la desigualdad es trivial. Supongámosla cierta para n y probémosla para $n + 1$:

$$|x_{n+2} - x_{n+1}| = |g(x_{n+1}) - g(x_n)| \leq C|x_{n+1} - x_n| \leq C^{n+1}|x_1 - x_0|,$$

como queríamos demostrar.

Usando la desigualdad ya probada, demostraremos lo siguiente: dados n y m naturales con $n < m$, se tiene:

$$|x_m - x_n| \leq \frac{C^n - C^m}{1 - C}|x_1 - x_0|. \tag{2.3.30}$$

En efecto:

$$
\begin{aligned}
|x_m - x_n| &= |x_m - x_{m-1} + x_{m-1} - x_{m-2} + \ldots + x_{n+2} - x_{n+1} + x_{n+1} - x_n| \\
&\leq |x_m - x_{m-1}| + |x_{m-1} - x_{m-2}| + \ldots + |x_{n+2} - x_{n+1}| + |x_{n+1} - x_n| \\
&\leq C^{m-1}|x_1 - x_0| + C^{m-2}|x_1 - x_0| + \ldots + C^{n+1}|x_1 - x_0| + C^n|x_1 - x_0| \\
&= \left(C^{m-1} + C^{m-2} + \ldots + C^{n+1} + C^n\right)|x_1 - x_0| \\
&= \frac{C^n - C^m}{1 - C}|x_1 - x_0|,
\end{aligned}
$$

donde se ha usado la expresión de la suma de los términos consecutivos de una progresión geométrica de razón C. Sabemos que la sucesión $\{C^n\}_{n=0}^{\infty}$ tiende a 0 y, en consecuencia, es de Cauchy. Entonces, dado $\varepsilon > 0$, existe un natural N tal que, para todo par de naturales m, n mayores que N, se tiene:

$$
|C^n - C^m| < \tilde{\varepsilon} = \frac{1 - C}{|x_1 - x_0|}\varepsilon.
$$

De (2.3.30) se deduce entonces:

$$
|x_m - x_n| \leq \frac{C^n - C^m}{1 - C}|x_1 - x_0| \leq \frac{\tilde{\varepsilon}}{1 - C}|x_1 - x_0| = \varepsilon,
$$

como queríamos probar. Por tanto, la sucesión es de Cauchy y, en consecuencia, convergente. Sea l su límite. Por ser el intervalo cerrado, como $x_n \in J$ para todo n, el límite de la sucesión l también pertenece a J. Además, es punto fijo, ya que

$$
l = \lim_{n \to \infty} x_{n+1} = \lim_{n \to \infty} g(x_n) = g(l).
$$

Luego existe un punto fijo l que además ha de ser único. Como el x_0 es arbitrario, lo que hemos probado es que, partiendo de cualquier x_0, la sucesión converge hacia el único punto fijo l, con lo que queda concluida la demostración del teorema.

$\square$

Obsérvese que, bajo las condiciones del teorema del punto fijo, además de la cota de error (2.3.29), se obtiene otra a partir de la desigualdad (2.3.30) probada en la demostración. En efecto, si fijamos n y hacemos tender m hacia infinito, usando que la sucesión $\{C^m\}$ tiende a 0, obtenemos la desigualdad:

$$
|l - x_n| \leq \frac{C^n}{1 - C}|x_1 - x_0|. \tag{2.3.31}
$$

Entonces, si para resolver una ecuación $f(x) = 0$ se diseña un método de punto fijo cuya función de iteración es contractiva en un intervalo cerrado que contiene a su propia imagen, tenemos asegurada la convergencia del método y disponemos de cotas de error que permiten deducir test de parada teóricos. La dificultad está en cómo comprobar si una función es contractiva o no. Para funciones de clase 1 hay una relación muy estrecha entre contractividad y derivadas:

Proposición 2.3.14. *Sea $g : J \subset \mathbb{R} \mapsto \mathbb{R}$ de clase $\mathcal{C}^1(J)$. Entonces g es contractiva si y solo si existe $C \in [0, 1)$ tal que*

$$|g'(x)| \leq C, \quad \forall x \in J. \tag{2.3.32}$$

Demostración. Supongamos que se verifica (2.3.32). Dados dos elementos arbitrarios de J, x e y, por el teorema del valor medio podemos asegurar que existe $\xi \in J$ tal que

$$g(y) - g(x) = g'(\xi)(y - x).$$

Tomando valores absolutos y usando la definición de C:

$$|g(y) - g(x)| = |g'(\xi)||y - x| \leq C|y - x|.$$

Como x e y son arbitrarios y $C \in [0, 1)$, hemos probado que g es contractiva.

Recíprocamente, supongamos que g es contractiva. Entonces, dados $x, y \in J$ con $x \neq y$, la contractividad implica:

$$\left| \frac{g(y) - g(x)}{y - x} \right| \leq C,$$

siendo C la constante de contractividad. Tomando límites en la anterior desigualdad cuando $y \to x$ se obtiene que

$$|g'(x)| \leq C.$$

Como x es un punto arbitrario, hemos probado (2.3.32).

$\square$

Observación 2.3.2. La condición

$$|g'(x)| < 1, \quad \forall x \in J$$

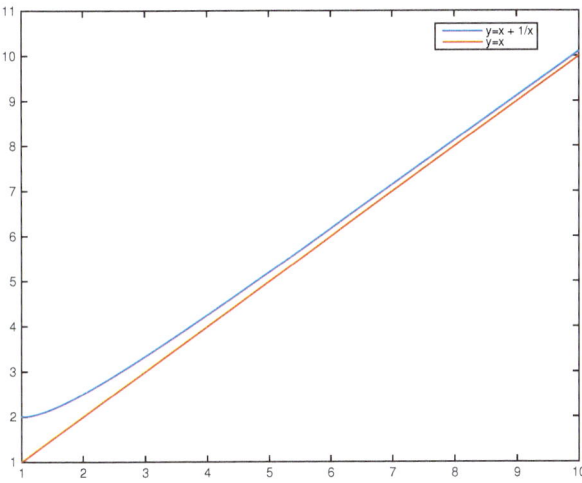

Figura 2.30. Gráfica de $g(x) = x + 1/x$ en $[1, \infty)$.

no implica la contractividad: no basta con que las derivadas en valor absoluto estén acotadas por 1, tienen que estar acotadas por un número C estrictamente menor que 1. Si consideramos, por ejemplo, la función

$$g(x) = x + \frac{1}{x}, \quad x \in [1, \infty),$$

su derivada es tal que

$$|g'(x)| = \left|1 - \frac{1}{x^2}\right| = 1 - \frac{1}{x^2} < 1,$$

y, sin embargo, no es contractiva. Como esta función satisface que

$$g([1, \infty)) = [2, \infty) \subset [1, \infty),$$

si fuera contractiva, por el teorema del punto fijo, tendría que haber un punto $l \in [1, \infty)$ tal que

$$l = l + \frac{1}{l},$$

lo que es imposible. La figura 2.30 muestra la gráfica de la función.

Hay una excepción a la observación anterior: las funciones de clase 1 definidas en intervalos cerrados y acotados, como prueba el siguiente resultado:

Corolario 2.3.15. *Sea* $g : [a, b] \mapsto \mathbb{R}$ *de clase* $\mathcal{C}^1([a, b])$. *La función* g *es contractiva si y solo si*

$$|g'(x)| < 1, \quad \forall x \in [a, b]. \tag{2.3.33}$$

Demostración. Veamos que, en este caso, (2.3.32) y (2.3.33) son equivalentes. Claramente, (2.3.32) implica (2.3.33) en todos los casos. Ahora bien, en el caso particular de un intervalo cerrado y acotado, por ser g' continua, sabemos que existe x^* tal que

$$|g'(x)| \leq |g'(x^*)|.$$

Si se cumple (2.3.33), entonces también se verifica (2.3.32) con $C = |g'(x^*)|$. Por tanto, ambas condiciones son equivalentes, como queríamos demostrar.

$\square$

Veamos algunos ejemplos:

- Método de punto fijo (2.3.27) para resolver la ecuación de Kepler (2.1.6).

   La función de iteración

   $$g(x) = K + \alpha \operatorname{sen}(x), \quad x \in \mathbb{R}$$

   satisface obviamente que
   $$g(\mathbb{R}) \subset \mathbb{R}.$$
   Además, para todo $x \in \mathbb{R}$,

   $$|g'(x)| = |\alpha \cos(x)| \leq \alpha.$$

   Como en la ecuación de Kepler α es la excentricidad de la órbita del planeta, que es un número positivo estrictamente menor que 1, por la proposición 2.3.14, tenemos que g es contractiva con constante de contractividad α. En consecuencia, el método es convergente en $\mathbb{R}$, es decir, la sucesión (2.3.27) converge hacia la única raíz sea cual sea la semilla.

   Supongamos en particular que $K = \pi/2$ y $\alpha = 0'3$ y que queremos aproximar la raíz con 8 cifras decimales exactas. Si tomamos una semilla x_0, tenemos la cota de error:

   $$|x_n - l| \leq 0'3^n |x_0 - l|, \quad \forall n.$$

Pero, si la semilla es cualquier número real, no es posible acotar $|x_0 - l|$. Para poder aplicar la cota es necesario restringir la elección de semilla a un intervalo acotado. Para ello buscamos algún intervalo que contenga a la raíz. En este caso, tenemos:

$$
\begin{aligned}
f(1) &= 1 - 0'3\operatorname{sen}(1) - \pi/2 = -0'8232..., \\
f(2) &= 2 - 0'3\operatorname{sen}(2) - \pi/2 = 0'1564...
\end{aligned}
$$

Por tanto, $l \in [1, 2]$. Si tomamos x_0 en este mismo intervalo, tenemos que $|x_0 - l| < 1$ y, en consecuencia, la cota:

$$
|x_n - l| \le 0'3^n, \quad \forall n.
$$

Para asegurar 8 cifras decimales exactas es suficiente tomar n tal que

$$
0'3^n \le \frac{1}{2}10^{-8}.
$$

Tomando logaritmos:

$$
n\log(0'3) \le -8\log(10) - \log(2),
$$

y dividiendo por $\log(0'3)$ (que es negativo):

$$
n \ge -\frac{8\log(10) + \log(2)}{\log(0'3)} = 15'8756\ldots
$$

En consecuencia, basta con 16 iteraciones para obtener la aproximación que se nos pide. La solución aproximada que se obtiene a partir de $x_0 = 1'5$ es:

$$
x_{16} = 1'858468412053330.
$$

- Método (2.3.18) para resolver la ecuación (2.1.5):

$$
x - e^{-x} = 0.
$$

La función de iteración es:

$$
g(x) = e^{-x}.
$$

Si consideramos el intervalo $[0, 1]$, ¿se cumplirán las hipótesis del teorema del punto fijo?

En este caso tenemos:

$$g'(0) = -e^0 = -1.$$

Por el corolario 2.3.15, la función **no** es contractiva, por lo que no estamos en condiciones de asegurar la convergencia. No obstante, si reducimos el intervalo y consideramos g definida en $[0'1, 1]$, tenemos:

$$\sup_{x \in [0'1,1]} |g'(x)| = \max_{x \in [0'1,1]} e^{-x} = e^{-0'1} = 0'9048 \ldots < 1,$$

por lo que **sí** es contractiva. Se puede tomar $C = 0'905$, por ejemplo, como constante de contractividad. Por otro lado, por ser g continua y decreciente:

$$g([0'1, 1]) = [g(1), g(0'1)] = [0'3678\ldots, 0'9048\ldots] \subset [0'1, 1],$$

por lo que la imagen está contenida en el intervalo. En consecuencia, el teorema del punto fijo nos permite afirmar que, tomando una semilla cualquiera en el intervalo $[0'1, 1]$, el método genera una sucesión que converge hacia el único punto fijo de g, que coincide con la solución de la ecuación (2.1.5).

De hecho, tomando cualquier intervalo de la forma $[\varepsilon, M]$ con $M > 1$ y $\varepsilon = e^{-M}$, se cumplen las hipótesis del teorema del punto fijo: g es contractiva en el intervalo, ya que

$$\sup_{x \in [\varepsilon, M]} |g'(x)| = e^{-\varepsilon} < 1$$

y

$$g([\varepsilon, M]) = [e^{-M}, e^{-\varepsilon}] \subset [\varepsilon, 1] \subset [\varepsilon, M].$$

Ahora bien, dada cualquier semilla $x_0 \in (0, \infty)$, siempre es posible encontrar un intervalo $[e^{-M}, M]$ con $M > 1$ que lo contenga, ya que:

$$\lim_{M \to \infty} e^{-M} = 0.$$

En consecuencia, aplicando el teorema del punto fijo en dicho intervalo, sabemos que la sucesión generada a partir de cualquier semilla, en particular x_0, converge hacia l. En consecuencia, el método es convergente en $(0, \infty)$.

Es más, si tomamos $x_0 \in (-\infty, 0]$, entonces $x_1 = e^{-x_0} \in [1, \infty)$. Como el método es convergente en $(0, \infty)$ y x_1 está en dicho intervalo, la sucesión que se genera tomando x_1 como semilla converge hacia l. Pero la sucesión que se genera partiendo de x_0 coincide con la que se genera a partir de x_1 desde el segundo término. Por tanto, también es convergente.

En conclusión, el método es convergente en todo $\mathbb{R}$. Dicho de otro modo, tomando cualquier $x_0 \in \mathbb{R}$, la sucesión generada por

$$x_{n+1} = e^{-x_n}, \quad n = 0, 1 \ldots$$

converge siempre al mismo límite l, que es la solución única de la ecuación (2.1.5).

Para comprobarlo en la práctica se puede hacer el siguiente experimento: en una calculadora científica, se teclea un número al azar. A continuación empiezan a pulsarse repetidamente la tecla de cambio de signo $\pm$ y la correspondiente a la exponencial exp. Se podrá comprobar que, repitiendo estas operaciones el número suficiente de veces, siempre aparece en pantalla el mismo número, que es la mejor aproximación de l que puede proporcionar la calculadora.

Este ejemplo pone de manifiesto que el teorema del punto fijo proporciona condiciones suficientes pero no necesarias de convergencia: la función $g(x) = e^{-x}$ **no** es contractiva en todo $\mathbb{R}$. No obstante, tiene un único punto fijo y las sucesiones generadas a partir de cualquier semilla convergen al único punto fijo.

2.3.7. Criterio de convergencia local

Del estudio de la convergencia para funciones de iteración monótonas parece deducirse que, para que el método sea convergente, la pendiente de la función de iteración debe ser menor que la de la bisectriz pero mayor que la de la recta normal a la bisectriz que pasa por (l, l). El teorema del punto fijo nos va a permitir demostrar que esto es una condición suficiente de convergencia local para cualquier función de iteración:

Proposición 2.3.16. *Sea* $g : J \subset \mathbb{R} \mapsto \mathbb{R}$ *una función de clase* $\mathcal{C}^1(J)$. *Sea l un punto fijo de g perteneciente al interior de J. Si* $|g'(l)| < 1$, *entonces existe* $\varepsilon > 0$ *tal que, para todo* x_0 *verificando* $|x_0 - l| < \varepsilon$, *la sucesión dada por*

$$x_{n+1} = g(x_n), \quad n = 0, 1 \ldots$$

está bien definida y converge hacia l.

Demostración. Al ser la función $|g'(x)|$ continua y verificarse $|g'(l)| < 1$, si tomamos $C > 0$ tal que $|g'(l)| < C < 1$, podemos encontrar $\varepsilon > 0$ tal que

$$|g'(x)| \leq C < 1, \quad \forall x \in [l - \varepsilon, l + \varepsilon].$$

Entonces, si restringimos la función g al intervalo $[l - \varepsilon, l + \varepsilon]$, por la proposición 2.3.14, la función es contractiva con constante de contractividad C. Veamos que también ocurre

$$g([l - \varepsilon, l + \varepsilon]) \subset [l - \varepsilon, l + \varepsilon].$$

Dado $x \in [l - \varepsilon, l + \varepsilon]$, se tiene:

$$|g(x) - l| = |g(x) - g(l)| \leq C|x - l| < |x - l| \leq \varepsilon.$$

En consecuencia,
$$g(x) \in [l - \varepsilon, l + \varepsilon],$$

como queríamos demostrar. Por tanto, la función g restringida al intervalo $[l-\varepsilon, l+\varepsilon]$ satisface las hipótesis del teorema del punto fijo. En consecuencia, en dicho intervalo no hay más punto fijo que l, y la sucesión generada tomando cualquier semilla $x_0 \in [l - \varepsilon, l + \varepsilon]$ converge hacia l, como queríamos probar. $\qquad\square$

El resultado anterior puede ser reformulado como una **condición suficiente de convergencia local** para un método numérico:

Dada una ecuación
$$f(x) = 0, \quad x \in I,$$

con una única solución, si un método numérico

$$\begin{cases} x_0 \in J, \\ x_{n+1} = g(x_n), \quad n = 0, 1, 2 \ldots \end{cases}$$

es tal que:

1. las ecuaciones $(f(x) = 0,\ x \in I)$ y $(g(x) = x,\ x \in J)$ son equivalentes;

2. g es de clase $\mathcal{C}^1(J)$;

3. $|g'(l)| < 1$;

entonces, el método es localmente convergente.

El siguiente resultado da un criterio de **no** convergencia local:

Proposición 2.3.17. *Sea $g : J \subset \mathbb{R} \mapsto \mathbb{R}$ una función de clase $\mathcal{C}^1(J)$. Sea l un punto fijo de g perteneciente al interior de J. Si $|g'(l)| > 1$, entonces existe $\varepsilon > 0$ tal que, para todo x_0 verificando $0 < |x_0 - l| < \varepsilon$, la sucesión dada por*

$$x_{n+1} = g(x_n), \quad n = 0, 1 \ldots$$

abandona el intervalo $[l - \varepsilon, l + \varepsilon]$ en un número finito de iteraciones, es decir, existe un N natural tal que $|x_N - l| > \varepsilon$.

Demostración. Al ser la función $|g'(x)|$ continua y verificarse $|g'(l)| > 1$, si tomamos $C > 0$ tal que $|g'(l)| > C > 1$, podemos encontrar $\varepsilon > 0$ tal que

$$|g'(x)| \geq C > 1, \quad \forall x \in [l - \varepsilon, l + \varepsilon].$$

Tomamos $x_0 \in [l - \varepsilon, l + \varepsilon]$, $x_0 \neq l$, y suponemos que la sucesión dada por

$$x_{n+1} = g(x_n), \quad n = 0, 1 \ldots$$

no abandona el intervalo, es decir, suponemos que

$$|x_n - l| \leq \varepsilon, \quad \forall n. \tag{2.3.34}$$

Dados dos puntos $x, y \in [l - \varepsilon, l + \varepsilon]$, por el teorema del valor medio, sabemos que existe ξ en el intervalo tal que

$$g(y) - g(x) = g'(\xi)(y - x).$$

En consecuencia,

$$|g(y) - g(x)| = |g'(\xi)||y - x| \geq C|y - x|.$$

Se deduce entonces que

$$|g(y) - g(x)| \geq C|y - x|, \quad \forall x, y \in [l - \varepsilon, l + \varepsilon].$$

A continuación, probamos por inducción la siguiente desigualdad:

$$|x_n - l| \geq C^n |x_0 - l|, \quad \forall n. \tag{2.3.35}$$

Para $n = 0$ es trivial. La suponemos cierta para n y la probamos para $n + 1$:

$$|x_{n+1} - l| = |g(x_n) - g(l)| \geq C|x_n - l| \geq C^{n+1}|x_0 - l|,$$

como queríamos demostrar. Ahora bien, como $C > 1$, sabemos que

$$\lim_{n \to \infty} C^n = \infty.$$

Entonces, aplicando el criterio de comparación a la desigualdad (2.3.35), deducimos que

$$\lim_{n \to \infty} |x_n - l| = \infty,$$

lo que está en contradicción con la desigualdad (2.3.34), que implica que la sucesión es acotada. En consecuencia, la sucesión ha de abandonar el intervalo en un número finito de pasos.

□

Dada una función $g : J \subset \mathbb{R} \mapsto \mathbb{R}$ de clase $\mathcal{C}^1(J)$ y un punto fijo l de g perteneciente al interior de J, se dice que el punto fijo es **atractor** si $|g'(l)| < 1$, es decir, si la pendiente de la función en el punto fijo está en el intervalo $(-1, 1)$. Se dice que es **repulsor** si $|g'(l)| > 1$, es decir, si su pendiente en el punto fijo es estrictamente mayor que 1 o menor que -1.

Si g es la función de iteración de un método de punto fijo y el punto fijo l es atractor, tenemos asegurada al menos la convergencia local: si la semilla inicial está *suficientemente próxima* al punto fijo (que ha de coincidir con la solución de la ecuación que se busca), el método va a producir una sucesión que converge hacia l. Si, por el contrario, el punto fijo es repulsor, aun partiendo de semillas muy próximas al punto fijo, la sucesión generada va a tender a alejarse del punto fijo y a abandonar sus proximidades en un número finito de pasos. Por tanto, el método no es de utilidad para aproximar la solución de la ecuación que se busca resolver.

Veamos algunos ejemplos de aplicación de estos criterios:

■ Método (2.3.21) para la ecuación (2.1.5). En este caso, $g(x) = -\log(x)$ y, por tanto:

$$g'(x) = -\frac{1}{x}.$$

Se cumple entonces la siguiente desigualdad:

$$|g'(x)| = \frac{1}{x} > 1, \quad \forall x \in (0,1).$$

En particular, como $l \in (0,1)$,

$$|g'(l)| > 1.$$

Por tanto, el punto fijo es repulsor y el método no es convergente, como hacían sospechar los ejemplos vistos.

- Método de Newton. Dada una función $f : I \mapsto \mathbb{R}$ de clase $\mathcal{C}^2(I)$ y dada una raíz simple l de la función, el método de Newton es siempre localmente convergente. En efecto, la función de iteración es:

$$g(x) = x - \frac{f(x)}{f'(x)},$$

y, por tanto:

$$g'(x) = 1 - \frac{f'(x)^2 - f(x)f''(x)}{f'(x)^2} = 1 - 1 + \frac{f(x)f''(x)}{f'(x)^2} = \frac{f(x)f''(x)}{f'(x)^2}.$$

En particular:

$$g'(l) = \frac{f(l)f''(l)}{f'(l)^2} = 0,$$

por ser l raíz de f. Por tanto, $|g'(l)| = 0 < 1$: la función de iteración del método de Newton siempre pasa por la bisectriz con pendiente 0 (véase, por ejemplo, la gráfica de la figura 2.13). Por tanto, sus puntos fijos son atractores y, en consecuencia, el método localmente convergente.

- Familia de métodos (2.3.22). Supongamos nuevamente que $f : I \mapsto \mathbb{R}$ es una función de clase $\mathcal{C}^1(I)$ y que l es raíz simple de la función. La función de iteración es ahora:

$$g(x) = x - \alpha f(x).$$

Por tanto,

$$g'(x) = 1 - \alpha f'(x).$$

La condición suficiente de convergencia local

$$|g'(l)| < 1$$

es equivalente a

$$-1 < 1 - \alpha f'(l) < 1 \iff -2 < -\alpha f'(l) < 0 \iff 0 < \alpha f'(l) < 2.$$

La desigualdad

$$0 < \alpha f'(l)$$

se cumple si y solo si α tiene el mismo signo que $f'(l)$. La segunda desigualdad

$$\alpha f'(l) < 2$$

se cumple si

$$f'(l) > 0 \quad \text{y} \quad \alpha < \frac{2}{f'(l)},$$

o bien

$$f'(l) < 0 \quad \text{y} \quad \alpha > \frac{2}{f'(l)}.$$

Reuniendo toda esta información, se llega a la conclusión de que, si $f'(l) > 0$, el método es localmente convergente si se toma

$$\alpha \in \left(0, \frac{2}{f'(l)}\right),$$

mientras que, si $f'(l) < 0$, el método es localmente convergente si se toma

$$\alpha \in \left(\frac{2}{f'(l)}, 0\right).$$

En particular, en el caso de la ecuación (2.1.5), se tiene que

$$f'(l) = 1 + e^{-l} = 1'567143290409784\ldots$$

Por tanto, el método será convergente si se toma $\alpha > 0$ y menor que $2/f'(l) = 1.276207486730222\ldots$ El método es, en consecuencia, localmente convergente para $\alpha = 0'2$ y $\alpha = 1$, pero no lo es para $\alpha = -0'2$ y $\alpha = 1'4$, lo que queda reflejado en las figuras 2.18-2.21.

¿Qué ocurre cuando $|g'(l)| = 1$? Las cuatro gráficas que se muestran en la figura 2.31 ponen de manifiesto que, en ese caso, puede que el método sea localmente convergente o que no lo sea.

De los cuatro casos mostrados en la figura solo en el de la gráfica de arriba a la derecha el método es convergente. En el de arriba a la izquierda, las

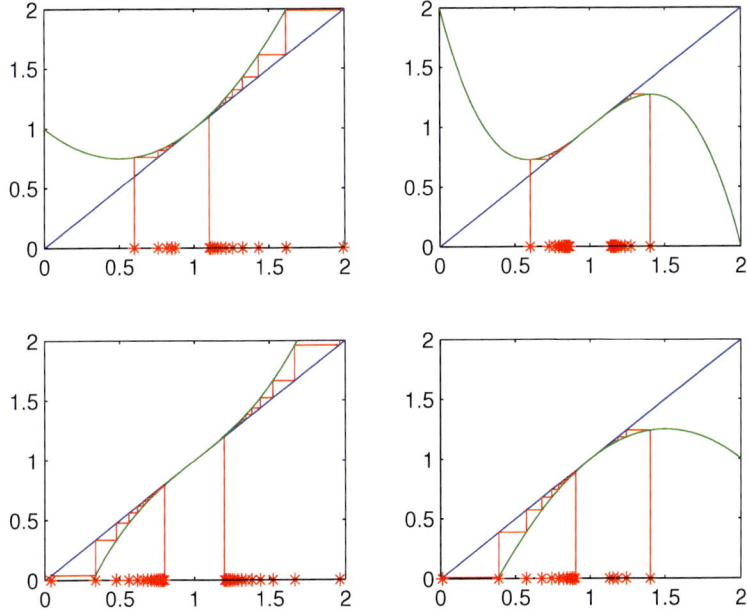

Figura 2.31. Comportamiento de distintos métodos con funciones de iteración con derivada igual a 1 en el punto fijo.

sucesiones convergen al punto fijo si se elige la semilla a la izquierda, pero no si se elige a la derecha. En el de abajo a la derecha, las sucesiones convergen al punto fijo si se elige la semilla a la derecha, pero no a la izquierda. Finalmente, en el de abajo a la izquierda, las sucesiones se alejan del punto fijo tanto si la semilla se toma a la derecha como a la izquierda. Recuérdese que para que el método sea localmente convergente ha de poderse asegurar la existencia de un intervalo centrado en l tal que, tomando la semilla en el intervalo, la sucesión converge al punto fijo. Esto solo puede asegurarse para el caso de arriba a la derecha: en los demás casos se pueden tomar semillas arbitrariamente próximas al punto fijo para las que la sucesión generada se aleja del mismo.

2.4. Orden de un método

A lo largo del capítulo se ha visto que no todos los métodos que convergen para una misma ecuación lo hacen a la misma velocidad: algunos alcanzan la tolerancia de error que se pide con muy pocas iteraciones, mientras que otros necesitan muchas más. El concepto de orden permite clasificar los esquemas atendiendo a su velocidad.

Definición 2.4.1. Sea

$$\begin{cases} x_0 \in J, \\ x_{n+1} = g(x_n), \quad n = 0, 1, 2 \dots \end{cases}$$

un método localmente convergente para aproximar la solución única l de una ecuación

$$f(x) = 0, \quad x \in I.$$

Se dice que el método es de **orden** p si existe una constante $C > 0$, que se denomina **constante asintótica del error,** tal que, para toda semilla x_0 para la que la sucesión dada por el método de punto fijo converge hacia l, se tiene:

$$\lim_{n \to \infty} \frac{|x_{n+1} - l|}{|x_n - l|^p} = C. \tag{2.4.36}$$

La idea de la definición es la siguiente: si un método es de orden p, para valores grandes de n, la igualdad (2.4.36) implica que

$$\frac{|x_{n+1} - l|}{|x_n - l|^p} \approx C,$$

o, equivalentemente, que

$$|x_{n+1} - l| \approx C|x_n - l|^p.$$

Es decir, cuando la sucesión se aproxima al límite, el error que se obtiene al aproximar l por x_{n+1} es del orden del que se tenía en la iteración anterior elevado a p y multiplicado por C. Por tanto, si

$$|x_n - l| \approx 10^{-k},$$

entonces

$$|x_{n+1} - l| \approx C \cdot 10^{-kp},$$

por lo que se espera que el error disminuya más rápidamente cuanto mayor sea p en cada nueva iteración. Lógicamente, a mayor orden, más rápido se espera que sea el método. Y entre dos métodos del mismo orden se espera que sea más rápido el que menor constante asintótica del error tenga.

Las tablas siguientes muestran la evolución del error para algunos de los métodos estudiados para resolver la ecuación (2.1.5),

$$x - e^{-x} = 0.$$

La tabla 2.7 corresponde al método

$$x_{n+1} = e^{-x_n}, \quad n = 0, 1, 2 \ldots$$

partiendo de la semilla $x_0 = 0'5$. En la tabla se recoge el error correspondiente a cada iteración e_n, así como el cociente e_n/e_{n-1}. Las tablas 2.8 y 2.9 recogen los mismos datos para el método

$$x_{n+1} = x_n - \alpha(x_n - e^{-x_n}), \quad n = 0, 1, 2 \ldots$$

con las elecciones $\alpha = 0'2$ y $\alpha = 0'6$, respectivamente. Finalmente, la tabla 2.10 corresponde al método de Newton con semilla $x_0 = 0$. En este caso, se muestra el cociente e_n/e_{n-1}^2. Las tablas hacen pensar que los tres primeros métodos son de primer orden y que, entre ellos, el más rápido es el tercero. Por otro lado, el método de Newton presenta el comportamiento típico de un método de segundo orden: el exponente de la potencia de 10 que aparece en el error tiende a duplicarse de una iteración a la siguiente. En todos los casos, se observa la tendencia a estabilizarse de los cocientes entre el error en la etapa n y el error en la etapa $n - 1$ (elevado a 2 en el caso de Newton).

Iteración	x_n	e_n	e_n/e_{n-1}
0	5.00000000e-01	6.71432904e-02	
1	6.06530660e-01	3.93873693e-02	5.86616608e-01
2	5.45239212e-01	2.19040785e-02	5.56119358e-01
3	5.79703095e-01	1.25598045e-02	5.73400267e-01
4	5.60064628e-01	7.07866247e-03	5.63596550e-01
5	5.71172149e-01	4.02885857e-03	5.69155343e-01
6	5.64862947e-01	2.28034343e-03	5.66002353e-01
7	5.68438048e-01	1.29475716e-03	5.67790423e-01
8	5.66409453e-01	7.33837663e-04	5.66776292e-01
9	5.67559634e-01	4.16343852e-04	5.67351437e-01
10	5.66907213e-01	2.36077474e-04	5.67025243e-01
11	5.67277196e-01	1.33905561e-04	5.67210241e-01
12	5.67067352e-01	7.59385561e-05	5.67105320e-01
13	5.67186360e-01	4.30696779e-05	5.67164825e-01
14	5.67118864e-01	2.44261528e-05	5.67131077e-01
15	5.67157144e-01	1.38532979e-05	5.67150217e-01
16	5.67135434e-01	7.85675051e-06	5.67139362e-01
17	5.67147746e-01	4.45592084e-06	5.67145518e-01
18	5.67140763e-01	2.52713998e-06	5.67142027e-01
19	5.67144724e-01	1.43325229e-06	5.67144007e-01
20	5.67142478e-01	8.12858839e-07	5.67142884e-01

Tabla 2.7. Resultados obtenidos con el método $x_{n+1} = e^{-x_n}$ con semilla $x_0 = 0'5$.

Veamos que un método no puede tener dos órdenes distintos: supongamos que un mismo método tiene orden p y orden q, con $p \neq q$, es decir, que existen dos constantes $C_p, C_q > 0$ tales que:

$$\lim_{n \to \infty} \frac{|x_{n+1} - l|}{|x_n - l|^p} = C_p, \quad \lim_{n \to \infty} \frac{|x_{n+1} - l|}{|x_n - l|^q} = C_q.$$

Supongamos, sin pérdida de generalidad, que $p < q$. Entonces:

$$C_p = \lim_{n \to \infty} \frac{|x_{n+1} - l|}{|x_n - l|^p} = \lim_{n \to \infty} |x_n - l|^{q-p} \frac{|x_{n+1} - l|}{|x_n - l|^q} = 0 \cdot C_q = 0,$$

con lo que llegamos a contradicción. Por tanto, un método solo puede tener un orden.

Iteración	x_n	e_n	e_n/e_{n-1}
0	5.00000000e-01	6.71432904e-02	
1	5.21306132e-01	4.58371585e-02	6.82676678e-01
2	5.35793812e-01	3.13494783e-02	6.83931539e-01
3	5.45675962e-01	2.14673281e-02	6.84774651e-01
4	5.52430763e-01	1.47125276e-02	6.85345078e-01
5	5.57054427e-01	1.00888631e-02	6.85732824e-01
6	5.60222358e-01	6.92093215e-03	6.85997230e-01
7	5.62394300e-01	4.74899082e-03	6.86177919e-01
8	5.63884051e-01	3.25923990e-03	6.86301579e-01
9	5.64906193e-01	2.23709760e-03	6.86386295e-01
10	5.65607647e-01	1.53564306e-03	6.86444372e-01
11	5.66089096e-01	1.05419470e-03	6.86484204e-01
12	5.66419574e-01	7.23716821e-04	6.86511533e-01
13	5.66646437e-01	4.96853517e-04	6.86530287e-01
14	5.66802179e-01	3.41111383e-04	6.86543159e-01
15	5.66909100e-01	2.34190700e-04	6.86551994e-01
16	5.66982505e-01	1.60785512e-04	6.86558059e-01
17	5.67032901e-01	1.10389259e-04	6.86562223e-01
18	5.67067501e-01	7.57894104e-05	6.86565081e-01
19	5.67091256e-01	5.20345114e-05	6.86567043e-01
20	5.67107565e-01	3.57252508e-05	6.86568391e-01

Tabla 2.8. Resultados obtenidos con el método $x_{n+1} = x - 0'2(x_n - e^{-x_n})$ con semilla $x_0 = 0'5$.

Cuando se estudió la convergencia local del método de Newton se vio que la derivada de la función de iteración g en el punto fijo es 0 siempre que la función f sea lo suficientemente regular y la raíz que se desea aproximar sea simple. Veamos que esto es lo que hace que el método sea de segundo orden:

Teorema 2.4.1. *Dado un método*

$$\begin{cases} x_0 \in J, \\ x_{n+1} = g(x_n), \quad n = 0, 1, 2 \ldots, \end{cases}$$

si $g \in \mathcal{C}^p(J)$, su único punto fijo l está en el interior de J y se tiene que:

$$g'(l) = g''(l) = \ldots = g^{(p-1)}(l) = 0, \quad g^{(p)}(l) \neq 0,$$

Iteración	x_n	e_n	e_n/e_{n-1}
0	5.00000000e-01	6.71432904e-02	
1	5.63918396e-01	3.22489458e-03	4.80300349e-02
2	5.66952490e-01	1.90800057e-04	5.91647423e-02
3	5.67131903e-01	1.13872451e-05	5.96815604e-02
4	5.67142610e-01	6.79956185e-07	5.97120883e-02
5	5.67143250e-01	4.06028424e-08	5.97139099e-02
6	5.67143288e-01	2.42455889e-09	5.97140186e-02
7	5.67143290e-01	1.44780077e-10	5.97139866e-02
8	5.67143290e-01	8.64541772e-12	5.97141396e-02
9	5.67143290e-01	5.16142684e-13	5.97013009e-02
10	5.67143290e-01	3.07531778e-14	5.95827060e-02
11	5.67143290e-01	1.88737914e-15	6.13718412e-02
12	5.67143290e-01	1.11022302e-16	5.88235294e-02

Tabla 2.9. Resultados obtenidos con el método $x_{n+1} = x - 0'6(x_n - e^{-x_n})$ con semilla $x_0 = 0'5$.

entonces el método es de orden p y su constante asintótica de error es:

$$C = \frac{|g^{(p)}(l)|}{p!}.$$

Demostración. Tomamos cualquier semilla x_0 para la que la sucesión definida por el método de punto fijo sea convergente. Usando el teorema de Taylor, sabemos que, para todo n, existe ξ_n perteneciente a (x_n, l) o a (l, x_n) tal que:

$$
\begin{aligned}
x_{n+1} - l &= g(x_n) - g(l) \\
&= g'(l)(x_n - l) + \frac{g''(l)}{2!}(x_n - l)^2 + \dots \\
&\quad \dots + \frac{g^{(p-1)}(l)}{(p-1)!}(x_n - l)^{(p-1)} + \frac{g^{(p)}(\xi_n)}{p!}(x_n - l)^p \\
&= \frac{g^{(p)}(\xi_n)}{p!}(x_n - l)^p.
\end{aligned}
$$

Como

$$0 \le |\xi_n - l| \le |x_n - l|, \quad \forall n,$$

por el criterio de comparación, se tiene que

$$\lim_{n \to \infty} |\xi_n - l| = 0,$$

Iteración	x_n	e_n	e_n/e_{n-1}^2
0	0.00000000e00	5.67143290e-01	5.67143290e-01
1	5.00000000e-01	6.71432904e-02	2.08745453e-01
2	5.66311003e-01	8.32287213e-04	1.84615424e-01
3	5.67143165e-01	1.25374922e-07	1.80994022e-01
4	5.67143290e-01	2.77555756e-15	1.76574868e-01

Tabla 2.10. Resultados obtenidos con el método de Newton con semilla $x_0 = 0$.

o, equivalentemente, que

$$\lim_{n\to\infty} \xi_n = l.$$

Usando la expresión hallada para $x_{n+1} - l$, tenemos:

$$\lim_{n\to\infty} \frac{|x_{n+1} - l|}{|x_n - l|^p} = \lim_{n\to\infty} \frac{|g^{(p)}(\xi_n)|}{(p)!} = \frac{|g^{(p)}(l)|}{(p)!},$$

donde se ha usado la continuidad de la p-ésima derivada de g. Esta igualdad concluye la demostración.

$\square$

Veamos algunos ejemplos y aplicaciones:

1. En el caso del método $x_{n+1} = e^{-x_n}$, se tiene:

$$|g'(l)| \approx 0'567143290409784,$$

y se puede apreciar cómo la última columna de la tabla 2.7 tiende a estabilizarse en este valor.

2. En el caso del método $x_{n+1} = x_n - 0'2(x_n - e^{-x_n})$, se tiene:

$$|g'(l)| \approx 0'686571341918043,$$

y se puede apreciar cómo la última columna de la tabla 2.8 tiende a estabilizarse en este valor.

3. En el caso del método $x_{n+1} = x_n - 0'6(x_n - e^{-x_n})$, se tiene:

$$|g'(l)| \approx 0'059714025754130,$$

y se puede apreciar cómo la última columna de la tabla 2.9 tiende a estabilizarse en este valor.

4. En el caso del método de Newton aplicado a la ecuación $x - e^{-x} = 0$, se tiene:

$$\frac{|g''(l)|}{2} \approx 0'180948128317445,$$

y se puede apreciar cómo las entradas de la última columna de la tabla 2.10 se aproximan a este valor.

5. Si $g'(l) \neq 0$, el método es de orden 1 y se tiene

$$|x_{n+1} - l| \approx |g'(l)||x_n - l|$$

para valores grandes de n. Por tanto, cuando la sucesión se aproxima a su límite, el factor esperado de reducción del error de una iteración a la siguiente es $|g'(l)|$ (recuérdese que, para asegurar la convergencia del método, este valor tiene que ser menor que 1). En consecuencia, un método de orden 1 es tanto más rápido cuanto menor sea el valor absoluto de la derivada de la función de iteración en el punto fijo. En particular, se espera que un método de orden 1 sea más rápido que el de dicotomía si $|g'(l)| < 1/2$ (recuérdese que, en el método de dicotomía, en cada iteración se divide por 2 la cota de error). En el caso de los métodos de orden 1 analizados para la ecuación $x - e^{-x} = 0$, el único que se espera que sea más rápido que el de dicotomía es $x_{n+1} = x_n - 0'6(x_n - e^{-x_n})$, ya que su constante asintótica de error es aproximadamente igual a 0.059714025754130.

6. El método de Newton, aplicado a la aproximación de una raíz simple de una función suficientemente regular, es al menos de orden 2, ya que, según se probó, siempre se tiene $g'(l) = 0$.

7. El orden de un método no tiene por qué ser natural: por ejemplo, se demuestra (véase [11]) que el orden del método de la secante es:

$$p = \frac{1 + \sqrt{5}}{2},$$

por lo que, en efecto, es más rápido que los métodos de primer orden pero más lento que los de segundo orden.

8. Consideramos nuevamente la familia de métodos

$$x_{n+1} = x_n - \alpha f(x_n), \quad n = 0, 1 \ldots$$

Supongamos que f es de clase 2 y que tiene una única raíz simple l. Ya se vio que el método es convergente si $f'(l) > 0$ y

$$\alpha \in \left(0, \frac{2}{f'(l)}\right),$$

o si $f'(l) < 0$ y

$$\alpha \in \left(\frac{2}{f'(l)}, 0\right).$$

Vamos a estudiar el orden. La función de iteración es

$$g(x) = x - \alpha f(x),$$

y, en consecuencia,

$$g'(l) = 1 - \alpha f'(l).$$

Por tanto,

$$g'(l) = 0 \iff \alpha = \frac{1}{f'(l)}.$$

El método es de orden 1 siempre que $\alpha \neq 1/f'(l)$, y será tanto más rápido cuanto más próximo esté α a dicho valor. Si $\alpha = 1/f'(l)$, el método es al menos de orden 2. Como en este caso

$$g''(l) = -\alpha f''(l),$$

si $f''(l) \neq 0$, el método es de orden 2. Obsérvese que, con esta elección de α, el método es muy similar al de Newton:

$$x_{n+1} = x_n - \frac{f(x_n)}{f'(l)}.$$

En la práctica no suele ser posible usar el método con este valor óptimo de α, ya que, si no se conoce con exactitud l, tampoco se conocerá en general el valor de la derivada de f en l. En el caso de la ecuación $x - e^{-x} = 0$, la elección óptima de α es la siguiente:

$$\alpha \approx 0'638103743365111,$$

lo que explica que la elección $\alpha = 0'6$ dé lugar a un método más rápido que la elección $\alpha = 0'2$.

9. Es posible construir métodos de orden superior a 2. Por ejemplo, el método de Halley:

$$x_{n+1} = x_n - \frac{2f(x_n)f'(x_n)}{2f'(x_n)^2 - f(x_n)f''(x_n)}$$

es de orden 3 si l es una raíz simple. Se obtiene aplicando el método de Newton a la ecuación reescrita en la forma equivalente:

$$\frac{f(x)}{\sqrt{|f'(x)|}} = 0.$$

2.5.   Método de Newton: convergencia y cota de error

A lo largo del capítulo se ha visto que el método de Newton es localmente convergente y de orden 2, es decir, que tomando una semilla x_0 *suficientemente próxima* a la raíz que se busca, la sucesión converge rápidamente. Pero, en la práctica, ¿cómo elegir una semilla para la que se tenga asegurada la convergencia? En este apartado vamos a ver que, bajo ciertas condiciones sobre la función a la que se le quiere calcular la raíz, hay siempre un *lado seguro* para elegir semilla: a la derecha o a la izquierda de la raíz. En efecto, si se vuelven a mirar las figuras 2.11 y 2.12, se verá que pueden surgir problemas cuando se eligen semillas a la izquierda de l en el caso de la primera figura o la derecha en el caso de la segunda. Pero esto no ocurre si se toman semillas a la derecha de l en el primer caso o a la izquierda en el segundo. Esto ocurre, como vamos a ver, cuando la función es estrictamente monótona y estrictamente cóncava o convexa. La regla general es que la sucesión está bien definida y converge si se toma x_0 tal que el signo de $f(x_0)$ es igual que el de $f''(x_0)$.

Teorema 2.5.1. *Sea $f \in \mathcal{C}^2([a, b])$. Supongamos que:*

1. $f(a)f(b) < 0$;

2. $f'(x) \neq 0$ *para todo* $x \in [a, b]$;

3. $f''(x) \neq 0$ *para todo* $x \in [a, b]$.

Entonces, dado $x_0 \in [a, b]$ tal que $f(x_0)f''(x_0) \geq 0$, la sucesión $\{x_n\}$ dada por

$$x_{n+1} = x_n - \frac{f(x_n)}{f'(x_n)}, \quad n = 0, 1, 2 \ldots$$

está bien definida y converge hacia la única raíz l de f en $[a, b]$. Además, se tiene:

$$|x_{n+1} - l| \le \frac{M}{2m}|x_n - l|^2, \quad n = 0, 1, 2 \ldots \tag{2.5.37}$$

siendo

$$M = \max_{x \in [a,b]} |f''(x)|, \quad m = \min_{x \in [a,b]} |f'(x)|. \tag{2.5.38}$$

Demostración. Obsérvese, en primer lugar, que la primera hipótesis implica que f tiene al menos una raíz (por el Teorema de Bolzano) y que la segunda hipótesis implica que la función es estrictamente monótona, por lo que dicha raíz es única. En efecto, como f' es continua y nunca se anula, no puede cambiar de signo, es decir, o bien ocurre que

$$f'(x) > 0, \quad \forall x \in [a, b],$$

y la función es entonces estrictamente creciente, o bien ocurre que

$$f'(x) < 0, \quad \forall x \in [a, b],$$

y la función es estrictamente decreciente. Razonando igual con la segunda derivada, vemos que, o bien

$$f''(x) > 0, \quad \forall x \in [a, b],$$

y la función es entonces estrictamente convexa, o bien

$$f''(x) < 0, \quad \forall x \in [a, b],$$

y la función es estrictamente cóncava.

Vamos a hacer la demostración para el caso de funciones estrictamente crecientes y convexas: la prueba es similar para los tres casos restantes. Suponemos entonces que

$$f'(x) > 0 \text{ y } f''(x) > 0, \quad \forall x \in [a, b].$$

Tomamos x_0 tal que $f(x_0)f''(x_0) > 0$, es decir, $f(x_0) > 0$. Como f es estrictamente creciente, esto es equivalente a decir que tomamos x_0 en el intervalo $(l, b]$.

Vamos a probar por inducción que

$$l \le x_n \le x_0, \quad \forall n,$$

lo que implica en particular que $x_n \in [a, b]$ para todo n, por lo que la sucesión está bien definida (obsérvese que la división por $f'(x_n)$ no plantea problemas, puesto que la primera derivada no se anula en el intervalo por la segunda hipótesis).

Para $n = 0$, la desigualdad es trivialmente cierta. Supongámosla para x_n. De la definición de x_{n+1} deducimos:

$$x_{n+1} - x_n = -\frac{f(x_n)}{f'(x_n)}.$$

Como $x_n \geq l$ y f es creciente, $f(x_n) \geq f(l) = 0$. Por otro lado, por hipótesis $f'(x_n) > 0$. Por tanto,

$$x_{n+1} - x_n \leq 0$$

o, equivalentemente,

$$x_{n+1} \leq x_n.$$

Como, por la hipótesis de inducción, $x_n \leq x_0$, se tiene que $x_{n+1} \leq x_n \leq x_0$, queda demostrada la segunda desigualdad.

Para probar la primera, restamos l en los dos términos de la definición de x_{n+1}:

$$
\begin{aligned}
x_{n+1} - l &= x_n - l - \frac{f(x_n)}{f'(x_n)} \\
&= \frac{f'(x_n)(x_n - l) - f(x_n)}{f'(x_n)} \\
&= \frac{f(l) - f(x_n) - f'(x_n)(l - x_n)}{f'(x_n)}.
\end{aligned}
$$

En la última igualdad se ha usado que $f(l) = 0$. Por el teorema de Taylor, podemos asegurar que existe $\xi_n \in (l, x_n)$ tal que

$$f(l) = f(x_n) + f'(x_n)(l - x_n) + \frac{f''(\xi_n)}{2}(l - x_n)^2.$$

Usando esta igualdad, llegamos a:

$$x_{n+1} - l = \frac{f''(\xi_n)}{2f'(x_n)}(l - x_n)^2. \tag{2.5.39}$$

Por hipótesis, todas las derivadas primeras y segundas en el intervalo son positivas. Por tanto:

$$x_{n+1} - l \geq 0,$$

es decir,

$$x_{n+1} \geq l,$$

lo que prueba la primera desigualdad y completa la demostración por inducción.

Obsérvese que, de la demostración por inducción anterior, se deduce que la sucesión $\{x_n\}$ está bien definida, es decreciente (ya que se probó que $x_{n+1} \leq x_n$ para todo n) y está acotada (x_0 es cota superior y l cota inferior). Por tanto, es convergente. Si denominamos l^* a su límite, tomando límites en la definición de la sucesión, deducimos:

$$l^* = \lim_{n \to \infty} x_{n+1} = \lim_{n \to \infty} \left(x_n - \frac{f(x_n)}{f'(x_n)} \right) = l^* - \frac{f(l^*)}{f'(l^*)},$$

igualdad que solo puede darse si $f(l^*) = 0$. Como f tiene una única raíz l, necesariamente $l^* = l$, con lo que hemos demostrado que la sucesión converge hacia l.

Para finalizar la demostración, la desigualdad (2.5.37) se deduce fácilmente de (2.5.39).

$\square$

Bajo las hipótesis del teorema anterior se puede deducir la siguiente cota de error para el método de Newton:

$$|x_n - l| \leq K^{(2^n - 1)}(b - a), \quad \forall n, \tag{2.5.40}$$

siendo

$$K = \frac{M(b-a)}{2m},$$

donde m y M vienen dadas por (2.5.38).

Vamos a demostrar dicha cota por inducción. Para $n = 0$ es trivial. Supongamos la cota cierta para n y vamos a probarla para $n + 1$. Para ello usamos la desigualdad (2.5.37):

$$\begin{aligned}
|x_{n+1} - l| &\leq \frac{M}{2m}|x_n - l|^2 \\
&= \frac{K}{b-a}|x_n - l|^2 \\
&\leq \frac{K}{b-a}\left(K^{(2^n-1)}(b-a) \right)^2 \\
&\leq K^{(1+2^{n+1}-2)}(b-a) = K^{(2^{n+1}-1)}(b-a),
\end{aligned}$$

como queríamos probar.

Veamos una aplicación: supongamos que se desea obtener una aproximación de la solución de la ecuación

$$x - e^{-x} = 0,$$

con 12 cifras decimales exactas usando el método de Newton. Vamos a usar los resultados anteriores para elegir una semilla adecuada y para calcular el número de iteraciones necesarias. Para ello, consideramos la función $f(x) = x - e^{-x}$ en el intervalo $[0, 1]$. Sabemos, por el estudio ya realizado, que hay un cambio de signo en los extremos del intervalo, que la función es estrictamente creciente:

$$f'(x) = 1 + e^{-x} > 0, \quad \forall x,$$

y que es, además, estrictamente cóncava:

$$f''(x) = -e^{-x} < 0, \quad \forall x.$$

Estamos, entonces, en condiciones de aplicar el teorema y la cota de error probada. Por el teorema, sabemos que, si tomamos una semilla x_0 tal que $f(x_0) < 0$, tenemos asegurada la convergencia de la sucesión. Como f es estrictamente creciente, la función toma valores negativos a la izquierda de la raíz. Por tanto, la semilla $x_0 = 0$ asegura la convergencia hacia l de la sucesión generada por el método de Newton.

Para aplicar la cota de error comenzamos por calcular m y M:

$$m = \min_{x \in [0,1]} |f'(x)| = \min_{x \in [0,1]} (1 + e^{-x}) = 1 + e^{-1},$$

ya que $|f'(x)| = f'(x)$ es decreciente ($f''(x)$ es negativa). Por otro lado,

$$M = \max_{x \in [0,1]} |f''(x)| = \max_{x \in [0,1]} (e^{-x}) = 1,$$

ya que $|f''(x)| = e^{-x}$ es decreciente. Por tanto,

$$K = \frac{M(b-a)}{2m} = \frac{1}{2(1 + e^{-1})} = 0'3655\ldots$$

Para asegurar 12 cifras decimales exactas tenemos que detenernos en un término de la sucesión para el que se pueda asegurar que

$$|x_n - l| \le \frac{1}{2} 10^{-12},$$

lo que podremos afirmar, usando la cota de error (2.5.40), si

$$K^{(2^n-1)}(b-a) = K^{(2^n-1)} \leq \frac{1}{2}10^{-12}.$$

Tomando logaritmos, esto ocurre si

$$(2^n - 1)\log(K) \leq -12\log(10) - \log(2),$$

es decir, si

$$2^n \geq 1 - \frac{12\log(10) + \log(2)}{\log(K)} = 29'1438\ldots$$

(Obsérvese que, como $K < 1$, entonces $\log(K) < 0$ y la desigualdad se invierte al dividir por $\log(K)$). Basta con tomar $n = 5$: es decir, 5 iteraciones son suficientes para asegurar 12 cifras decimales de l exactas partiendo de $x_0 = 0$. De hecho, el error real para x_4 es ya menor que $1/2 \cdot 10^{-15}$ como puede verse en la tabla 2.10.

Una última observación: si en (2.5.40) el valor de K es mayor que 1, la cota es cierta, pero inútil, ya que la cota tiende a infinito cuando n tiende a infinito. Dada una tolerancia de error ε, no será posible, por lo general, hallar n que asegure que la cota de error sea menor que la tolerancia (aunque el error real lo sea). En estos casos, se puede intentar reducir el intervalo donde se aplica el teorema a fin de reducir K y hacerlo menor que 1.

2.6. Ejercicios propuestos

Ejercicio 2.1. Encuentra una raíz aproximada de $x^3 - x - 1 = 0$ en $[1, 2]$ con 5 cifras decimales exactas usando:

(a) El método de Newton.

(b) El método de la secante.

Ejercicio 2.2. Determina con 4 cifras decimales exactas el valor de x tal que $(x, 1/x)$ sea el punto de la curva $y = 1/x$ que menos diste de $(2, 1)$.

Ejercicio 2.3. La suma de dos números es 20. Si a cada número se le añade su raíz cuadrada, el producto de las dos sumas es igual a 155. Determina dichos números con 4 cifras decimales exactas.

Ejercicio 2.4. Se inyectan A mg de una cierta medicina a un paciente. La concentración de medicina en sangre t horas después de la inyección viene dada por la función

$$c(t) = Ate^{-t/3} \text{ mg/ml.}$$

La máxima concentración admisible es 1 mg/ml.

   (a) ¿Qué cantidad debe ser inyectada para alcanzar el máximo admisible? ¿Cuándo se alcanza?

   (b) Una cantidad adicional tiene que ser administrada al paciente cuando la concentración decae a $0'25$ mg/ml. Determina, al minuto más próximo, cuándo debe administrarse la segunda inyección.

Ejercicio 2.5. Calcula el menor número real $x > 0$ tal que $\tan(x) = x$ con 4 cifras decimales exactas.

Ejercicio 2.6. Aplica el método de Newton para calcular una raíz de las funciones

$$f(x) = \text{sen}(x) - \frac{x}{2}$$

y

$$g(x) = \left(\text{sen}(x) - \frac{x}{2}\right)^2$$

partiendo de $x_0 = \pi/2$. Detén el algoritmo cuando se estabilicen las 6 primeras cifras decimales. Justifica los resultados.

Ejercicio 2.7. Se considera la ecuación

$$f(x) = 0, \quad x \in \mathbb{R},$$

con

$$f(x) = x^3 - x + \frac{2}{3\sqrt{3}}.$$

   (a) Prueba que la única solución positiva de la ecuación es $l = 1/\sqrt{3}$.

   (b) Aplica el método de Newton tomando como semilla $x_0 = 2$ y parando cuando

$$e_N = |x_N - l| < 10^{-7}.$$

Calcula los cocientes de errores consecutivos

$$\frac{e_n}{e_{n-1}}, \quad n = 1, \ldots, N.$$

¿Cuál parece ser el orden del método? ¿Y la constante asintótica de error? ¿Es el orden esperado?

(c) Considera ahora el método

$$x_{n+1} = x_n - 2\frac{f(x_n)}{f'(x_n)}.$$

Aplícalo a la ecuación usando la misma semilla y el mismo test de parada anterior. Calcula ahora:

$$\frac{e_n}{e_{n-1}^2}, \quad n = 1, \ldots, N.$$

¿Cuál parece ser el orden del método? ¿Y la constante asintótica de error?

Ejercicio 2.8. Se sabe que el método de Newton es convergente y de orden 2 si la raíz es simple. Supongamos que l es una raíz de multiplicidad m de la función f. Supongamos además que f puede escribirse de la forma

$$f(x) = (x - l)^m h(x),$$

siendo h una función de clase 2 en un entorno de l tal que $h(l) \neq 0$.

(a) Prueba que el método de Newton sigue siendo localmente convergente para x_0 suficientemente próximo a l, pero no es de orden 2. Para ello, escribe la función de iteración en función de h y calcula $g'(l)$.

(b) Prueba que, en ese caso, la variante del método dada por

$$g(x) = x - m\frac{f(x)}{f'(x)}$$

sí es al menos de orden 2.

Ejercicio 2.9. Sea f una función de clase 1 y l una raíz simple aislada en un intervalo I. Se considera el siguiente procedimiento iterativo para aproximar l:

- Se fija un número $\alpha \neq 0$.

- Se elige una semilla $x_0 \in I$.

- Se calcula el punto de corte de la recta $y = 0$ con la recta que pasa por $(x_0, f(x_0))$ con pendiente α y se define x_1 como la abscisa de dicho punto de corte.

- Si $x_1 \in I$, se calcula el punto de corte de la recta $y = 0$ con la recta que pasa por $(x_1, f(x_1))$ con pendiente α y se define x_2 como la abscisa de dicho punto de corte.

- Y así sucesivamente...

(a) Obtén la fórmula general que permite calcular x_{n+1} a partir de x_n (suponiendo que $x_n \in I$). Observa que se trata de un método unipaso o de punto fijo. ¿Cuál es su función de iteración g?

(b) ¿Para qué valores de α es el método localmente convergente?

(c) Estudia el orden del método.

Ejercicio 2.10. Dado $c \in \mathbb{R}$, $c \neq 0$, se considera el método del punto fijo dado por

$$x_{n+1} = x_n + c\left(x_n^2 - 5\right)$$

para resolver la ecuación $x^2 - 5 = 0$. ¿Para qué valores de c el método converge localmente hacia $\alpha = \sqrt{5}$? ¿Y hacia $\alpha = -\sqrt{5}$?

Ejercicio 2.11. Se considera la ecuación logística $x = g_c(x)$, donde $g_c(x) = cx\,(1 - x)$, con $c \neq 0$.

(a) Calcula sus soluciones.

(b) ¿Para qué valores de c puede asegurarse que el método iterativo

$$x_{n+1} = c\,x_n(1 - x_n)$$

converge localmente hacia la solución no nula?

Ejercicio 2.12. Dada una ecuación $x^2 + ax + b = 0$ con raíces reales α y β se consideran métodos de punto fijo

$$\begin{cases} x_0 \text{ dado,} \\ x_{n+1} = g(x_n), \ n = 0, 1, 2 \ldots \end{cases}$$

para aproximarlas. Prueba las siguientes afirmaciones:

(a) Si $g(x) = -\dfrac{ax + b}{x}$, el método correspondiente converge localmente hacia α si $|\alpha| > |\beta|$.

(b) Si $g(x) = -\dfrac{b}{x+a}$, el método correspondiente converge localmente hacia α si $|\alpha| < |\beta|$.

(c) Si $a \neq 0$ y $g(x) = -\dfrac{x^2+b}{a}$, el método correspondiente converge localmente hacia α si $2|\alpha| < |\alpha + \beta|$.

Indicación: a partir de la igualdad $x^2 + ax + b = (x - \alpha)(x - \beta)$, deduce qué relación hay entre los coeficientes de la ecuación a, b y sus raíces α, β.

Ejercicio 2.13. Se considera la ecuación

$$x + 2 = e^x.$$

(a) Aísla sus raíces.

(b) Aproxímalas con 4 cifras decimales usando el método de Newton.

(c) Se toma un número al azar, se calcula su exponencial y se le resta 2. Al número resultante se le aplican las mismas operaciones y así sucesivamente. Predice lo que ocurrirá.

Ejercicio 2.14. En cualquier calculadora científica o programa de cálculo se realiza el siguiente experimento: se teclea un número arbitrario x_0 mayor o igual que -2. Se le suma 2 y al resultado se le calcula la raíz cuadrada. Al número obtenido, x_1, se le aplican las mismas operaciones: se le suma 2 y al resultado se le calcula la raíz cuadrada. Al número obtenido, x_2, se le aplican las mismas operaciones y así sucesivamente.

(a) El resultado del experimento es que siempre, tras un número mayor o menor de iteraciones del proceso (dependiendo del número tecleado al principio), termina apareciendo en pantalla el número 2. ¿Por qué?

(b) Si el número inicialmente elegido está en el intervalo $[1, 3]$ y la calculadora muestra 6 decimales en pantalla, determina una cota del número de veces que hay que repetir el proceso de sumar 2 y extraer la raíz para que aparezca el número 2 en pantalla.

Ejercicio 2.15. La función $f(x) = 0'4 - 0'1\, x^2$ tiene evidentemente dos raíces, que son $x = \pm 2$. Para aproximarlas, consideramos el método de punto fijo dado por

$$x_{n+1} = 0'4 + x_n - 0'1x_n^2.$$

(a) Analiza la convergencia del método en el intervalo $[1, 3]$. En caso de convergencia, analiza el orden.

(b) Ídem en el intervalo $[-3, -1]$.

(c) Si, en alguno de los casos, el método es convergente, estima el número de iteraciones necesario para asegurar un error menor que $0'5 \cdot 10^{-6}$ tomando como semilla un punto x_0 del intervalo.

(d) Escribe la forma de las iteraciones correspondientes al método de Newton y, para cada una de las raíces, determina una semilla que asegure su convergencia.

(e) Se considera ahora el método

$$x_{n+1} = x_n - \alpha(0'4 - 0'1\, x_n^2).$$

Estudia su convergencia local para las dos raíces. Elige los valores de α que hacen que el método sea del mayor orden posible para aproximar una u otra solución.

Ejercicio 2.16. Se considera la ecuación

$$\sqrt{x} = e^{-x}.$$

(a) Aisla sus raíces.

(b) Para cada una de ellas, encuentra una semilla que asegure la convergencia del método de Newton y determina el número de iteraciones que asegura un error menor que $0'5 \cdot 10^{-5}$.

Ejercicio 2.17. En algunos ordenadores, el cálculo de $1/a$ para $a > 0$ está programado aplicando el método de Newton a la ecuación

$$\frac{1}{x} - a = 0.$$

Escribe la expresión del método y determina en qué intervalo se puede tomar x_0 para asegurar la convergencia.

Capítulo 3

Interpolación polinómica

3.1. Introducción

El problema general de interpolación en el plano es el siguiente: dados $n + 1$ puntos distintos del plano, se debe encontrar una curva que pase por todos ellos. En el espacio, es posible extenderlo de dos maneras diferentes: dados $n + 1$ puntos del espacio, se debe encontrar o bien una superficie o bien una curva que pase por todos ellos. En general, este problema se extiende de diferentes maneras a espacios de cualquier dimensión N. En este capítulo nos limitaremos a estudiar el problema en el plano (véase la figura 3.1).

En general, el problema de interpolación puede tener infinitas soluciones. Para determinar una de ellas, se fija *a priori* la clase de curvas en las que se busca la solución: pueden ser curvas que admiten parametrizaciones polinómicas, trigonométricas, racionales, etc.

En ocasiones, además de pedirle a la curva que pase por los puntos dados, se le pide que cumpla ciertas condiciones sobre las derivadas en dichos puntos. En este tema, la clase de curvas que se van a considerar son las gráficas de polinomios o de funciones polinómicas a trozos. Este tipo de funciones presenta la ventaja de que su evaluación es muy simple y barata desde el punto de vista computacional, ya que se reduce a calcular productos y sumas.

Las aplicaciones de la interpolación son muchas:

- La interpolación se usa a menudo para evaluar funciones de las que solo se conocen sus valores en algunos puntos. Esto puede ocurrir en dos situaciones distintas:

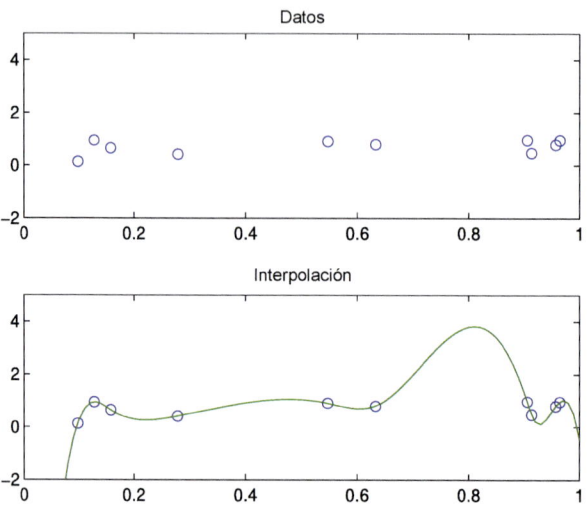

Figura 3.1. Interpolación en el plano: ejemplo.

- Cuando se trata de evaluar funciones cuyo valor es fácil de calcular solo para algunos valores: piénsese, por ejemplo, en las funciones seno, coseno o logaritmo. Antes de la popularización de calculadoras y ordenadores, era frecuente usar tablas para evaluar funciones. Estas tablas daban aproximaciones de las funciones en muchos puntos, pero, cuando había que evaluarlas en alguno de los que no aparecían, se utilizaban técnicas de interpolación para dar una aproximación usando los valores en los puntos próximos.

- Cuando los valores que se conocen de una función proceden de medidas experimentales: como ejemplo, supongamos que se ha lanzado verticalmente un objeto hacia arriba y que, mediante procedimientos experimentales, se han obtenido las siguientes aproximaciones de su velocidad:

v (m/s)	$1'133$	$5'706 \cdot 10^{-1}$	$-5'558 \cdot 10^{-1}$	$-1'118$	$-1'678$
t (s)	$9'985 \cdot 10^{-1}$	$1'065$	$1'171$	$1'228$	$1'286$

$$(3.1.1)$$

Las velocidades positivas indican que el objeto sube, y las negativas, que desciende. Supongamos que se desea aproximar, a partir de los datos de la tabla, en qué instante de tiempo se alcanzó la mayor altura. Si admitimos que hay una función continua que relaciona la velocidad con el tiempo,

$$v = f(t),$$

como hay velocidades positivas y negativas, tiene que haber un instante de tiempo t^* en el que la velocidad es 0:

$$f(t^*) = 0.$$

Este es el instante en el que se detiene la subida y el objeto empieza a caer y, en consecuencia, es el instante buscado. Si admitimos que, en el intervalo para el que se nos dan los datos, la función que relaciona velocidad y tiempo admite inversa (lo que parecen sugerir los datos, puesto que la velocidad es decreciente), entonces

$$t = f^{-1}(v).$$

Si conociéramos la función f^{-1}, bastaría evaluarla en 0 para obtener t^*:

$$t^* = f^{-1}(0).$$

Los datos de la tabla nos permiten conocer 5 puntos de la gráfica de f^{-1}, pero entre ellos no está $v = 0$. En este caso, las técnicas que se van a estudiar en este capítulo permitirán aproximar el valor de f^{-1} en $v = 0$, es decir, t^*, usando toda la información de que se dispone sobre dicha función.

- La interpolación es una herramienta indispensable en diseño asistido por ordenador (CAD), así como en casi todos los aspectos relacionados con el tratamiento de imágenes en el ordenador, entre otros:

  - Reconstrucción de imágenes.
  - Animación.
  - Técnicas de captura del movimiento (*motion capture*).
  - Visualización de simulaciones numéricas.
  - Reconstrucción tridimensional de imágenes obtenidas mediante técnicas radiológicas.

- La interpolación es una herramienta básica para diseñar métodos numéricos para fines tales como:

- Cálculo aproximado de integrales y derivadas (como veremos en el siguiente tema).

- Métodos de resolución aproximada de ecuaciones diferenciales ordinarias y en derivadas parciales.

El problema de interpolación está relacionado, aunque es diferente, con el problema de la aproximación, que se enuncia como sigue: dado un conjunto de puntos del plano o del espacio, se debe buscar una curva o superficie de una clase predeterminada que diste lo menos posible de todos los puntos. Si, por ejemplo, tomamos como familia de curvas las rectas del plano, el problema de interpolación consistiría en, dado un conjunto de puntos del plano

$$(x_0, y_0), \ldots, (x_n, y_n),$$

encontrar una recta que pase por todos ellos. El problema:

- tiene infinitas soluciones si $n = 0$;

- tiene una y solo una solución si $n = 1$;

- no tiene solución si $n > 1$, salvo que los puntos estén alineados, en cuyo caso hay una única solución.

Para este mismo ejemplo, el problema de la aproximación consistiría en buscar una recta

$$y = mx + b$$

que pase lo más cerca posible de los $n + 1$ puntos. Hay muchas maneras de medir la proximidad de una recta a una familia de puntos. Si se toma como noción de distancia la cantidad

$$\sqrt{\sum_{i=0}^{n} (m \cdot x_i + b - y_i)^2},$$

se habla de un problema de mínimos cuadrados, que es un caso particular de aproximación (véase la figura 3.2). Se demuestra que hay una y solo una recta que hace mínima dicha distancia, que es la denominada recta de regresión de los datos.

En este capítulo estudiaremos solo problemas de interpolación en el plano, y la clase de curvas que se consideran son, como se ha comentado, las gráficas de funciones polinómicas o polinómicas a trozos.

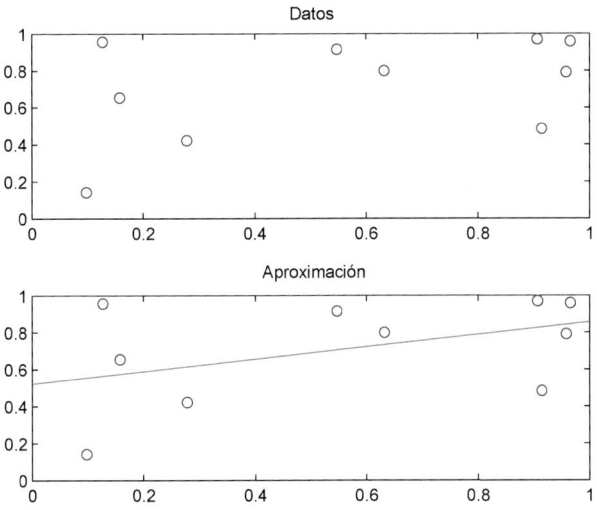

Figura 3.2. Aproximación en el plano: ejemplo.

3.2. Interpolación polinómica de Lagrange

El problema de interpolación que nos planteamos en esta sección es el siguiente: dados $n + 1$ puntos del plano

$$(x_0, y_0), \ldots, (x_n, y_n),$$

cuyas abscisas son distintas dos a dos, esto es,

$$x_i \neq x_j, \text{ si } i \neq j,$$

se debe encontrar un polinomio $p(x)$ cuya gráfica pase por los $n + 1$ puntos, es decir, tal que

$$p(x_i) = y_i, \quad i = 0, \ldots, n.$$

Si no se da ninguna indicación sobre el grado del polinomio, el problema tiene infinitas soluciones, pero, si se fija el grado, tiene que haber una relación adecuada entre el cardinal del conjunto de puntos y el grado del polinomio para que se pueda asegurar que hay uno y solo uno que verifica la propiedad que se le pide. Por ejemplo, si solo hay un dato que interpolar:

$$(x_0, y_0),$$

hay infinitos polinomios cuyas gráficas pasan por dicho punto, pero hay uno y solo uno de grado 0 (es decir, constante) que lo hace:

$$p(x) = y_0.$$

Si los datos que interpolar son dos:

$$(x_0, y_0), \ (x_1, y_1),$$

hay nuevamente infinitos polinomios cuyas gráficas pasan por ambos puntos, pero uno y solo uno de grado menor o igual que 1 que lo hace:

$$p(x) = y_0 + \frac{y_1 - y_0}{x_1 - x_0}(x - x_0),$$

cuya gráfica es la recta determinada por los dos puntos. Obsérvese que este polinomio puede ser de grado 0 si

$$y_0 = y_1.$$

Si los datos que interpolar son tres:

$$(x_0, y_0), \ (x_1, y_1), \ (x_2, y_2),$$

hay nuevamente infinitos polinomios cuyas gráficas pasan por los tres puntos, pero hay uno y solo uno de grado menor o igual que 2 que lo hace. Si los tres puntos no están alineados, será el polinomio de grado 2 cuya gráfica es la parábola determinada por los puntos. Si están alineados, será el polinomio de grado menor o igual que 1 cuya gráfica es la recta que pasa por los tres puntos. Si, por ejemplo, tomamos los puntos

$$(0, 1), \ (1, 2), \ (2, -1),$$

y nos piden encontrar un polinomio de grado menor o igual que 2

$$p(x) = ax^2 + bx + c$$

que pase por los tres puntos, es decir, tal que

$$p(0) = 1, \quad p(1) = 2, \quad p(2) = -1,$$

sus coeficientes han de verificar:

$$\begin{cases} c = 1, \\ a + b + c = 2, \\ 4a + 2b + c = -1. \end{cases}$$

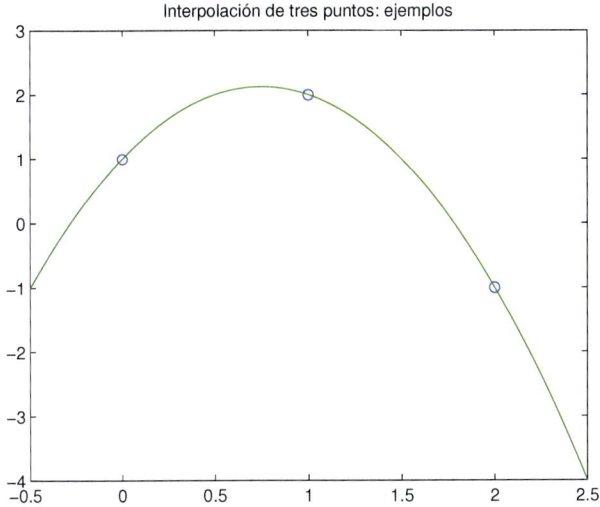

Figura 3.3. Polinomio que interpola los puntos $(0, 1), (1, 2), (2, -1)$.

Estas últimas igualdades pueden ser interpretadas como un sistema lineal de tres ecuaciones cuyas tres incógnitas son los coeficientes del polinomio buscado. El sistema es compatible y determinado. Su solución única es:

$$a = -2, \quad b = 3, \quad c = 1.$$

Por tanto, la parábola determinada por los tres puntos es la gráfica del polinomio de grado 2

$$p(x) = -2x^2 + 3x + 1.$$

(Véase la figura 3.3).

Por otro lado, si los puntos fueran

$$(0, 2), \ (1, 1), \ (2, 0),$$

y buscamos un polinomio

$$p(x) = ax^2 + bx + c$$

que pase por los tres puntos, llegamos al sistema:

$$\begin{cases} c = 2, \\ a + b + c = 1, \\ 4a + 2b + c = 0, \end{cases}$$

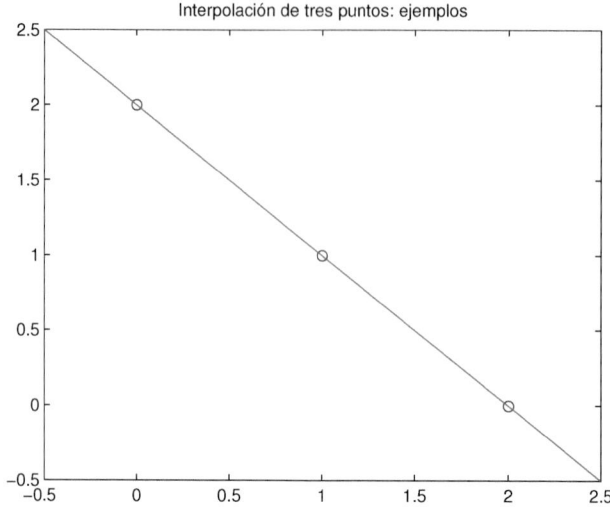

Figura 3.4. Polinomio que interpola los puntos $(0,2), (1,1), (2,0)$.

que también tiene una solución única dada por:

$$a = 0, \quad b = -1, \quad c = 2.$$

Obtenemos así el polinomio

$$p(x) = -x + 2.$$

En este caso, los tres puntos están alineados, por lo que hemos hallado el polinomio de grado 1 cuya gráfica es la recta que los contiene (véase la figura 3.4).

A la luz de estos ejemplos, parece intuirse una regla general: dados $n + 1$ puntos del plano con abscisas distintas dos a dos, existe un único polinomio de grado menor o igual que n que los interpola. En efecto, así ocurre:

Teorema 3.2.1. *Dados $n + 1$ puntos del plano*

$$(x_0, y_0), \ldots, (x_n, y_n),$$

tales que

$$x_i \neq x_j, \; si \; i \neq j,$$

existe un único polinomio $p(x)$ de grado menor o igual que n tal que:

$$p(x_i) = y_i, \quad i = 0, \ldots, n.$$

Demostración. Siguiendo la idea vista en los ejemplos, queremos hallar un polinomio

$$p(x) = a_0 + a_1 x + a_2 x^2 + \ldots + a_n x^n$$

tal que

$$p(x_i) = y_i, \quad i = 0, \ldots, n.$$

Esto nos conduce a las $n + 1$ relaciones:

$$
\begin{cases}
a_0 + a_1 x_0 + a_2 x_0^2 + \ldots + a_n x_0^n = y_0, \\
a_0 + a_1 x_1 + a_2 x_1^2 + \ldots + a_n x_1^n = y_1, \\
\qquad\qquad\qquad\vdots \\
a_0 + a_1 x_n + a_2 x_n^2 + \ldots + a_n x_n^n = y_n,
\end{cases}
\tag{3.2.2}
$$

que pueden ser interpretadas como un sistema lineal con $n + 1$ ecuaciones para las $n+1$ incógnitas $a_0, \ldots, a_n$. En forma matricial, el sistema se escribe:

$$M \cdot \vec{a} = \vec{y},$$

siendo

$$
M = \begin{pmatrix}
1 & x_0 & x_0^2 & \cdots & x_0^n \\
1 & x_1 & x_1^2 & \cdots & x_1^n \\
\vdots & \vdots & \vdots & \ddots & \vdots \\
1 & x_n & x_n^2 & \cdots & x_n^n
\end{pmatrix}, \quad
\vec{a} = \begin{pmatrix} a_0 \\ a_1 \\ \vdots \\ a_n \end{pmatrix}, \quad
\vec{y} = \begin{pmatrix} y_0 \\ y_1 \\ \vdots \\ y_n \end{pmatrix}.
$$

La matriz del sistema es de tipo Van der Monde, y su determinante es el siguiente:

$$
\begin{aligned}
det(M) &= \prod_{0 \leq i < j \leq n} (x_j - x_i) \\
&= (x_1 - x_0)(x_2 - x_0)\ldots(x_n - x_0)(x_2 - x_1)\ldots(x_n - x_1)\ldots(x_n - x_{n-1}) \\
&\neq 0.
\end{aligned}
$$

Como la matriz es regular, el sistema (3.2.2) es compatible y determinado. En consecuencia, tiene una solución y una sola, $a_0, \ldots, a_n$, que son los coeficientes del polinomio buscado.

Si hubiera otro polinomio diferente:

$$q(x) = b_0 + b_1 x + \ldots + b_n x^n$$

tal que
$$q(x_i) = y_i, \quad i = 0, \ldots, n,$$

sus coeficientes $b_0, \ldots, b_n$ proporcionarían una solución diferente del sistema (3.2.2), lo que no es posible.

$\square$

Definición 3.2.1. Dados $n + 1$ puntos del plano

$$(x_0, y_0), \ldots, (x_n, y_n),$$

tales que

$$x_i \neq x_j, \text{ si } i \neq j,$$

al único polinomio de grado menor o igual que n que verifica

$$p(x_i) = y_i, \quad i = 0, \ldots, n$$

se le denomina **polinomio de interpolación de Lagrange** de los $n+1$ puntos. A los datos $x_0, \ldots, x_n$ se les denomina puntos o nodos de interpolación. A los datos $y_0, \ldots, y_n$, valores interpolados.

Desde el punto de vista teórico, el teorema 3.2.1 resuelve completamente el problema de interpolación: asegura la existencia y unicidad de solución. Además, la demostración es constructiva: proporciona un método para calcular el polinomio de interpolación, que se denomina **método de los coeficientes indeterminados,** consistente en resolver un sistema lineal con matriz de tipo Van der Monde cuya solución son los coeficientes del polinomio que se busca.

Por ejemplo, volviendo al problema mencionado en la introducción sobre el móvil que era lanzado hacia arriba, podemos buscar el polinomio p de grado menor o igual que 4 que interpola los valores dados en la tabla (3.1.1) para aproximar la función f^{-1} (véase la figura 3.5) y obtener entonces que

$$t^* = f^{-1}(0) \approx p(0) = 1'1189276948056\ldots$$

No obstante, desde el punto de vista práctico, esta respuesta no es completamente satisfactoria: la resolución del sistema lineal involucra muchas más operaciones de las necesarias, ya que veremos que hay métodos que permiten hallar el polinomio de interpolación con menor número de operaciones. Además, en este ejemplo, hallar una solución resulta bastante engorroso si se ha de resolver a mano.

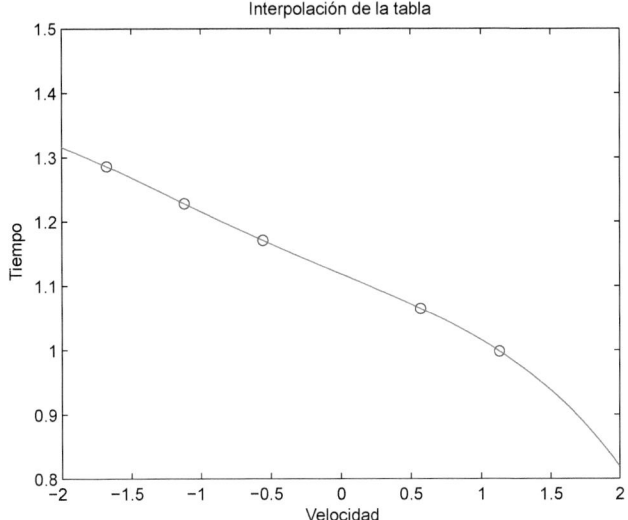

Figura 3.5. Interpolación de los valores de la tabla (3.1.1).

Por otro lado, los sistemas lineales con matriz de Van der Monde están mal condicionados, lo que quiere decir que errores relativos pequeños en los datos de interpolación pueden conducir a errores relativos grandes en la solución, esto es, en los coeficientes del polinomio. Las próximas secciones están destinadas a presentar distintas formas de calcular el polinomio de interpolación que permiten evitar estas dificultades.

3.3. Forma de Lagrange del polinomio de interpolación

En algunos casos es fácil calcular el polinomio de interpolación sin necesidad de resolver un sistema. Por ejemplo, si, dados $n+1$ puntos distintos dos a dos

$$x_0, x_1, \ldots, x_n,$$

se desea calcular el polinomio l_0 de grado menor o igual que n que interpola los puntos del plano

$$(x_0, 1), (x_1, 0), (x_2, 0), \ldots, (x_n, 0),$$

dicho polinomio, que sabemos que existe y es único por el teorema 3.2.1, verifica:

$$l_0(x_i) = 0, \quad i = 1, \ldots, n.$$

Es decir, $x_1, \ldots, x_n$ son raíces del polinomio, pero, como l_0 es de grado menor o igual que n y no es idénticamente nulo (ya que $l_0(x_0) = 1$), no puede tener más raíces. Por tanto, l_0 admite una factorización de la forma:

$$l_0(x) = \alpha_0(x - x_1) \ldots (x - x_n),$$

siendo α_0 un número real no nulo por determinar. Ahora bien, si evaluamos esta expresión en x_0, llegamos a que

$$l_0(x_0) = \alpha_0(x_0 - x_1) \ldots (x_0 - x_n),$$

y, como $l_0(x_0) = 1$, podemos determinar el valor de α_0:

$$\alpha_0 = \frac{1}{(x_0 - x_1) \ldots (x_0 - x_n)}.$$

Hemos obtenido así la siguiente expresión de l_0:

$$l_0(x) = \frac{(x - x_1) \ldots (x - x_n)}{(x_0 - x_1) \ldots (x_0 - x_n)}.$$

El mismo razonamiento se puede aplicar para construir el polinomio l_i que interpola los datos:

$$(x_0, 0), \ldots, (x_{i-1}, 0), (x_i, 1), (x_{i+1}, 0) \ldots (x_n, 0)$$

para cualquier valor de i entre 0 y n. Llegamos a que el polinomio que interpola dichos puntos admite la expresión:

$$l_i(x) = \frac{(x - x_0) \ldots (x - x_{i-1})(x - x_{i+1}) \ldots (x - x_n)}{(x_i - x_0) \ldots (x_i - x_{i-1})(x_i - x_{i+1}) \ldots (x_i - x_n)}, \quad i = 0, \ldots, n.$$

$$(3.3.3)$$

A fin de acortar este tipo de expresiones, se acostumbra a usar la siguiente notación:

$$l_i(x) = \frac{(x - x_0) \ldots \widehat{(x - x_i)} \ldots (x - x_n)}{(x_i - x_0) \ldots \widehat{(x_i - x_i)} \ldots (x_i - x_n)}, \quad i = 0, \ldots, n,$$

con la que se indica que el factor señalado con el acento circunflejo no está en la expresión.

Definición 3.3.1. Dados $n + 1$ puntos x_0, ..., x_n distintos dos a dos, se denominan **polinomios de base de interpolación de Lagrange** a los $n + 1$ polinomios l_0, ..., l_n dados por (3.3.3).

Denominar a estos polinomios "de base" tiene un doble significado: uno práctico y otro algebraico.

El significado práctico hace referencia al hecho de que estos polinomios pueden usarse para calcular cualquier polinomio de interpolación. En efecto, supongamos que nos dan los datos

$$(x_0, y_0), \ldots, (x_n, y_n),$$

con las abscisas distintas dos a dos y nos piden calcular el polinomio p que los interpola. Consideramos la función:

$$q(x) = y_0 l_0(x) + \ldots + y_i l_i(x) + \ldots + y_n l_n(x) = \sum_{i=0}^{n} y_i l_i(x).$$

Por ser combinación lineal de polinomios de grado n, podemos asegurar que q es un polinomio de grado menor o igual que n. Además, si evaluamos q en x_j, obtenemos:

$$q(x_j) = y_0 l_0(x_j) + \ldots + y_i l_i(x_j) + \ldots + y_n l_n(x_j) = y_j, \quad i = 0,,\ldots, n,$$

donde se ha hecho uso de la igualdad

$$l_i(x_j) = \begin{cases} 1 & \text{si } i = j, \\ 0 & \text{si } i \neq j, \end{cases}$$

que se deduce de la construcción de los polinomios l_i. Es decir, q interpola los datos y, en consecuencia, el teorema 3.2.1 nos permite afirmar que $q = p$, es decir:

$$p(x) = \sum_{i=0}^{n} y_i l_i(x). \tag{3.3.4}$$

Esta es la denominada **forma de Lagrange** del polinomio de interpolación.

Por ejemplo, supongamos que se nos pide calcular el polinomio que interpola los datos:

$$(0, 1), (1, 2), (2, -1), (3, 0).$$

En este caso, $x_0 = 0$, $x_1 = 1$, $x_2 = 2$, $x_3 = 3$. Los polinomios de base son (véase la figura 3.6):

$$l_0(x) = \frac{(x-1)(x-2)(x-3)}{(0-1)(0-2)(0-3)} = -\frac{1}{6}(x-1)(x-2)(x-3);$$

$$l_1(x) = \frac{x(x-2)(x-3)}{(1-0)(1-2)(1-3)} = \frac{1}{2}x(x-2)(x-3);$$

$$l_2(x) = \frac{x(x-1)(x-3)}{(2-0)(2-1)(2-3)} = -\frac{1}{2}x(x-1)(x-3);$$

$$l_3(x) = \frac{x(x-1)(x-2)}{(3-0)(3-1)(3-2)} = \frac{1}{6}x(x-1)(x-2);$$

y, por tanto, el polinomio que buscamos es (véase la figura 3.7):

$$p(x) = -\frac{1}{6}(x-1)(x-2)(x-3) + x(x-2)(x-3) + \frac{1}{2}x(x-1)(x-3). \quad (3.3.5)$$

Por supuesto, podríamos seguir haciendo cálculos para expresar el polinomio en la forma habitual como combinación lineal de potencias de x, pero esto no es necesario: hemos encontrado una expresión que nos permite evaluar el polinomio en cualquier punto y que es tan válida como la expresión habitual.

Este último comentario enlaza con el significado más algebraico de la expresión "de base" que se mencionó anteriormente: es fácil comprobar que el conjunto $\mathbb{P}_n$ de los polinomios de grado menor o igual que n constituye un espacio vectorial real, ya que combinaciones lineales de polinomios de grado menor o igual que n son también elementos de $\mathbb{P}_n$. Es más, su dimensión es $n + 1$, ya que una base viene dada por los monomios

$$\{1, x, x^2, \ldots, x^n\}.$$

En esta base, las coordenadas de un polinomio son sus coeficientes:

$$p(x) = a_0 + a_1 x + \ldots + a_n x^n.$$

Pues bien, los polinomios de base

$$\{l_0, l_1, \ldots, l_n\}$$

también constituyen una base del espacio $\mathbb{P}_n$. Como el cardinal de este conjunto de polinomios es igual a la dimensión del espacio, para probar que es

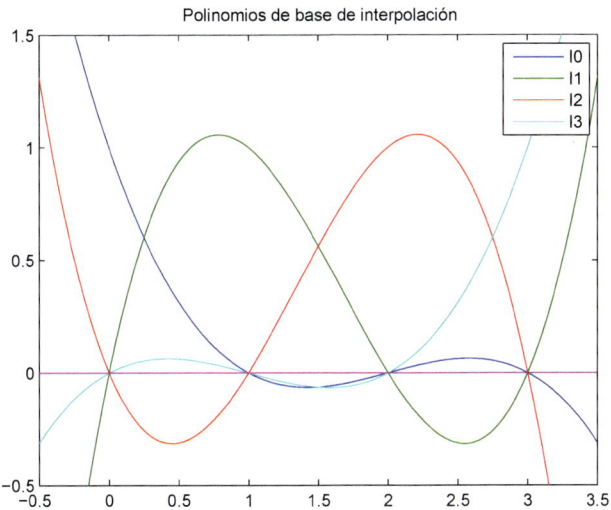

Figura 3.6. Polinomios de base de interpolación de Lagrange.

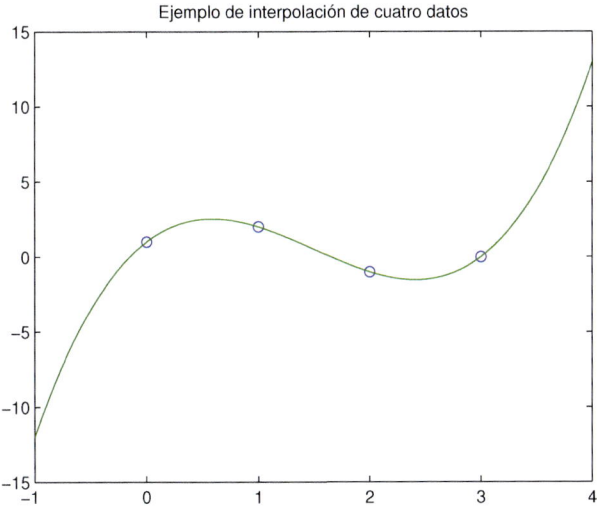

Figura 3.7. Polinomio que interpola los puntos $(0, 1), (1, 2), (2, -1), (3, 0)$.

base basta con ver que sus elementos son linealmente independientes o que constituyen un sistema generador, es decir, que cualquier polinomio de grado menor o igual que n puede expresarse como combinación lineal de estos $n+1$ polinomios. Veamos que, en efecto, es sistema generador. Dado cualquier polinomio $p \in \mathbb{P}_n$, consideramos el conjunto de datos:

$$(x_0, p(x_0)), (x_1, p(x_1)), \ldots, (x_n, p(x_n)).$$

Como p interpola obviamente estos $n+1$ datos y es un polinomio de grado menor o igual que n, p es su polinomio de interpolación. En consecuencia, lo podemos expresar usando la forma de Lagrange, lo que nos lleva a la igualdad:

$$p(x) = \sum_{i=0}^{n} p(x_i) l_i(x),$$

lo que prueba que p puede expresarse como combinación lineal de los polinomios de base. Por tanto, los polinomios de base de Lagrange constituyen un sistema generador con $n+1$ elementos y, por tanto, una base de $\mathbb{P}_n$. Obsérvese que los coeficientes que aparecen en la expresión de p en términos de esta nueva base, es decir, sus coordenadas, son los valores de p en los puntos de interpolación.

3.4.   Forma de Newton del polinomio de interpolación

El cálculo del polinomio de interpolación usando la forma de Lagrange evita, como hemos visto, la necesidad de resolver un sistema lineal con $n+1$ ecuaciones y $n+1$ incógnitas. El inconveniente del uso de dicha forma es que, si una vez calculado el polinomio de interpolación, nos dan un nuevo punto para interpolar, o se desea calcular el polinomio que interpola un dato menos, hay que recomenzar el trabajo desde el principio. En las aplicaciones de la interpolación a tablas de datos es frecuente ir añadiendo puntos de la tabla al conjunto de datos hasta alcanzar una precisión suficiente. En estos casos, la forma de Lagrange no resulta muy adecuada.

El objetivo de esta sección es encontrar una escritura del polinomio p_n que interpola los datos

$$(x_0, y_0), \ldots, (x_n, y_n),$$

de abscisas distintas dos a dos, que tenga la siguiente propiedad: si se añade un nuevo dato

$$(x_{n+1}, y_{n+1}),$$

el polinomio p_{n+1} que interpola los $n+2$ datos (los $n+1$ que ya se tenían y el que se ha añadido) ha de poderse escribir en la forma:

$$p_{n+1}(x) = p_n(x) + \alpha_n (x - x_0)(x - x_1) \ldots (x - x_n), \qquad (3.4.6)$$

siendo α_n un coeficiente por determinar. En efecto, siempre es posible escribir p_{n+1} de esta forma: obsérvese, en primer lugar, que cualquier polinomio de la forma

$$q(x) = p_n(x) + \alpha(x - x_0)(x - x_1) \ldots (x - x_n),$$

siendo α un número real arbitrario, verifica

$$q(x_i) = p_n(x_i) = y_i, \quad i = 0, \ldots, n,$$

por lo que interpola los $n+1$ primeros datos. Para que q sea el polinomio de interpolación p_{n+1} basta entonces con elegir α de manera que se verifique

$$y_{n+1} = p_n(x_{n+1}) + \alpha(x_{n+1} - x_0) \ldots (x_{n+1} - x_n),$$

por lo que el coeficiente α_n que buscamos se obtiene fácilmente despejando α en la anterior igualdad:

$$\alpha_n = \frac{y_{n+1} - p_n(x_{n+1})}{(x_{n+1} - x_0) \ldots (x_{n+1} - x_n)}.$$

Aunque es posible calcular α_n usando esta fórmula, vamos a ver una forma más eficiente para hacerlo de forma recursiva.

Para ello, empezaremos por introducir la siguiente notación para los valores interpolados:

$$y_i = f[x_i], \quad i = 0, \ldots, n.$$

Haciendo uso de ella, tenemos:

$$p_0(x) = f[x_0], \quad \forall x.$$

El polinomio p_1 que interpola los dos primeros datos

$$(x_0, y_0), (x_1, y_1),$$

es:

$$p_1(x) = y_0 + \frac{y_1 - y_0}{x_1 - x_0}(x - x_0),$$

por lo que, claramente,

$$\alpha_0 = \frac{y_1 - y_0}{x_1 - x_0}.$$

Usaremos la notación:

$$f[x_i, x_j] = \frac{f[x_j] - f[x_i]}{x_j - x_i}, \quad i \neq j,$$

para la que es fácil ver que

$$f[x_i, x_j] = f[x_j, x_i].$$

Usando esta notación, p_1 puede escribirse en la forma:

$$p_1(x) = p_0(x) + f[x_0, x_1](x - x_0) = f[x_0] + f[x_0, x_1](x - x_0).$$

Es decir, $\alpha_0 = f[x_0, x_1]$.

Pasemos ahora a p_2. Buscamos α_1 tal que el polinomio p_2 que interpola los tres primeros datos

$$(x_0, y_0), (x_1, y_1), (x_2, y_2)$$

sea igual a

$$p_1(x) + \alpha_1(x - x_0)(x - x_1).$$

Como se ha visto, α_1 ha de ser tal que se verifique:

$$p_1(x_2) + \alpha_1(x_2 - x_0)(x_2 - x_1) = y_2,$$

que, usando la notación introducida, es equivalente a:

$$f[x_0] + f[x_0, x_1](x_2 - x_0) + \alpha_1(x_2 - x_0)(x_2 - x_1) = f[x_2],$$

de donde se deduce:

$$f[x_0, x_1] + \alpha_1(x_2 - x_1) = \frac{f[x_2] - f[x_0]}{x_2 - x_0} = f[x_0, x_2].$$

Despejando, hallamos el valor de α_1:

$$\alpha_1 = \frac{f[x_0, x_2] - f[x_0, x_1]}{x_2 - x_1} = \frac{f[x_0, x_2] - f[x_1, x_0]}{x_2 - x_1}.$$

Si introducimos la siguiente notación:

$$f[x_i, x_j, x_k] = \frac{f[x_j, x_k] - f[x_i, x_j]}{x_k - x_i},$$

entonces
$$\alpha_1 = f[x_1, x_0, x_2].$$

Además:

$$
\begin{aligned}
f[x_1, x_0, x_2] &= \frac{f[x_0, x_2] - f[x_1, x_0]}{x_2 - x_1} \\
&= \frac{1}{x_2 - x_1}\left(\frac{f[x_2] - f[x_0]}{x_2 - x_0} - \frac{f[x_1] - f[x_0]}{x_1 - x_0}\right) \\
&= \frac{1}{x_2 - x_1}\left(\frac{f[x_2] - f[x_1] + f[x_1] - f[x_0]}{x_2 - x_0} - \frac{f[x_1] - f[x_0]}{x_1 - x_0}\right) \\
&= \frac{1}{x_2 - x_1}\left(\frac{f[x_2] - f[x_1]}{x_2 - x_0} + \frac{f[x_1] - f[x_0]}{x_2 - x_0} - \frac{f[x_1] - f[x_0]}{x_1 - x_0}\right) \\
&= \frac{1}{x_2 - x_1}\left(\frac{f[x_2] - f[x_1]}{x_2 - x_0} - (f[x_1] - f[x_0])\left(\frac{1}{x_0 - x_2} + \frac{1}{x_1 - x_0}\right)\right) \\
&= \frac{1}{x_2 - x_1}\left(\frac{f[x_2] - f[x_1]}{x_2 - x_0} - (f[x_1] - f[x_0])\frac{x_1 - x_2}{(x_0 - x_2)(x_1 - x_0)}\right) \\
&= \frac{f[x_2] - f[x_1]}{(x_2 - x_1)(x_2 - x_0)} - \frac{f[x_1] - f[x_0]}{(x_2 - x_0)(x_1 - x_0)} \\
&= \frac{1}{x_2 - x_0}\left(\frac{f[x_2] - f[x_1]}{x_2 - x_1} - \frac{f[x_1] - f[x_0]}{x_1 - x_0}\right) \\
&= \frac{f[x_1, x_2] - f[x_0, x_1]}{x_2 - x_0} \\
&= f[x_0, x_1, x_2].
\end{aligned}
$$

Por tanto, el polinomio de interpolación p_2 puede escribirse como sigue:

$$
\begin{aligned}
p_2(x) &= p_1(x) + f[x_0, x_1, x_2](x - x_0)(x - x_1) \\
&= f[x_0] + f[x_0, x_1](x - x_0) + f[x_0, x_1, x_2](x - x_0)(x - x_1).
\end{aligned}
$$

Todo apunta a pensar que el polinomio p_n podrá escribirse en la forma:

$$
\begin{aligned}
p_n(x) &= p_{n-1}(x) + f[x_0, \ldots, x_n](x - x_0)\ldots(x - x_{n-1}) \\
&= f[x_0] + f[x_0, x_1](x - x_0) + \ldots + f[x_0, \ldots, x_n](x - x_0)\ldots(x - x_{n-1}),
\end{aligned}
$$

donde las expresiones $f[x_0, \ldots, x_i]$ se obtendrían como cocientes en los que el numerador es una diferencia de dos expresiones similares con un punto menos, y el denominador, la diferencia de dos puntos de interpolación. Además, estas expresiones parecen ser independientes del orden de los puntos. En efecto, vamos a ver que esto es así, pero habrá que probarlo…

Empezamos con la siguiente definición:

Definición 3.4.1. Dados $n+1$ pares de datos

$$(x_0, y_0), \ldots, (x_n, y_n), \quad x_i \neq x_j, \text{ si } i \neq j,$$

se definen las **diferencias divididas de orden 0** como sigue:

$$f[x_i] = y_i, \quad i = 0, \ldots, n.$$

Dado un subconjunto de $k+1$ índices distintos dos a dos

$$\{i_0, \ldots, i_k\} \subset \{0, 1, \ldots, n\},$$

se define la **diferencia dividida de orden** k asociada a dicho subconjunto de índices como sigue:

$$f[x_{i_0}, x_{i_1}, \ldots, x_{i_k}] = \frac{f[x_{i_1}, \ldots, x_{i_k}] - f[x_{i_0}, \ldots, x_{i_{k-1}}]}{x_{i_k} - x_{i_0}}.$$

Obsérvese que se trata de una definición recurrente. La f que aparece en la notación de las diferencias divididas no hace alusión a ninguna función: se trata tan solo de una notación. El siguiente resultado da una caracterización de las diferencias divididas que, de hecho, en algunos libros se da como su definición:

Proposición 3.4.1. *Sea p el polinomio que interpola los datos*

$$(x_0, y_0), \ldots (x_n, y_n), \quad x_i \neq x_j, \text{ si } i \neq j.$$

El coeficiente de x^n en p es la diferencia dividida $f[x_0, x_1, \ldots, x_n]$.

Demostración. Vamos a demostrarlo por inducción sobre n. Para $n = 0$ es inmediato: el polinomio que interpola el dato (x_0, y_0) es:

$$p(x) = y_0 = f[x_0],$$

con lo que el coeficiente de $x^0 = 1$ es $f[x_0]$. Para $n = 1$, también: el polinomio que interpola los datos (x_0, y_0) y (x_1, y_1) es:

$$p(x) = f[x_0] + f[x_0, x_1](x - x_0),$$

con lo que el coeficiente de x es $f[x_0, x_1]$. Hacemos ahora la hipótesis de inducción: supongamos cierto que, dados $n+1$ datos cualesquiera, el coeficiente de x^n en el polinomio de interpolación es la diferencia dividida de orden n asociada a los datos. Vamos a probarlo para polinomios de grado menor o igual que $n+1$, es decir, para $n+2$ datos. Dados un conjunto arbitrario de $n + 2$ datos

$$(x_0, y_0), \ldots (x_{n+1}, y_{n+1}), \quad x_i \neq x_j, \text{ si } i \neq j,$$

sea p el polinomio de grado menor o igual que $n + 1$ que los interpola. Consideramos también el polinomio q_1 de grado menor o igual que n que interpola los datos

$$(x_0, y_0), \ldots, (x_n, y_n),$$

así como el polinomio q_2 de grado menor o igual que n que interpola

$$(x_1, y_1), \ldots (x_{n+1}, y_{n+1}).$$

Por la hipótesis de inducción, los coeficientes de x^n en los polinomios q_1 y q_2 son, respectivamente, $f[x_0, \ldots, x_n]$ y $f[x_1, \ldots, x_{n+1}]$. Consideramos ahora el polinomio:

$$\tilde{p}(x) = \frac{(x - x_0)q_2(x) - (x - x_{n+1})q_1(x)}{x_{n+1} - x_0},$$

que es un polinomio de grado menor o igual que $n + 1$, por ser combinación lineal de dos polinomios $(x - x_0)q_2(x)$ y $(x - x_{n+1})q_1(x)$ de grado menor o igual que $n + 1$. Veamos lo que vale $\tilde{p}$ en los puntos x_i, $i = 0, \ldots, n + 1$:

$$\tilde{p}(x_0) = \frac{(x_0 - x_0)q_2(x_0) - (x_0 - x_{n+1})q_1(x_0)}{x_{n+1} - x_0} = q_1(x_0) = y_0,$$

$$\tilde{p}(x_{n+1}) = \frac{(x_{n+1} - x_0)q_2(x_{n+1}) - (x_{n+1} - x_{n+1})q_1(x_{n+1})}{x_{n+1} - x_0} = q_2(x_{n+1}) = y_{n+1},$$

$$\tilde{p}(x_i) = \frac{(x_i - x_0)q_2(x_i) - (x_i - x_{n+1})q_1(x_i)}{x_{n+1} - x_0} =$$

$$= \frac{(x_i - x_0)y_i - (x_i - x_{n+1})y_i}{x_{n+1} - x_0} = y_i, \quad i = 1, \ldots, n.$$

Por tanto, $\tilde{p}$ interpola el conjunto de todos los datos. Por el teorema 3.2.1:

$$p(x) = \tilde{p}(x) = \frac{(x - x_0)q_2(x) - (x - x_{n+1})q_1(x)}{x_{n+1} - x_0}.$$

Si desarrollamos q_2 y q_1 en su expresión como combinaciones de potencias de x^n y usamos la hipótesis de inducción, vemos que el coeficiente de x^{n+1} en la expresión de p es:

$$\frac{f[x_1, \ldots, x_{n+1}] - f[x_0, \ldots, x_n]}{x_{n+1} - x_0} = f[x_0, \ldots, x_{n+1}],$$

como queríamos probar.

$\square$

Esta caracterización permite demostrar la invarianza de las diferencias divididas por permutaciones de forma directa sin necesidad de hacer cuentas engorrosas como las que se han hecho más arriba para comprobar que $f[x_1, x_0, x_2] = f[x_0, x_1, x_2]$:

Proposición 3.4.2. *Las diferencias divididas son invariantes por permutaciones, es decir, dados $n + 1$ datos:*

$$(x_0, y_0), \ldots, (x_n, y_n), \quad x_i \neq x_j \text{ si } i \neq j,$$

y dada una permutación σ del conjunto $\{0, 1, \ldots, n\}$, se tiene la igualdad:

$$f[x_{\sigma(0)}, x_{\sigma(1)}, \ldots, x_{\sigma(n)}] = f[x_0, \ldots, x_n].$$

Demostración. Por la proposición anterior, $f[x_{\sigma(0)}, x_{\sigma(1)}, \ldots, x_{\sigma(n)}]$ es el coeficiente de x^n en el polinomio $\tilde{p}$ que interpola los datos

$$(x_{\sigma(0)}, y_{\sigma(0)}), \ldots, (x_{\sigma(n)}, x_{\sigma(n)}),$$

y $f[x_0, \ldots, x_n]$ es el coeficiente de x^n en el polinomio p que interpola los datos

$$(x_0, y_0), \ldots, (x_n, y_n).$$

Pero, claramente, $\tilde{p} = p$, ya que, dado $i \in \{0, \ldots, n\}$, se tiene:

$$\tilde{p}(x_i) = \tilde{p}(x_{\sigma(j)}) = y_{\sigma(j)} = y_i,$$

siendo $j = \sigma^{-1}(i)$. La igualdad de p y de $\tilde{p}$ y, por tanto, de los coeficientes de x^n en ambos polinomios, se deduce de la unicidad del polinomio de interpolación.

$\square$

Ya tenemos todos los ingredientes para demostrar que, en efecto, los α_n que buscábamos son las diferencias divididas:

Teorema 3.4.3. *Dado un conjunto de $n + 1$ datos*

$$(x_0, y_0), \ldots, (x_n, y_n), \quad x_i \neq x_j, \text{ si } i \neq j,$$

el polinomio que los interpola admite la siguiente expresión:

$$\begin{aligned}
p_n(x) = {} & f[x_0] + f[x_0, x_1](x - x_0) + \ldots \\
& + f[x_0, \ldots, x_i](x - x_0) \ldots (x - x_{i-1}) + \ldots \qquad (3.4.7) \\
& + f[x_0, \ldots, x_n](x - x_0) \ldots (x - x_{n-1}).
\end{aligned}$$

Demostración. Razonaremos nuevamente por inducción sobre n. Para $n = 0$ y $n = 1$, ya hemos visto que el polinomio puede escribirse en la forma (3.4.7). Supongámoslo cierto para polinomios que interpolan $n + 1$ datos y vamos a probarlo para polinomios que interpolan $n + 2$. Hemos visto más arriba que existe α_n tal que

$$p_{n+1}(x) = p_n(x) + \alpha_n(x - x_0)(x - x_1)\ldots(x - x_n),$$

siendo p_n el polinomio de grado menor o igual que n que interpola los $n + 1$ primeros datos. Claramente, en esta expresión de p_{n+1}, se ve que el coeficiente de x^{n+1} es α_n, ya que en p_n la mayor potencia de x que puede aparecer es x^n. Por tanto, la proposición 3.4.1 nos permite afirmar que:

$$\alpha_n = f[x_0, \ldots, x_{n+1}].$$

Usando la hipótesis de inducción:

$$
\begin{aligned}
p_{n+1}(x) &= p_n(x) + f[x_0, \ldots, x_{n+1}](x - x_0)(x - x_1)\ldots(x - x_n) \\
&= f[x_0] + f[x_0, x_1](x - x_0) + \ldots \\
&\quad + f[x_0, \ldots, x_i](x - x_0)\ldots(x - x_{i-1}) + \ldots \\
&\quad + f[x_0, \ldots, x_n](x - x_0)\ldots(x - x_{n-1}) \\
&\quad + f[x_0, \ldots, x_{n+1}](x - x_0)\ldots(x - x_n),
\end{aligned}
$$

como queríamos demostrar.

$\square$

Definición 3.4.2. Se denomina **forma de Newton del polinomio de interpolación** a la expresión (3.4.7).

Para calcular un polinomio de interpolación usando la forma de Newton es necesario calcular las diferencias divididas. Ahora bien, dado un conjunto de $n + 1$ datos

$$(x_0, y_0), \ldots, (x_n, y_n), \quad x_i \neq x_j, \text{ si } i \neq j,$$

hay, en principio, muchas diferencias divididas posibles: para ser más exactos, $2^n - 1$. No obstante, para calcular el polinomio de interpolación no es necesario conocerlas todas, sino que basta con calcular las que aparecen en la siguiente tabla:

Nodos	orden 0	orden 1	orden 2	...	orden $n-1$	orden n
x_0	$f[x_0]$					
		$f[x_0, x_1]$				
x_1	$f[x_1]$		$f[x_0, x_1, x_2]$			
		$f[x_1, x_2]$				
x_2	$f[x_2]$		$f[x_1, x_2, x_3]$	$\ddots$		
					$f[x_0, \ldots, x_{n-1}]$	
$\vdots$	$\vdots$	$\vdots$	$\vdots$			$f[x_0, \ldots, x_n]$
				$\ddots$	$f[x_1, \ldots, x_n]$	
x_{n-1}	$f[x_{n-1}]$		$f[x_{n-2}, x_{n-1}, x_n]$			
		$f[x_{n-1}, x_n]$				
x_n	$f[x_n]$					

$$(3.4.8)$$

Vemos que son solo $(n+1)(n+2)/2$. Nótese que cada diferencia dividida de orden mayor que 0 de las que aparecen en la tabla se calcula usando las de la columna precedente que quedan por encima y por debajo. Las diferencias divididas que aparecen en la expresión del polinomio de interpolación son las que quedan en la primera diagonal descendente.

Veamos un ejemplo: vamos a recalcular el polinomio que interpola los puntos

$$(0, 1), (1, 2), (2, -1), (3, 0)$$

usando la forma de Newton. En primer lugar, calculamos la tabla de diferencias divididas:

Nodos	orden 0	orden 1	orden 2	orden 3
0	1			
		1		
1	2		-2	
		-3		$4/3$
2	-1		2	
		1		
3	0			

El polinomio de interpolación es entonces:

$$p(x) = 1 + x - 2x(x-1) + \frac{4}{3}x(x-1)(x-2),$$

que coincide con (3.3.5). Si se nos da un nuevo punto para interpolar, como, por ejemplo,

$$(-1, 4),$$

basta con añadir una diagonal a la tabla de diferencias divididas:

Nodos	orden 0	orden 1	orden 2	orden 3	orden 4
0	1				
		1			
1	2		-2		
		-3		$4/3$	
2	-1		2		$2/3$
		1		$2/3$	
3	0		$2/3$		
		-1			
-1	4				

El polinomio que interpola los cinco datos es, en consecuencia:

$$\tilde{p}(x) = 1 + x - 2x(x-1) + \frac{4}{3}x(x-1)(x-2) + \frac{2}{3}x(x-1)(x-2)(x-3).$$

(Véase la figura 3.8). Como puede observarse en este último ejemplo, para aplicar la forma de Newton no es necesario que los puntos de interpolación estén ordenados de forma monótona.

3.5. Comparación de los distintos métodos de cálculo del polinomio de interpolación

Hemos visto tres formas de calcular el polinomio de interpolación de Lagrange: el método de coeficientes indeterminados, la forma de Lagrange y la forma de Newton. Vamos ahora a comparar estas tres formas atendiendo al número de operaciones necesarias para calcular el polinomio y para evaluarlo en un punto.

3.5.1. Método de coeficientes indeterminados

Como ya se ha comentado, el cálculo de los coeficientes $a_0, \ldots, a_n$ del polinomio es costoso, puesto que exige la resolución de un sistema de $n + 1$

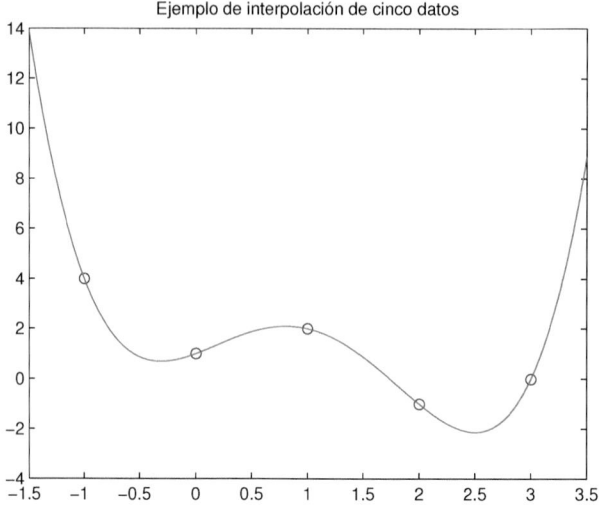

Figura 3.8. Polinomio que interpola los puntos $(0,1), (1,2), (2,-1), (3,0), (-1,4)$.

ecuaciones y $n+1$ incógnitas, cosa que no sucede en las otras dos formas. El número de operaciones depende de la forma en la que se resuelva el sistema.

No obstante, una vez calculados los coeficientes, la evaluación del polinomio se puede hacer con pocas operaciones. En efecto, una vez conocido el polinomio,

$$p(x) = a_0 + a_1 x + a_2 x^2 + \ldots + a_n x^n,$$

si se quiere evaluar en un punto x, en el primer sumando no hay que hacer ninguna operación; en el segundo, un producto: $a_1 \cdot x$; en el tercero, dos productos: $a_1 \cdot x \cdot x$; en el cuarto, tres: $a_2 \cdot x \cdot x \cdot x$; ...; en el $(n+1)$-ésimo, n productos: $a_n \cdot x \cdot x \cdot \ldots \cdot x$. En total:

$$1 + 2 + \ldots + n = \frac{n(n+1)}{2}$$

productos. Una vez calculados los sumandos, hay que hacer n sumas. Por tanto, el número total de operaciones es:

$$\frac{n(n+1)}{2} + n.$$

Ahora bien, este número dista de ser óptimo: se puede evaluar el polinomio con menos operaciones. Una primera forma de reducir el número de operaciones es guardar el valor de cada potencia de x que se vaya calculando. En ese caso, en el primer sumando, no hay que hacer ninguna operación; en el segundo, un producto: $a_1 \cdot x$; en el tercero, dos productos: uno para calcular $x^2 = x \cdot x$ y otro para calcular $a_1 \cdot x^2$; en el cuarto, dos: uno para calcular $x^3 = x \cdot x^2$ y otro para calcular $a_2 \cdot x^3$; ...; en el $(n+1)$-ésimo, dos productos: uno para calcular $x^n = x \cdot x^{n-1}$ y otro para calcular $a_n \cdot x^n$. En total:

$$1 + 2 + \ldots + 2 = 2(n-1) + 1 = 2n - 1$$

productos. Una vez calculados los sumandos, hay que hacer n sumas. Por tanto, el número total de operaciones es:

$$3n - 1.$$

Pero este tampoco es el número óptimo: hay una forma de evaluar el polinomio con menos operaciones. Veámoslo con un ejemplo: queremos evaluar el polinomio de grado 4:

$$p(x) = a_0 + a_1 x + a_2 x^2 + a_3 x^3 + a_4 x^4.$$

Para ello, sacamos factor común x tantas veces como sea posible:

$$
\begin{aligned}
p(x) &= a_0 + x(a_1 + a_2 x + a_3 x^2 + a_4 x^3) \\
&= a_0 + x(a_1 + x(a_2 + a_3 x + a_4 x^2)) \\
&= a_0 + x(a_1 + x(a_2 + x(a_3 + a_4 x))) \\
&= a_0 + x(a_1 + x(a_2 + x(a_3 + x(a_4)))).
\end{aligned}
$$

Y ahora empezamos a evaluar los paréntesis desde el más interno al más externo. Representando por c_i el valor del i-ésimo paréntesis (ordenados de más externo a más interno), tenemos:

$$
\begin{aligned}
c_4 &= a_4, \\
c_3 &= a_3 + x \cdot c_4, \\
c_2 &= a_2 + x \cdot c_3, \\
c_1 &= a_1 + x \cdot c_2, \\
c_0 &= a_0 + x \cdot c_1 = p(x).
\end{aligned}
$$

Obsérvese que, en cada etapa, se utiliza el valor del paréntesis calculado en la etapa anterior.

Esta forma de evaluar es válida para polinomios de cualquier grado; para evaluar

$$p(x) = a_0 + a_1 x + a_2 x^2 + a_3 x^3 + \ldots + a_n x^n$$

en x, habrá que hacer las siguientes operaciones:

$$\begin{aligned}
c_n &= a_n, \\
c_{n-1} &= a_{n-1} + x \cdot c_n, \\
&\vdots \\
c_1 &= a_1 + x \cdot c_2, \\
c_0 &= a_0 + x \cdot c_1 = p(x),
\end{aligned}$$

o, en forma de algoritmo:

- $c_n = a_n$;

- Para k variando desde $n - 1$ hasta 0:

  - $c_k = a_k + x \cdot c_{k+1}$;

- Anterior k;

- $p(x) = c_0$.

Esta forma de evaluar un polinomio en un punto se denomina **algoritmo de Horner.** Como en cada etapa es necesario hacer un producto y una suma, el total de operaciones es $2n$, que es el número óptimo de operaciones para evaluar un polinomio de grado n en un punto.

Otra forma de introducir el algoritmo de Horner es la siguiente: si queremos evaluar el polinomio

$$p(x) = a_0 + a_1 x + a_2 x^2 + a_3 x^3 + \ldots + a_n x^n$$

en un punto $\bar{x}$, empezamos por dividir el polinomio p por el monomio $x - \bar{x}$, lo que nos dará un cociente q, que es un polinomio de grado menor o igual que $n - 1$, y un resto r, que es un polinomio de grado 0, es decir, un número real, de forma que

$$p(x) = q(x)(x - \bar{x}) + r.$$

Evaluando la anterior igualdad en $\bar{x}$, obtenemos que

$$p(\bar{x}) = r.$$

En consecuencia, el valor del polinomio en $\bar{x}$ coincide con el resto de dividir p por $x - \bar{x}$. Para calcular este resto podemos utilizar la regla de Ruffini:

$$
\begin{array}{c|ccccc}
& a_n & a_{n-1} & \cdots & a_1 & a_0 \\
\bar{x} & & \bar{x} \cdot c_n & \cdots & \bar{x} \cdot c_2 & \bar{x} \cdot c_1 \\
\hline
& c_n & c_{n-1} & \cdots & c_1 & c_0
\end{array}
$$

Obsérvese que los números $c_n, \ldots, c_0$ que aparecen en la fila de abajo se calculan exactamente igual que los que aparecen en las etapas del algoritmo de Horner. El último de estos números proporciona el resto y, por tanto, el valor del polinomio: se trata pues del algoritmo de Horner reinterpretado.

3.5.2. Forma de Lagrange

Si evaluamos el polinomio de interpolación usando la fórmula

$$
p(x) = \sum_{i=0}^{n} y_i l_i(x),
$$

en primer lugar, es necesario evaluar cada polinomio de base en x:

$$
l_i(x) = \frac{(x - x_0) \ldots \overbrace{(x - x_i)} \ldots (x - x_n)}{(x_i - x_0) \ldots \overbrace{(x_i - x_i)} \ldots (x_i - x_n)},
$$

lo que implica:

- $2n$ diferencias;

- $2n - 2$ productos;

- 1 división;

lo que da un total de $4n - 1$ operaciones para evaluar cada polinomio de base en x. Como hay $n + 1$ polinomios, tenemos $(n + 1)(4n - 1)$ operaciones para evaluar $l_i(x)$, $i = 0, \ldots, n$. Una vez calculados estos valores, hay que multiplicarlos por el dato y_i correspondiente, lo que implica $n + 1$ productos. Finalmente, hay que sumar el resultado de estos $n + 1$ productos, lo que añade n sumas al total de operaciones. En resumen, el número de operaciones total para evaluar $p(x)$ es:

$$
(n + 1)(4n - 1) + n + 1 + n = 4n^2 + 5n.
$$

Si quisiéramos evaluar el polinomio en un nuevo punto $\bar{x}$, las únicas operaciones que se repiten son el cálculo de los denominadores de los polinomios de base, que solo dependen de los puntos de interpolación, pero no del punto donde se evalúan. Si se almacenan dichos denominadores, podemos ahorrar n diferencias y $n - 1$ productos en la evaluación de cada uno de los polinomios de base. En ese caso, el total de operaciones para una nueva evaluación es de:

$$4n^2 + 5n - (n + 1)(2n - 1) = 2n^2 + 4n + 1.$$

3.5.3.   Forma de Newton

Si evaluamos el polinomio usando la forma de Newton (3.4.7), en primer lugar, hay que calcular las diferencias divididas de la tabla (3.4.8). El cálculo de cada diferencia dividida de orden mayor o igual que 1 conlleva tres operaciones: dos diferencias y una división. Obsérvese que hay que calcular n de orden 1, $n - 1$ de orden 2, ..., $n - k$ de orden $k + 1$, ..., 2 de orden $n - 1$ y 1 de orden n, es decir:

$$n + (n - 1) + \ldots + 2 + 1 = \frac{n(n + 1)}{2}$$

diferencias divididas, lo que da un total de

$$3\frac{n(n + 1)}{2}$$

operaciones.

Una vez calculadas las diferencias divididas, es necesario evaluar el polinomio. Para ello, se puede adaptar la idea del algoritmo de Horner. Veámoslo con un ejemplo: queremos evaluar el polinomio

$$
\begin{aligned}
p(x) = {} & f[x_0] + f[x_0, x_1](x - x_0) + f[x_0, x_1, x_2](x - x_0)(x - x_1) \\
& + f[x_0, x_1, x_2, x_3](x - x_0)(x - x_1)(x - x_2).
\end{aligned}
$$

Para ello, sacamos factor común los factores $(x - x_i)$ tantas veces como sea posible:

$$p(x) = f[x_0] + (x - x_0)\big(f[x_0, x_1] + f[x_0, x_1, x_2](x - x_1)$$
$$+ f[x_0, x_1, x_2, x_3](x - x_1)(x - x_2)\big)$$
$$= f[x_0] + (x - x_0)\big(f[x_0, x_1] + (x - x_1)\big(f[x_0, x_1, x_2]$$
$$+ f[x_0, x_1, x_2, x_3](x - x_2)\big)\big)$$
$$= f[x_0] + (x - x_0)\big(f[x_0, x_1] + (x - x_1)\big(f[x_0, x_1, x_2]$$
$$+ (x - x_2)(f[x_0, x_1, x_2, x_3])\big)\big)$$

Y ahora empezamos a evaluar los paréntesis desde el más interno al más externo. Representando por c_i el valor del i-ésimo paréntesis (ordenados de más externo a más interno), tenemos:

$$\begin{aligned}
c_3 &= f[x_0, x_1, x_2, x_3], \\
c_2 &= f[x_0, x_1, x_2] + (x - x_2) \cdot c_3, \\
c_1 &= f[x_0, x_1] + (x - x_1) \cdot c_2, \\
c_0 &= f[x_0] + (x - x_0) \cdot c_1 = p(x).
\end{aligned}$$

Esta forma de evaluar es válida para polinomios de cualquier grado; para evaluar

$$p(x) = f[x_0] + f[x_0, x_1](x - x_0) + \ldots + f[x_0, x_1, \ldots, x_n](x - x_0) \ldots (x - x_{n-1}),$$

se obtiene el algoritmo de Horner modificado:

- $c_n = f[x_0, x_1, \ldots, x_n]$;

- Para k variando desde $n - 1$ hasta 0:

  - $c_k = f[x_0, x_1, \ldots, x_k] + (x - x_k) \cdot c_{k+1}$;

- Anterior k;

- $p(x) = c_0$.

En cada etapa del algoritmo hay que hacer tres operaciones (una diferencia, un producto, una suma) y hay n etapas, con lo que el número total de operaciones es $3n$.

Si queremos evaluar el polinomio en un nuevo punto, no es necesario volver a calcular las diferencias divididas si estas han sido almacenadas, por lo que una nueva evaluación se reduce a $3n$ operaciones.

3.5.4. Comparación

En los anteriores epígrafes se ha visto que el número de operaciones del cálculo del polinomio en las distintas formas o el coste de una nueva evaluación tiene la forma de un polinomio en la variable n (grado del polinomio). Si se va a evaluar un polinomio de grado bajo en pocos puntos, la diferencia en el número de operaciones es irrelevante. Sin embargo, las diferencias son notables en las siguientes circunstancias:

- si hay que calcular polinomios de un grado muy alto;

- si hay que calcular muchos polinomios de interpolación;

- si hay que evaluar polinomios de interpolación en muchos puntos.

En estos casos, el término que domina en la fórmula del número de operaciones es el que lleva la mayor potencia de n, que es el que se suele retener. Por ejemplo, el término relevante en el número de operaciones necesarias para el cálculo y la evaluación del primer punto usando la forma de Newton es $3n^2/2$: se dice entonces que el número de operaciones necesarias es del orden de $3n^2/2$ y se escribe $O(3n^2/2)$. Estos términos dominantes son los que se suelen usar para comparar el número de operaciones necesarias para resolver un mismo problema usando distintos algoritmos, que es lo que se denomina **complejidad algorítmica.** Por ejemplo, el número de operaciones necesarias para resolver un sistema lineal de n ecuaciones y n incógnitas usando el método de eliminación de Gauss (que suele ser una de las formas más eficientes de resolverlo) es $O(2n^3/3)$.

Podemos así comparar los números de operaciones de las distintas formas vistas de calcular el polinomio de interpolación:

Método	Cálculo y primera evaluación	Siguientes
Coeficientes indeterminados	$O(2n^3/3)$	$O(2n)$
Forma de Lagrange	$O(4n^2)$	$O(2n^2)$
Forma de Newton	$O(3n^2/2)$	$O(3n)$

Se ve entonces que el número menor de operaciones para el cálculo del polinomio lo ofrece la forma de Newton, mientras que el menor para su evaluación lo ofrece el método de coeficientes indeterminados. No obstante, el elevado número de operaciones necesarias para el cálculo de los coeficientes hace que, en general, sea ventajoso usar la forma de Newton. Supongamos, por ejemplo, que tenemos que calcular un polinomio de interpolación de grado 10: el número de operaciones necesarias para calcular el polinomio de interpolación sería del orden de 667 si se usa el método de coeficientes indeterminados, de 400 si se usa la forma de Lagrange y de 150 si se usa la forma de Newton. Una nueva evaluación costaría unas 20 operaciones para el primer método, 200 para el segundo y 30 para el tercero. El número de evaluaciones que hace rentable el coste del cálculo del polinomio mediante el método de los coeficientes indeterminados ha de ser al menos 52. Pero aun así este método presenta el inconveniente del mal condicionamiento del sistema matricial: errores relativos pequeños en los datos pueden proporcionar errores relativos grandes en los coeficientes.

En lo que se refiere al mal condicionamiento, es necesario señalar que la interpolación de puntos muy próximos o la evaluación del polinomio en puntos muy próximos a alguno de los puntos de interpolación pueden producir aumentos de errores relativos debido al fenómeno de la cancelación: tanto si se usa la forma de Lagrange como la de Newton, hay que calcular diferencias de puntos de interpolación y diferencias entre el punto donde se evalúa y los puntos de interpolación. No obstante, si se usan las formas de Lagrange o de Newton, el aumento de errores relativos solo aparece en estas situaciones, mientras que en el método de los coeficientes indeterminados afecta al cálculo de los coeficientes del polinomio, por lo que todos los puntos en los que se evalúe el polinomio pueden estar afectados por errores grandes.

Señalemos finalmente que la forma de Newton tiene la ventaja adicional de la flexibilidad a la hora de añadir un nuevo punto de interpolación o de suprimir el último. Puede parecer que la forma de Lagrange no tiene ninguna ventaja práctica, lo que puede llevar a preguntarse cuál es la utilidad de su estudio. Sin embargo, veremos en el próximo capítulo que dicha forma tiene importancia teórica y práctica en muchas aplicaciones de la interpolación.

3.6. Error de interpolación

Hasta ahora, hemos estudiado la interpolación como el problema de encontrar un polinomio cuya gráfica pase por $n + 1$ puntos del plano. En este epígrafe vamos a aplicar la interpolación para obtener aproximaciones de una función: los puntos que hay que interpolar serán ahora $n+1$ puntos de la gráfica de una función f y se desea saber si el polinomio que pasa por dichos puntos es una aproximación razonable de la función. La intuición dice que, cuanto mayor sea el número de puntos, mejor debería ser la aproximación de la función

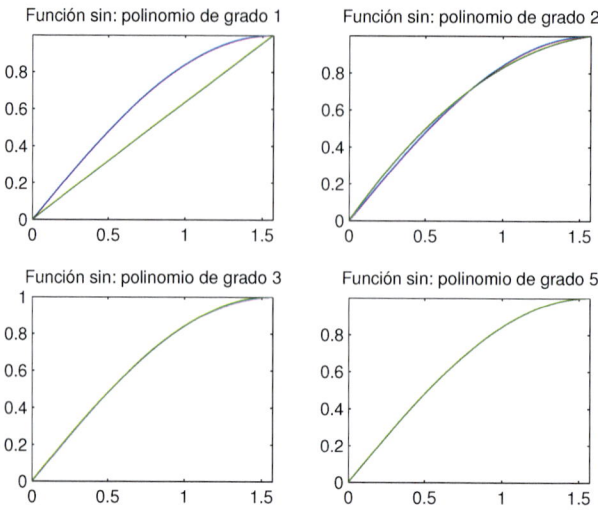

Figura 3.9. Interpolación de la función seno en $[0, \pi/2]$.

proporcionada por el polinomio de interpolación. Pero la intuición a veces falla...

Veamos tres ejemplos:

- Consideramos la función seno en el intervalo $[0, \pi/2]$ y la aproximamos por los polinomios que interpolan sus valores en $n+1$ puntos igualmente espaciados del dominio, esto es, consideramos el polinomio p_n que interpola los puntos:

$$(x_0, \operatorname{sen}(x_0)), (x_1, \operatorname{sen}(x_1)), \ldots, (x_n, \operatorname{sen}(x_n)),$$

siendo

$$x_k = \frac{k\pi}{2n}, \quad k = 0, \ldots, n.$$

En la figura 3.9 se comparan la gráfica de la función seno y la de los polinomios p_n para algunos valores de n. Como puede verse, la sucesión de polinomios parece converger en algún sentido a la función.

- Consideramos la función exponencial en el intervalo $[0, 1]$ y la aproximamos por los polinomios que interpolan sus valores en $n + 1$ puntos

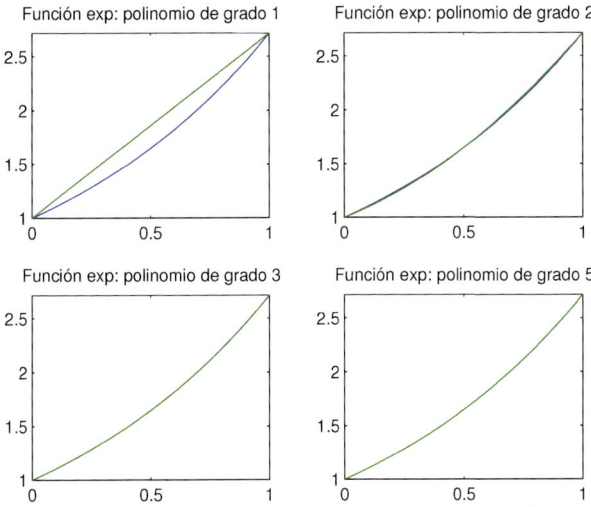

Figura 3.10. Interpolación de la función exponencial en $[0, 1]$.

igualmente espaciados del dominio, esto es, consideramos el polinomio p_n que interpola los puntos:

$$(x_0, e^{x_0}), (x_1, e^{x_1}), \ldots, (x_n, e^{x_n}),$$

siendo

$$x_k = \frac{k}{n}, \quad k = 0, \ldots, n.$$

En la figura 3.10 se comparan la gráfica de la función exponencial y la
de los polinomios p_n para algunos valores de n. Como puede verse, la
sucesión de polinomios parece converger nuevamente en algún sentido
a la función: de hecho, las gráficas casi se confunden ya para grado 5.

- **Ejemplo de Runge.** Consideramos ahora la función $f : [-5, 5] \mapsto \mathbb{R}$
  definida por

$$f(x) = \frac{1}{1 + x^2}, \tag{3.6.9}$$

y la aproximamos por los polinomios que interpolan sus valores en
$n + 1$ puntos igualmente espaciados del dominio, esto es, consideramos el polinomio p_n que interpola los puntos:

$$\left(x_0, \frac{1}{1 + x_0^2}\right), \left(x_1, \frac{1}{1 + x_1^2}\right), \ldots, \left(x_n, \frac{1}{1 + x_n^2}\right),$$

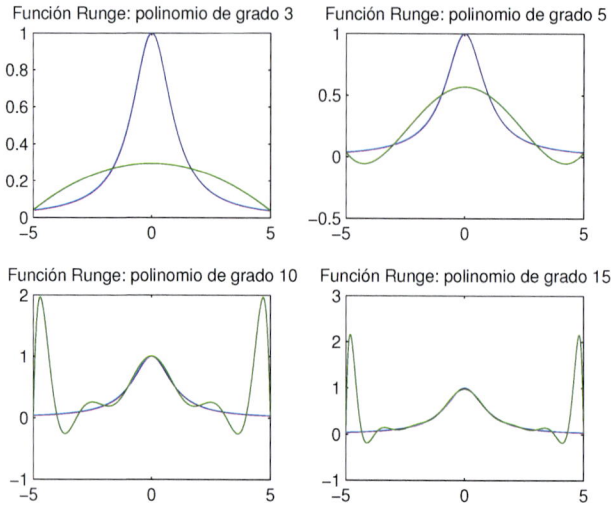

Figura 3.11. Interpolación de la función $f(x) = 1/(1+x^2)$ en $[-5, 5]$.

siendo

$$x_k = -5 + \frac{10k}{n}, \quad k = 0, \dots, n.$$

En la figura 3.11 se comparan la gráfica de la función y la de los polinomios p_n para algunos valores de n. Como puede verse, las gráficas de los polinomios se van aproximando cada vez mejor a la de la función en el centro del intervalo, pero la aproximación es cada vez peor cerca de sus extremos. Runge demostró que los valores de los polinomios en un punto no convergen hacia los de la función fuera del intervalo $(-3'6, 3'6)$.

En esta sección vamos a estudiar fórmulas y cotas del error que se comete cuando se aproxima una función por un polinomio que interpola $n+1$ puntos de su gráfica.

3.6.1. Fórmula de error

El teorema del valor medio proporciona una fórmula para el error que se comete cuando se aproxima una función por el polinomio que interpola un único dato. En efecto, sea $f : [a, b] \mapsto \mathbb{R}$ una función de clase $\mathcal{C}^1([a, b])$. Sea p_0 el polinomio de grado 0 que interpola el dato

$$(x_0, f(x_0)),$$

siendo x_0 un punto del intervalo $[a, b]$, es decir,

$$p_0(x) = f(x_0), \quad \forall x.$$

Dado un punto $x \in [a, b]$, el error de interpolación es:

$$e_0(x) = f(x) - p_0(x) = f(x) - f(x_0).$$

Si aplicamos a f el teorema del valor medio en $[x, x_0]$ o en $[x_0, x]$ (según cuál de los dos números sea mayor), deducimos que existe $\xi \in (\text{mín}(x, x_0), \text{máx}(x, x_0))$ tal que

$$e_0(x) = f(x) - f(x_0) = f'(\xi)(x - x_0).$$

Vamos a ver que esta fórmula de error se puede extender a polinomios de interpolación de cualquier grado. Para ello, vamos a probar, en primer lugar, el siguiente resultado que relaciona diferencias divididas con derivadas sucesivas:

Proposición 3.6.1. *Sea $f : [a, b] \mapsto \mathbb{R}$ una función de clase $\mathcal{C}^n([a, b])$. Dados $x_0, x_1, \ldots, x_n \in [a, b]$ distintos dos a dos, existe*

$$\xi \in \left(\text{mín}(x_0, \ldots, x_n), \text{máx}(x_0, \ldots, x_n)\right)$$

tal que

$$f[x_0, \ldots, x_n] = \frac{f^{(n)}(\xi)}{n!}.$$

Demostración. Antes de empezar la demostración, obsérvese que, para diferencias de grado 0, el resultado es trivial, ya que, por definición,

$$f[x_0] = f(x_0),$$

luego basta tomar $\xi = x_0$ (adoptaremos por convenio que la derivada de orden 0 de una función es la propia función sin derivar). Y, para diferencias de grado 1, el resultado es consecuencia, nuevamente, del teorema del valor medio, ya que

$$f[x_0, x_1] = \frac{f(x_1) - f(x_0)}{x_1 - x_0} = f'(\xi),$$

siendo $\xi \in (\text{mín}(x_0, x_1), \text{máx}(x_0, x_1))$ el punto dado por dicho teorema para la función f aplicada al intervalo $[x_0, x_1]$ o $[x_1, x_0]$. En este sentido, también esta proposición puede ser interpretada como una generalización del teorema del valor medio.

Vamos ahora a la demostración general. Dados $x_0, \ldots, x_n \in [a, b]$ distintos dos a dos, construimos el polinomio p de grado menor o igual que n que interpola los datos

$$(x_0, f(x_0)), \ldots, (x_n, f(x_n)),$$

y a continuación definimos la función $F : [a, b] \mapsto \mathbb{R}$ dada por

$$F(x) = f(x) - p(x), \quad x \in [a, b].$$

Claramente, la función F es de clase $\mathcal{C}^n([a, b])$ y tiene al menos $n + 1$ ceros distintos, ya que

$$F(x_i) = f(x_i) - p(x_i) = f(x_i) - f(x_i) = 0, \quad i = 0, \ldots, n.$$

Ahora bien, por el teorema de Rolle, F' tiene un cero entre cada dos ceros de F. Y como F tiene al menos $n + 1$, F' tendrá al menos n ceros distintos dos a dos:

$$x_i^1 \in \big(\text{mín}(x_0, \ldots, x_n), \text{máx}(x_0, \ldots, x_n)\big), \quad i = 0, \ldots, n - 1.$$

Aplicando ahora el teorema de Rolle a F', deducimos que F'' ha de tener un cero entre cada dos de F', lo que nos lleva a afirmar que F'' tiene al menos $n - 1$ ceros:

$$x_i^2 \in \big(\text{mín}(x_0^1, \ldots, x_{n-1}^1), \text{máx}(x_0^1, \ldots, x_{n-1}^1)\big), \quad i = 0, \ldots, n - 2.$$

Reiterando el argumento, llegamos a que $F^{(n)}$ tiene al menos un cero $x_0^n \in (x_0^{n-1}, x_1^{n-1})$. Además, obsérvese que todos los ceros de las derivadas sucesivas de F que se han ido hallando estaban contenidos en intervalos contenidos en el de la etapa anterior. Deducimos, en consecuencia, que $x_0^n \in \big(\text{mín}(x_0, \ldots, x_n), \text{máx}(x_0, \ldots, x_n)\big)$. Por otro lado,

$$0 = F^{(n)}(x_0^n) = f^{(n)}(x_0^n) - p^{(n)}(x_0^n).$$

Pero p es un polinomio de grado menor o igual que n, por lo que su derivada es constante e igual al producto de $n!$ por el coeficiente de x^n, que, por la proposición 3.6.1, sabemos que coincide con la diferencia dividida $f[x_0, \ldots, x_n]$. Obtenemos, por tanto:

$$0 = F^{(n)}(x_0^n) = f^{(n)}(x_0^n) - n! f[x_0, \ldots, x_n],$$

es decir,

$$f[x_0, \ldots, x_n] = \frac{f^{(n)}(x_0^n)}{n!}.$$

En consecuencia, x_0^n es el punto ξ que buscábamos.

$\square$

Proposición 3.6.2. *Sea $f : [a, b] \mapsto \mathbb{R}$. Sean $x_0, x_1, \ldots, x_n \in [a, b]$ distintos dos a dos y p_n el polinomio de grado menor o igual que n que interpola*

$$(x_0, f(x_0)), \ldots, (x_n, f(x_n)).$$

Dado $x^* \in [a, b]$, se tiene la igualdad:

$$f(x^*) - p(x^*) = f[x_0, \ldots, x_n, x^*](x^* - x_0) \ldots (x^* - x_n).$$

Demostración. Sea q el polinomio de grado menor o igual que $n + 1$ que interpola los datos

$$(x_0, f(x_0)), \ldots, (x_n, f(x_n)), (x^*, f(x^*)).$$

Por el teorema 3.4.3, sabemos que:

$$q(x) = p(x) + f[x_0, \ldots, x_n, x^*](x - x_0) \ldots (x - x_n).$$

En particular:

$$q(x^*) = p(x^*) + f[x_0, \ldots, x_n, x^*](x^* - x_0) \ldots (x^* - x_n).$$

Por otro lado, como q interpola el punto $(x^*, f(x^*))$, tenemos que:

$$f(x^*) - p(x^*) = q(x^*) - p(x^*) = f[x_0, \ldots, x_n, x^*](x^* - x_0) \ldots (x^* - x_n),$$

como queríamos demostrar.

$\square$

Ahora podemos ya obtener el resultado principal de este epígrafe, cuya demostración es trivial usando las dos proposiciones anteriores:

Teorema 3.6.3. *Sea $f : [a, b] \mapsto \mathbb{R}$ una función de clase $\mathcal{C}^{n+1}([a, b])$. Sean $x_0, x_1, \ldots, x_n \in [a, b]$ distintos dos a dos y p_n el polinomio de grado menor o igual que n que interpola*

$$(x_0, f(x_0)), \ldots, (x_n, f(x_n)).$$

Dado $x \in [a, b]$, existe $\xi_x \in \left(\text{mín}(x_0, \ldots, x_n, x), \text{máx}(x_0, \ldots, x_n, x)\right)$ tal que el error de interpolación admite la siguiente expresión:

$$e_n(x) = f(x) - p_n(x) = \frac{f^{(n+1)}(\xi_x)}{(n+1)!}(x - x_0) \ldots (x - x_n).$$

3.6.2. Cotas de error

Sea $f : [a, b] \mapsto \mathbb{R}$ una función de clase $C^{n+1}([a, b])$. Sean $x_0, x_1, \ldots, x_n \in [a, b]$ distintos dos a dos y p_n el polinomio de grado menor o igual que n que interpola

$$(x_0, f(x_0)), \ldots, (x_n, f(x_n))$$

y sea:

$$M_{n+1} = \max_{x \in [a,b]} |f^{(n+1)}(x)|.$$

Del teorema anterior se deduce la siguiente cota para el error de interpolación:

$$|e_n(x)| \leq \frac{M_{n+1}}{(n+1)!}|(x - x_0)\ldots(x - x_n)|, \quad \forall x \in [a, b]. \qquad (3.6.10)$$

Para obtener una cota uniforme (independiente de x) basta tener en cuenta que

$$|x - x_i| \leq b - a, \quad \forall x \in [a, b], \quad i = 0, \ldots, n.$$

Se deduce así la cota uniforme:

$$|e_n(x)| \leq \frac{M_{n+1}}{(n+1)!}(b - a)^{n+1}, \quad \forall x \in [a, b]. \qquad (3.6.11)$$

En algunos casos particulares, se puede mejorar esta cota uniforme. Supongamos, por ejemplo, que $f : [a, b] \mapsto \mathbb{R}$ es una función de clase $C^1([a, b])$. Sea p_0 el polinomio de grado 0 que interpola

$$\left(\frac{a + b}{2}, f\left(\frac{a + b}{2}\right)\right).$$

La cota (3.6.10) se escribe como sigue:

$$|e_0(x)| \leq M_1 \left|x - \frac{a + b}{2}\right|, \quad \forall x \in [a, b].$$

Como la distancia de un punto al centro del intervalo es menor o igual que la mitad de la longitud del intervalo, se tiene la desigualdad

$$\left|x - \frac{a + b}{2}\right| \leq \frac{b - a}{2},$$

de donde se deduce la cota:

$$|e_0(x)| \leq \frac{M_1}{2}(b - a), \quad \forall x \in [a, b], \qquad (3.6.12)$$

que es dos veces más pequeña que la cota general encontrada.

Supongamos a continuación que $f : [a, b] \mapsto \mathbb{R}$ es una función de clase $\mathcal{C}^2([a, b])$ y sea p_1 el polinomio de grado menor o igual que 1 que interpola

$$(a, f(a)), (b, f(b)).$$

La cota (3.6.10) se escribe ahora como sigue:

$$|e_1(x)| \le \frac{M_2}{2} g(x), \quad \forall x \in [a, b],$$

siendo $g : [a, b] \mapsto \mathbb{R}$ la función dada por

$$g(x) = |(x - a)(x - b)| = (x - a)(b - x).$$

Un estudio elemental de la función g muestra que alcanza el máximo en $x = (a + b)/2$. Por tanto:

$$g(x) \le g\left(\frac{a + b}{2}\right) = \frac{(b - a)^2}{4}, \quad \forall x \in [a, b].$$

Se deduce así la cota:

$$|e_1(x)| \le \frac{M_2}{8}(b - a)^2, \quad \forall x \in [a, b], \tag{3.6.13}$$

que es cuatro veces más pequeña que la cota general encontrada.

Veamos un último ejemplo: sea $f : [a, b] \mapsto \mathbb{R}$ una función de clase $\mathcal{C}^3([a, b])$ y p_2 el polinomio de grado menor o igual que 2 que interpola

$$(a, f(a)), \left(\frac{a + b}{2}, f\left(\frac{a + b}{2}\right)\right), (b, f(b)).$$

La cota (3.6.10) se escribe ahora como sigue:

$$|e_2(x)| \le \frac{M_3}{6}|g(x)|, \quad \forall x \in [a, b],$$

siendo ahora $g : [a, b] \mapsto \mathbb{R}$ la función dada por:

$$g(x) = (x - a)\left(x - \frac{a + b}{2}\right)(x - b).$$

Su derivada

$$g'(x) = 3x^2 - (3a + 3b)x + \frac{a^2}{2} + 2ab + \frac{b^2}{2}$$

se anula en

$$m_1 = a + \left(\frac{1}{2} - \frac{1}{\sqrt{3}}\right)(b-a), \quad m_2 = a + \left(\frac{1}{2} + \frac{1}{\sqrt{3}}\right)(b-a).$$

Se comprueba que g es creciente en $[a, m_1]$, decreciente en $[m_1, m_2]$ y creciente en $[m_2, b]$ y, además,

$$g(a) = 0, \ g(m_1) = \frac{1}{12\sqrt{3}}(b-a)^3, \ g(m_2) = -\frac{1}{12\sqrt{3}}(b-a)^3, \ g(b) = 0.$$

Es decir, m_1 y m_2 son los extremos de la función y se tiene, por tanto, que

$$-\frac{1}{12\sqrt{3}}(b-a)^3 \leq g(x) \leq \frac{1}{12\sqrt{3}}(b-a)^3, \quad \forall x \in [a, b],$$

o, equivalentemente,

$$|g(x)| \leq \frac{1}{12\sqrt{3}}(b-a)^3, \quad \forall x \in [a, b].$$

Usando esta cota en (3.6.10), obtenemos la cota uniforme:

$$|e_2(x)| \leq \frac{M_3}{72\sqrt{3}}(b-a)^3. \tag{3.6.14}$$

Vamos a aplicar estas cotas de error a los dos primeros ejemplos vistos al principio de esta sección:

- En el caso de la función seno en el intervalo $[0, \pi/2]$, como todas sus derivadas sucesivas son $\pm\operatorname{sen}(x)$ o $\pm\cos(x)$, es fácil ver que

  $$M_n = 1, \quad \forall n.$$

  Por tanto, tenemos la siguiente cota de error para el polinomio p_n que interpola al seno en $n+1$ puntos equidistantes que incluyen a los extremos del intervalo:

  $$|e_n(x)| \leq \frac{\pi^{n+1}}{2^{n+1}(n+1)!}, \quad \forall x \in [0, \pi/2], \quad n = 1, 2, \ldots$$

  En los casos particulares $n = 1$ y $n = 2$, se puede refinar la cota como hemos visto:

  $$|e_1(x)| \leq \frac{\pi^2}{32} \leq 0'3085, \quad \forall x \in [0, \pi/2];$$

  $$|e_2(x)| \leq \frac{\pi^3}{8 \cdot 72\sqrt{3}} \leq 0'0311, \quad \forall x \in [0, \pi/2].$$

- En el segundo ejemplo, como las derivadas sucesivas de la exponencial son la propia exponencial, tenemos que

$$M_n = e, \quad \forall n.$$

Por tanto, tenemos la siguiente cota de error para el polinomio p_n que interpola a la función exponencial en $n + 1$ puntos equidistantes que incluyen a los extremos del intervalo:

$$|e_n(x)| \leq \frac{e}{(n+1)!}, \quad \forall x \in [0,1], \quad n = 1, 2, \ldots$$

En los casos particulares $n = 1$ y $n = 2$, se puede refinar nuevamente la cota como hemos visto:

$$|e_1(x)| \leq \frac{e}{8} \leq 0'3398, \quad \forall x \in [0,1];$$

$$|e_2(x)| \leq \frac{e}{72\sqrt{3}} \leq 0'0218, \quad \forall x \in [0,1].$$

3.6.3. Convergencia de los polinomios de interpolación

A la vista de las cotas de error obtenidas, ¿qué puede deducirse de la convergencia de los polinomios que interpolan cada vez más puntos de la gráfica de una función? Para responder a esta pregunta, en primer lugar, hay que definir la convergencia de una sucesión de funciones. De hecho, existen diferentes formas de definir qué se entiende por una sucesión de funciones convergente. Damos aquí dos definiciones básicas:

Definición 3.6.1. Se dice que una sucesión de funciones $f_n : I \mapsto \mathbb{R}$ definidas en un intervalo $I \subset \mathbb{R}$ **converge puntualmente** hacia una función $f : I \mapsto \mathbb{R}$ si

$$\lim_{n \to \infty} f_n(x) = f(x), \quad \forall x \in I.$$

Definición 3.6.2. Se dice que una sucesión de funciones $f_n : I \mapsto \mathbb{R}$ definidas en un intervalo $I \subset \mathbb{R}$ **converge uniformemente** hacia una función $f : I \mapsto \mathbb{R}$ si las funciones $f - f_n$ están acotadas en I para todo n y se verifica:

$$\lim_{n \to \infty} \sup_{x \in I} |f(x) - f_n(x)| = 0.$$

Es muy fácil comprobar que la convergencia uniforme implica la puntual, aunque el recíproco no es cierto. Es posible ilustrar la diferencia entre los dos tipos de convergencia como sigue: si consideramos una banda de ancho 2ε centrada en la gráfica de f, la convergencia puntual quiere decir que, para cada $x \in I$, existe un N_x (que puede variar de un punto a otro) tal que $f_n(x)$ permanece en dicha banda para todo $n \geq N_x$. La convergencia uniforme quiere decir que existirá un N a partir del cual las gráficas completas de las funciones f_n estarán dentro de la banda considerada para todo $n \geq N$.

Se tiene el siguiente resultado:

Proposición 3.6.4. *Sea $f : [a, b] \mapsto \mathbb{R}$ una función de clase $\mathcal{C}^\infty([a, b])$ y sea $\{p_n\}$ una sucesión de polinomios que interpolan $n + 1$ puntos de la gráfica de f. Si las derivadas sucesivas de f están uniformemente acotadas, es decir, si existe $M > 0$ tal que*

$$|f^{(k)}(x)| \leq M, \quad \forall x \in [a, b], \quad k = 0, 1, 2 \ldots,$$

entonces la sucesión de polinomios interpolantes converge uniformemente (y, por tanto, puntualmente) hacia f.

Demostración. Como $M_n \leq M$ para todo n, de (3.6.11) se deduce que

$$|f(x) - p_n(x)| \leq \frac{M}{(n + 1)!}(b - a)^{n+1}, \quad \forall x \in [a, b].$$

Las funciones $f - p_n$ son continuas en $[a, b]$ y, por tanto, acotadas. Tomando supremos en la anterior desigualdad obtenemos:

$$\sup_{x \in [a,b]} |f(x) - p_n(x)| \leq \frac{M}{(n + 1)!}(b - a)^{n+1}, \quad n = 0, 1, 2 \ldots$$

(De hecho, podríamos haber puesto el máximo en vez del supremo, ya que las funciones son continuas). Si vemos que la sucesión numérica dada por

$$\alpha_n = \frac{M}{n!}(b - a)^n$$

converge a 0, aplicando el criterio de comparación, tendríamos que

$$\lim_{n \to \infty} \sup_{x \in [a,b]} |f(x) - p_n(x)| = 0,$$

que es lo que queremos probar. Para ver que $\{\alpha_n\}$ converge hacia 0, aplicamos el criterio del cociente:

$$\lim_{n\to\infty} \frac{\alpha_{n+1}}{\alpha_n} = \lim_{n\to\infty} \frac{M(b-a)^{n+1}n!}{M(b-a)^n(n+1)!} = \lim_{n\to\infty} \frac{b-a}{n+1} = 0,$$

lo que concluye la demostración.

$\square$

Este resultado nos permite concluir que las sucesiones de polinomios consideradas en los ejemplos 1 y 2 (para el seno y la exponencial) convergen hacia dichas funciones. No obstante, cuando no se cumplen las hipótesis del teorema, es decir, si la función no es infinitas veces derivable o si las derivadas sucesivas no están acotadas uniformemente, puede que una sucesión de polinomios que interpolan cada vez más puntos de la gráfica de una función no converja hacia la misma: este es el caso del ejemplo de Runge.

3.7. Interpolación polinómica a trozos

La estrategia adecuada para obtener sucesiones de funciones interpolantes que converjan a una función, aunque no satisfaga las hipótesis de la proposición 3.6.4, viene dada por la denominada interpolación a trozos. La idea es la siguiente: dada una función $f : [a, b] \mapsto \mathbb{R}$, tomamos una partición

$$\mathcal{P} = \{x_0, x_1, \ldots, x_n\}$$

del intervalo $[a, b]$, es decir, un conjunto de $n+1$ puntos del intervalo tales que

$$x_0 = a < x_1 < \ldots < x_n = b.$$

Representaremos por h al máximo de las longitudes de los subintervalos:

$$h = \max_{i=0,\ldots,n-1} (x_{i+1} - x_i).$$

En cada subintervalo $[x_i, x_{i+1}]$ elegimos $k + 1$ puntos ordenados distintos dos a dos:

$$x_0^i, x_1^i, \ldots, x_k^i \in [x_i, x_{i+1}].$$

Construimos el polinomio de interpolación p_i^k de grado menor o igual que k que interpola los datos

$$(x_0^i, f(x_0^i)), (x_1^i, f(x_1^i)), \ldots, (x_k^i, f(x_k^i)).$$

Finalmente, aproximamos f mediante una función P_h^k cuya restricción al interior de cada subintervalo coincida con el polinomio de interpolación p_i^k, es decir:

$$P_h^k\big|_{(x_i,x_{i+1})} = p_i^k, \quad i = 0, \ldots, n-1.$$

Obtenemos así funciones que son polinomios de interpolación en los interiores de los subintervalos. Es posible que no se pueda definir P_h^k en los extremos de manera que la función sea continua, ya que

$$\lim_{x \to x_i^-} P_h^k(x) = p_{i-1}^k(x_i), \quad \lim_{x \to x_i^+} P_h^k(x) = p_i^k(x_i),$$

y no hay razón para esperar en general que

$$p_{i-1}^k(x_i) = p_i^k(x_i).$$

Para fijar un criterio, supondremos que

$$P_h^k(x_0) = p_0^k(x_0), \quad P_h^k(x_i) = p_{i-1}^k(x_i), \quad i = 1, \ldots, n,$$

es decir, definimos la función P_h^k en cada punto de la partición como el valor del polinomio interpolador calculado a su izquierda, salvo en $x_0 = a$, donde esto no tiene sentido. Por supuesto, se trata de una elección arbitraria y, del mismo modo, hubiéramos podido tomar el valor a la derecha (salvo en el último).

Aunque en general P_h^k tendrá discontinuidades de salto en los x_i, $i = 1, \ldots, n-1$, hay una importante excepción: si, en cada subintervalo $[x_i, x_{i+1}]$, los extremos están entre los puntos de interpolación elegidos $x_0^i, \ldots, x_k^i$, es decir, si

$$x_0^i = x_i, \quad x_k^i = x_{i+1}, \quad i = 0, \ldots, n-1,$$

entonces p_h^k es continua: en efecto, en ese caso, para cada $i \in \{1, \ldots, n-1\}$, se tiene que

$$\lim_{x \to x_i^-} P_h^k(x) = p_{i-1}^k(x_i) = p_{i-1}^k(x_k^{i-1}) = f(x_k^{i-1}) = f(x_i),$$

$$\lim_{x \to x_i^+} P_h^k(x) = p_i^k(x_i) = p_i^k(x_0^i) = f(x_0^i) = f(x_i),$$

con lo que la función es continua.

Si la estrategia seguida para aproximar una función $f \in \mathcal{C}^{k+1}([a,b])$ es fijar el grado del polinomio k y refinar la partición, es decir, hacer tender h

hacia 0, entonces las funciones interpolantes P_h^k convergen uniformemente hacia f. Para demostrarlo, vamos a obtener en primer lugar una cota uniforme del error: dado $x \in [a,b]$, existe un índice $i \in \{0, 1, \ldots, n-1\}$ tal que $P_h^k(x) = p_i^k(x)$. Usando las cotas de error vistas para polinomios de interporación de grado menor o igual que k, se tiene que:

$$|f(x) - P_h^k(x)| = |f(x) - p_i^k(x)| \leq \frac{M_{k+1}^i (x_{i+1} - x_i)^{k+1}}{(k+1)!},$$

donde

$$M_{k+1}^i = \max_{x \in [x_i, x_{i+1}]} |f^{(k+1)}(x)|.$$

Claramente,

$$M_{k+1}^i \leq M_{k+1} = \max_{x \in [a,b]} |f^{(k+1)}(x)|,$$

de donde deducimos la cota uniforme:

$$|f(x) - P_h^k(x)| \leq \frac{M_{k+1} h^{k+1}}{(k+1)!}.$$

Tomando supremos:

$$\sup_{x \in [a,b]} |f(x) - P_h^k(x)| \leq \frac{M_{k+1} h^{k+1}}{(k+1)!}.$$

Como la cota tiende a 0 cuando h tiende a 0, deducimos que $\{P_h^k\}$ converge uniformemente hacia f cuando h tiende a 0.

En el caso particular de una partición equidistante, se tiene:

$$h = \frac{b-a}{n},$$

siendo n el número de subintervalos. Representaremos por P_n^k la función interpoladora, que es un polinomio de grado menor o igual que k en cada subintervalo. La cota uniforme del error se puede escribir en este caso como sigue:

$$\sup_{x \in [a,b]} |f(x) - P_n^k(x)| \leq \frac{M_{k+1}(b-a)^{k+1}}{(k+1)! \, n^{k+1}},$$

y la cota tiende a 0 cuando n tiende a infinito.

En la figura 3.12 se compara la gráfica de la función (3.6.9) con las de las funciones P_n^1, $n = 5, 10, 15, 20$. Puede apreciarse cómo las gráficas de las funciones lineales a trozos van convergiendo hacia la de la función, a diferencia de lo que ocurría cuando considerábamos polinomios de interpolación de grado cada vez mayor.

Veamos a continuación algunos ejemplos concretos de interpolación a trozos.

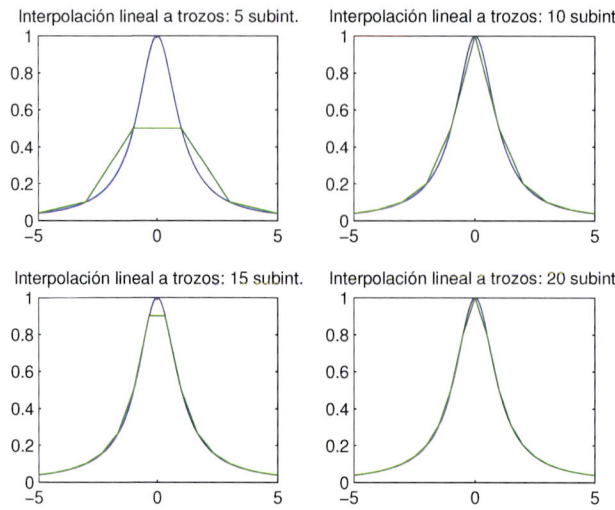

Figura 3.12. Interpolación lineal a trozos de la función $f(x) = 1/(1+x^2)$ en $[-5, 5]$.

3.7.1. Interpolación constante a trozos

Sea $f : [a, b] \mapsto \mathbb{R}$ de clase $\mathcal{C}^1([a, b])$. Tomamos una partición equidistante con n subintervalos. En cada subintervalo $[x_i, x_{i+1}]$ elegimos un punto x_0^i y consideramos el polinomio p_i^0 que interpola

$$(x_0^i, f(x_0^i)),$$

es decir,

$$p_i^0(x) = f(x_0^i),$$

y consideramos la función aproximante

$$P_n^0(x) = \begin{cases} f(x_0^0) & \text{si } x = a, \\ f(x_0^i) & \text{si } x \in (x_i, x_{i+1}], \end{cases} \quad i = 0, \ldots, n-1.$$

Tenemos entonces la cota de error:

$$|f(x) - P_n^0(x)| \leq \frac{M_1(b - a)}{n}.$$

Además, si el punto elegido para interpolar es el punto medio:

$$x_0^i = \frac{x_i + x_{i+1}}{2},$$

usando la mejora de la cota estudiada en el epígrafe 3.6.2, tendríamos:

$$|f(x) - P_n^0(x)| \leq \frac{M_1(b-a)}{2n}.$$

Supongamos, por ejemplo, que queremos aproximar la función exponencial en el intervalo $[0,1]$ mediante interpolación polinómica a trozos en particiones equidistantes usando el punto medio de cada intervalo como punto de interpolación. ¿Cuántos subintervalos serían necesarios para asegurar un error de interpolación menor que $1/2 \cdot 10^{-6}$ en todos los puntos? En este caso, tenemos la cota de error:

$$|f(x) - P_n^0(x)| \leq \frac{e}{2n}.$$

Habría que tomar n lo suficientemente grande para asegurar que

$$\frac{e}{2n} \leq \frac{1}{2}10^{-6},$$

es decir,

$$n \geq e10^6.$$

Harían falta, pues, 2.718.282 subintervalos.

3.7.2. Interpolación lineal a trozos

Sea $f : [a,b] \mapsto \mathbb{R}$ de clase $C^2([a,b])$. Tomamos una partición equidistante con n subintervalos. En cada subintervalo $[x_i, x_{i+1}]$ elegimos dos puntos x_0^i, x_1^i y consideramos el polinomio p_i^1 que interpola

$$(x_0^i, f(x_0^i)), \ (x_1^i, f(x_1^i)),$$

es decir,

$$p_i^1(x) = f[x_0^i] + f[x_0^i, x_1^i](x - x_0^i),$$

y consideramos la función aproximante

$$P_n^1(x) = \begin{cases} p_0^1(x_0) & \text{si } x = x_0, \\ p_i^1(x) & \text{si } x \in (x_i, x_{i+1}], \end{cases} \quad i = 0, \ldots, n-1.$$

Tenemos entonces la cota de error:

$$|f(x) - P_n^1(x)| \leq \frac{M_2(b-a)^2}{2n^2}.$$

Además, si los puntos elegidos para interpolar son los extremos del intervalo:

$$x_0^i = x_i, \quad x_1^i = x_{i+1},$$

P_n^1 es continua y, usando la mejora de la cota estudiada en el epígrafe 3.6.2, tenemos:

$$|f(x) - P_n^1(x)| \le \frac{M_2(b-a)^2}{8n^2}.$$

Supongamos, por ejemplo, que queremos aproximar la función exponencial en el intervalo $[0, 1]$ mediante interpolación lineal a trozos en particiones equidistantes, usando los extremos de cada subintervalo como puntos de interpolación. ¿Cuántos subintervalos serían necesarios para asegurar un error de interpolación menor que $1/2 \cdot 10^{-6}$ en todos los puntos? En este caso, tenemos la cota de error:

$$|f(x) - P_n^1(x)| \le \frac{e}{8n^2}.$$

Habría que tomar n lo suficientemente grande para asegurar que

$$\frac{e}{8n^2} \le \frac{1}{2} 10^{-6},$$

es decir,

$$n \ge \frac{\sqrt{e 10^6}}{2}.$$

Harían falta 825 subintervalos.

3.7.3. Interpolación cuadrática a trozos

Sea $f : [a, b] \mapsto \mathbb{R}$ de clase $\mathcal{C}^3([a, b])$. Tomamos una partición equidistante con n subintervalos. En cada subintervalo $[x_i, x_{i+1}]$ elegimos tres puntos x_0^i, x_1^i, x_2^i y consideramos el polinomio p_i^2 que interpola

$$(x_0^i, f(x_0^i)), \ (x_1^i, f(x_1^i)), \ (x_2^i, f(x_2^i)),$$

es decir,

$$p_i^2(x) = f[x_0^i] + f[x_0^i, x_1^i](x - x_0^i) + f[x_0^i, x_1^i, x_2^i](x - x_0^i)(x - x_1^i),$$

y consideramos la función aproximante

$$P_n^2(x) = \begin{cases} p_0^2(x_0) & \text{si } x = x_0, \\ p_i^2(x) & \text{si } x \in (x_i, x_{i+1}], \end{cases} \quad i = 0, \dots, n-1.$$

Tenemos entonces la cota de error:

$$|f(x) - P_n^2(x)| \leq \frac{M_3(b-a)^3}{6n^3}.$$

Además, si los puntos elegidos para interpolar son los extremos del intervalo y el punto medio:

$$x_0^i = x_i, \quad x_1^i = \frac{x_i + x_{i+1}}{2}, \quad x_2^i = x_{i+1},$$

P_n^2 es continua y, usando la mejora de la cota estudiada en el epígrafe 3.6.2, tenemos:

$$|f(x) - P_n^2(x)| \leq \frac{M_3(b-a)^3}{72\sqrt{3}n^3}.$$

Supongamos, por ejemplo, que queremos aproximar la función exponencial en el intervalo $[0, 1]$ mediante interpolación cuadrática a trozos en particiones equidistantes usando los extremos y el punto medio de cada subintervalo como puntos de interpolación. Nos preguntamos de nuevo cuántos subintervalos serían necesarios para asegurar un error de interpolación menor que $1/2 \cdot 10^{-6}$ en todos los puntos. En este caso, tenemos la cota de error:

$$|f(x) - P_n^2(x)| \leq \frac{e}{72\sqrt{3}n^3}.$$

Habría que tomar n lo suficientemente grande para asegurar que

$$\frac{e}{72\sqrt{3}n^3} \leq \frac{1}{2}10^{-6},$$

es decir,

$$n \geq \left(\frac{e10^6}{36\sqrt{3}}\right)^{\frac{1}{3}}.$$

Harían falta 36 subintervalos. Se aprecia cómo un aumento en el grado k permite obtener una determinada precisión con particiones menos finas.

3.8. Interpolación polinómica de Hermite

El problema de **interpolación de Hermite** es el siguiente: dados $n+1$ puntos distintos dos a dos $x_0, \ldots, x_n$ y dados los siguientes datos:

$$y_0^0, \ldots, y_{k_0}^0, y_0^1, \ldots, y_{k_1}^1, \ldots, y_0^n, \ldots, y_{k_n}^n,$$

siendo $k_0, \ldots, k_n$ enteros positivos, se debe encontrar un polinomio p que verifique:

$$p^{(l)}(x_j) = y_l^j, \quad l = 0, \ldots, k_j, \quad j = 0, \ldots, n,$$

donde nuevamente se usa el convenio $p^{(0)}(x) = p(x)$. Es decir, ahora, en vez de imponerse solo el valor del polinomio en cada punto x_j, se impone también el de sus k_j primeras derivadas. En conjunto se imponen $N + 1$ condiciones al polinomio que se busca, siendo

$$N = n + k_0 + k_1 + \ldots + k_n.$$

Se puede demostrar, aunque no lo vamos a hacer (consúltese [13] para un estudio más detallado de la interpolación de Hermite), que existe un único polinomio de grado N que satisface todas las condiciones requeridas.

La interpolación de Hermite contiene como casos particulares a la de Lagrange y a la de Taylor: si $k_j = 0$ para todo j, recuperamos el problema de interpolación de Lagrange. Por otro lado, si $n = 0$, es decir, si solo hay un punto y se busca el polinomio cuyas derivadas verifican

$$p^{(l)}(x_0) = y_l^0, \quad l = 0, \ldots, k_0,$$

se habla de **interpolación de Taylor**. Es fácil comprobar que, en ese caso, el polinomio buscado es el polinomio de Taylor:

$$p(x) = \sum_{l=0}^{k_0} \frac{y_l^0}{l!}(x - x_0)^l.$$

El cálculo del polinomio interpolador de Hermite puede realizarse con los mismos métodos que el de Lagrange: coeficientes indeterminados, forma de Lagrange o forma de Newton. La expresión de los polinomios de base en este caso se complica considerablemente y no la vamos a abordar. Veamos, sin demostración, cómo calcular el polinomio usando la forma de Newton.

Como en el caso de la interpolación de Lagrange, el primer paso es calcular la tabla de diferencias divididas. En este caso, en la primera columna, en vez de haber $n + 1$ puntos, como en el caso de Lagrange, habrá $N + 1$ puntos $z_0, \ldots, z_N$, que se obtienen repitiendo tantas veces cada punto como condiciones se impongan al polinomio en él, es decir:

$$
\begin{aligned}
z_i &= x_0, & i &= 0, \ldots, k_0, \\
z_i &= x_1, & i &= k_0 + 1, \ldots, k_0 + k_1 + 1, \\
&\;\;\vdots \\
z_i &= x_j, & i &= k_0 + \ldots + k_{j-1} + j, \ldots, k_0 + \ldots + k_j + j, \\
&\;\;\vdots \\
z_i &= x_n, & i &= k_0 + \ldots + k_{n-1} + n, \ldots, k_0 + \ldots + k_n + n = N.
\end{aligned}
$$

En la segunda columna, se pone el valor que se le pide al polinomio en z_j, tal como se hace para la interpolación de Lagrange, es decir:

$$
\begin{aligned}
f[z_i] &= y_0^0, & i &= 0, \ldots, k_0, \\
f[z_i] &= y_0^1, & i &= k_0 + 1, \ldots, k_0 + k_1 + 1, \\
&\;\;\vdots \\
f[z_i] &= y_0^j, & i &= k_0 + \ldots + k_{j-1} + j, \ldots, k_0 + \ldots + k_j + j, \\
&\;\;\vdots \\
f[z_i] &= y_0^n, & i &= k_0 + \ldots + k_{n-1} + n, \ldots, k_0 + \ldots + k_n + n = N.
\end{aligned}
$$

A partir de la segunda columna, se intenta aplicar la fórmula ya conocida para el cálculo de las diferencias divididas:

$$
f[z_{i_0}, z_{i_1}, \ldots, z_{i_k}] = \frac{f[z_{i_1}, \ldots, z_{i_k}] - f[z_{i_0}, \ldots, z_{i_{k-1}}]}{z_{i_k} - z_{i_0}},
$$

pero ahora, al haber puntos repetidos en la primera columna, puede que aparezca un 0 en el denominador. Si no ocurre así, es decir, si $z_{i_0} \neq z_{i_k}$, se aplica la fórmula usual. Pero, si ambos puntos coinciden, es decir, si existe j tal que $z_{i_0} = z_{i_k} = x_j$, entonces definiremos la diferencia dividida como sigue:

$$
f[z_{i_0}, z_{i_1}, \ldots, z_{i_k}] = \frac{y_j^k}{k!}.
$$

Una vez calculada la tabla de diferencias divididas, la forma del polinomio es la misma que la encontrada para el caso de interpolación de Lagrange:

$$
p(x) = \sum_{i=0}^{N} f[z_0, \ldots, z_i](x - z_0) \ldots (x - z_{i-1}).
$$

Veámoslo con un ejemplo: dados los puntos $x_0 = 0$, $x_1 = 1$, $x_2 = 2$, se nos pide encontrar el polinomio p tal que:

$$p(0) = 0, \ p'(0) = 1,$$
$$p(1) = 1, \ p'(1) = 0, \ p''(1) = 0,$$
$$p(2) = 0.$$

Usando la notación general, tenemos:

$$k_0 = 1, \ k_1 = 2, \ k_3 = 0,$$

$$y_0^0 = 0, \ y_1^0 = 0, \ y_0^1 = 1, \ y_1^1 = 1, \ y_2^1 = 0, \ y_0^2 = 0.$$

Empezamos por hacer la tabla de diferencias divididas:

Nodos	orden 0	orden 1	orden 2	orden 3	orden 4	orden 5
0	0					
		1				
0	0		0			
		1		-1		
1	1		-1		2	
		0		1		$-3/2$
1	1		0		-1	
		0		-1		
1	1		-1			
		-1				
2	0					

El polinomio buscado es (véase la figura 3.13):

$$p(x) = x - x^2(x-1) + 2x^2(x-1)^2 - \frac{3}{2}x^2(x-1)^3.$$

Cuando los datos interpolados son los valores de las derivadas de una función suficientemente regular, es decir, cuando

$$y_j^l = f^{(l)}(x_j), \quad l = 0, \dots, k_j, \quad j = 0, \dots, n,$$

se obtienen fórmulas de error similares a las obtenidas para la interpolación de Lagrange: si $f \in \mathcal{C}^{N+1}([a,b])$, dado x, existe:

$$\xi \in \left(\text{mín}(x_0, \dots, x_n, x), \text{máx}(x_0, \dots, x_n, x)\right)$$

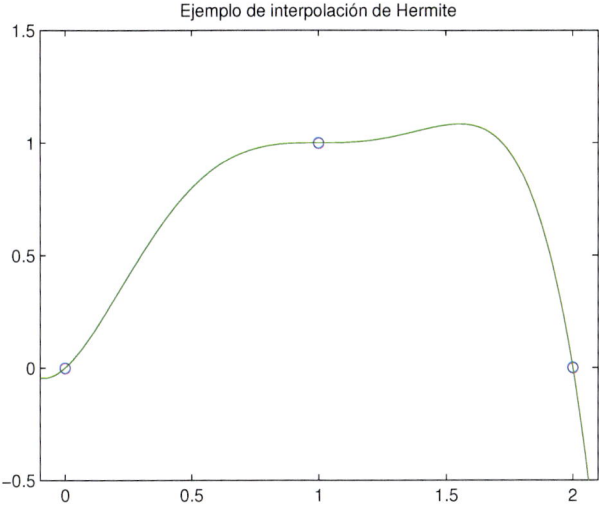

Figura 3.13. Ejemplo de interpolación de Hermite.

tal que

$$f(x) - p(x) = \frac{f^{(N+1)}(\xi)}{(N+1)!}(x-x_0)^{k_0+1}\ldots(x-x_n)^{k_n+1}.$$

Si $k_0 = \ldots = k_n = 0$, obtenemos la fórmula de error hallada para la interpolación de Lagrange y, si $n = 0$, recuperamos la fórmula de error del polinomio de Taylor:

$$f(x) - p(x) = \frac{f^{(k_0+1)}(\xi)}{(k_0+1)!}(x-x_0)^{k_0+1}.$$

Cuando se aproxima una función mediante interpolación a trozos se puede conseguir, como hemos visto, que la función aproximante sea continua eligiendo convenientemente los puntos de interpolación en cada subintervalo. Lo que no es posible es asegurar que las funciones aproximantes sean además derivables o que tengan derivadas superiores en los puntos de la partición, ya que en la interpolación de Lagrange no se tiene ningún control sobre las derivadas de los polinomios. Sin embargo, se puede aproximar una función mediante una familia de funciones polinómicas a trozos que, además, sean derivables en todo el intervalo recurriendo a la interpolación de Hermite.

Por ejemplo, supongamos que, dada una función $f : [a, b] \mapsto \mathbb{R}$ suficientemente regular y dada una partición $\mathcal{P} = \{x_0, \ldots, x_n\}$, queremos encontrar una función P de clase $\mathcal{C}^1([a, b])$ polinómica en cada subintervalo de la partición tal que

$$P(x_i) = f(x_i), \quad i = 0, \ldots, n.$$

Para ello podemos considerar, para cada $i = 0, \ldots, n-1$, el polinomio de interpolación de Hermite p_i que verifica:

$$p_i(x_i) = f(x_i), \ p_i'(x_i) = f'(x_i), \ p_i(x_{i+1}) = f(x_{i+1}), \ p_i'(x_{i+1}) = f'(x_{i+1}).$$

Como se imponen cuatro condiciones, p_i es un polinomio de grado menor o igual que 3. A continuación definimos la función $P : [a, b] \mapsto \mathbb{R}$ cuya restricción a $[x_i, x_{i+1}]$ coincide con p_i:

$$P(x) = p_i(x), \quad \forall x \in [x_i, x_{i+1}], \quad i = 0, \ldots, n-1.$$

Esta función verifica todos los requisitos que se solicitaban.

3.9. Interpolación de tipo *spline*

Hemos visto que la interpolación de Hermite permite construir aproximaciones de una función que sean derivables y polinómicas a trozos interpolando los valores de la función y los de su derivada en los puntos de la partición. Otra posibilidad consiste en pedir que los polinomios de interpolación considerados en cada subintervalo "peguen" con el grado de continuidad y derivabilidad que se desea pero sin exigirles que sus derivadas coincidan con las de la función que hay que aproximar: este es el principio de la interpolación de tipo ***spline***. *Spline* es un término inglés que designa una regla flexible que se utilizaba en diseño para dibujar curvas: este tipo de interpolación juega un papel similar en el diseño asistido por ordenador.

Vamos a estudiar el caso particular de la interpolación *spline* cúbica, que es muy usada en la práctica (para el estudio de *splines* de grado superior remitimos al lector a [13]). El problema es el siguiente: dada una partición $\mathcal{P} = \{x_0, \ldots, x_N\}$ de un intervalo $[a, b]$ y dados $N + 1$ valores $y_0, \ldots, y_N$, hay que encontrar una función P de clase $\mathcal{C}^2([a, b])$ tal que

$$P(x_i) = y_i, \quad i = 0, \ldots, N,$$

y cuya restricción a cada subintervalo $[x_i, x_{i+1}]$ sea un polinomio de grado menor o igual que 3.

Obsérvese que no se pide nada sobre los valores de la derivada primera o segunda de P: solo se pide que existan en todo punto.

Veamos un ejemplo: se pide encontrar una función $P \in \mathcal{C}^2([-1,1])$ cuyas restricciones a los intervalos $[-1,0]$ y $[0,1]$ sean polinomios de grado 3 y que verifique que

$$P(-1) = 13, \quad P(0) = 7, \quad P(1) = 9.$$

La función P ha de ser de la forma:

$$P(x) = \begin{cases} p_0(x), & -1 \leq x \leq 0, \\ p_1(x), & 0 \leq x \leq 1, \end{cases}$$

siendo p_0 y p_1 dos polinomios de grado 3, es decir:

$$\begin{aligned} p_0(x) &= a_0^0 + a_1^0 x + a_2^0 x^2 + a_3^0 x^3, \\ p_1(x) &= a_0^1 + a_1^1 x + a_2^1 x^2 + a_3^1 x^3. \end{aligned}$$

Tenemos que determinar entonces 8 coeficientes, $a_0^0, \ldots, a_3^0, a_0^1, \ldots, a_3^1$, para definir P.

Para que P interpole los valores que se nos piden y sea continua tiene que ocurrir:

$$\begin{aligned} p_0(-1) &= a_0^0 - a_1^0 x + a_2^0 - a_3^0 = 13, \\ p_0(0) &= a_0^0 = 7, \\ p_1(0) &= a_0^1 = 7, \\ p_1(1) &= a_0^1 + a_1^1 + a_2^1 + a_3^1 = 9. \end{aligned}$$

Obsérvese que, como P es continua en $[-1,0)$ y en $(0,1]$, la segunda y tercera ecuación obtenidas aseguran la continuidad de P en $x = 0$ y, por tanto, en todo el intervalo, ya que:

$$\lim_{x \to 0^-} P(x) = p_0(0) = 7 = p_1(0) = \lim_{x \to 0^+} P(x).$$

Como P es derivable en $[-1,0)$ y en $(0,1]$, para que lo sea en todo el intervalo, basta con ajustar los coeficientes para que la derivada por la izquierda y por la derecha en $x = 0$ coincidan, es decir:

$$P'_-(0) = p'_0(0) = a_1^0 = a_1^1 = p'_1(0) = P'_+(0).$$

Por último, como P es dos veces derivable en $[-1,0)$ y en $(0,1]$, para que sea dos veces derivable en todo el intervalo, basta con ajustar los coeficientes para que la derivada segunda por la izquierda y por la derecha en $x = 0$ coincidan, es decir:

$$P''_-(0) = p''_0(0) = 2a_2^0 = 2a_2^1 = p''_1(0) = P''_+(0).$$

Hemos obtenido entonces 6 ecuaciones:

$$\begin{aligned}
a_0^0 - a_1^0 + a_2^0 - a_3^0 &= 13, \\
a_0^0 &= 7, \\
a_0^1 &= 7, \\
a_0^1 + a_1^1 + a_2^1 + a_3^1 &= 9, \\
a_1^0 &= a_1^1, \\
2a_2^0 &= 2a_2^1,
\end{aligned}$$

para 8 incógnitas, que son los coeficientes del polinomio, por lo que cabe esperar que haya más de una solución. Si denominamos a al coeficiente de grado 1 de ambos polinomios y b al de grado 2 (que coinciden por las ecuaciones quinta y sexta), obtenemos el conjunto de soluciones en función de a y b:

$$P(x) = \begin{cases} 7 + ax + bx^2 + (b - a - 6)x^3, & -1 \le x \le 0, \\ 7 + ax + bx^2 + (2 - a - b)x^3, & 0 \le x \le 1. \end{cases}$$

En la figura 3.14 se muestran tres funciones de esta familia, correspondiente a las elecciones $a = 1, b = 1; a = 2, b = 0; a = 0, b = 2$.

Para fijar una solución hay que imponer dos condiciones más a P. Habitualmente se pide que la derivada segunda sea nula en los extremos, es decir:

$$P''(-1) = P''(1) = 0.$$

En este caso, se dice que la función P es una función *spline* cúbica **natural.** De entre todas las soluciones que hemos obtenido, la única que es una *spline* cúbica natural es, como se puede comprobar, la que corresponde a la elección de parámetros

$$a = -2, \quad b = 6,$$

es decir:

$$P(x) = \begin{cases} 7 - 2x + 6x^2 + 2x^3, & -1 \le x \le 0, \\ 7 - 2x + 6x^2 - 2x^3, & 0 \le x \le 1, \end{cases} \tag{3.9.15}$$

cuya gráfica se muestra en la figura 3.15.

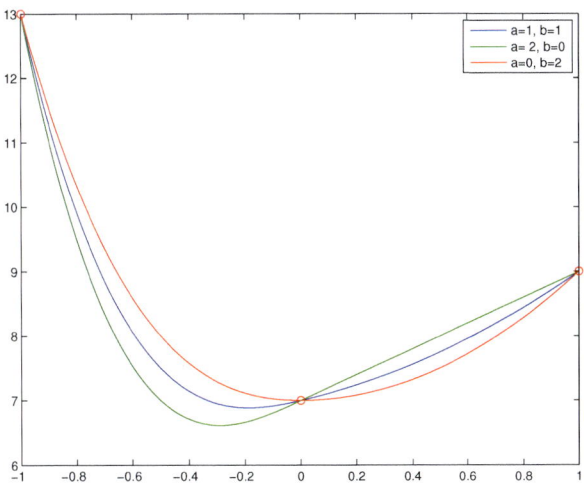

Figura 3.14. Tres *splines* cúbicas que interpolan los puntos $(-1, 13), (0, 7), (1, 9)$.

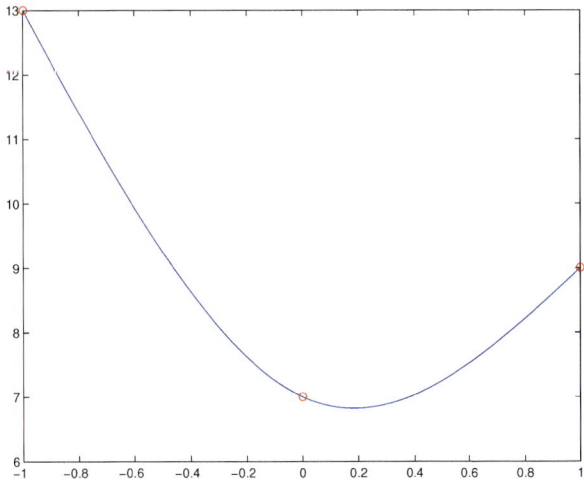

Figura 3.15. *Spline* cúbica natural que interpola los puntos $(-1, 13), (0, 7), (1, 9)$.

Volviendo al caso general, buscaríamos una función de la forma

$$
P(x) = \begin{cases}
p_0(x), & x_0 \leq x \leq x_1, \\
\vdots & \\
p_i(x), & x_i \leq x \leq x_{i+1}, \\
\vdots & \\
p_{N-1}(x), & x_{N-1} \leq x \leq x_N,
\end{cases}
\tag{3.9.16}
$$

siendo p_i, $i = 0, \ldots, N-1$, un polinomio de grado 3, es decir:

$$
p_i(x) = a_0^i + a_1^i x + a_2^i x^2 + a_3^i x^3, \quad 0 \leq i \leq N-1.
$$

Tenemos entonces $4N$ coeficientes que determinar para definir P. Para que P interpole los valores que se nos piden y sea continua, tiene que ocurrir que

$$
p_i(x_i) = y_i, \quad p_i(x_{i+1}) = y_{i+1}, \quad i = 0, \ldots, N-1,
$$

lo que nos da $2N$ ecuaciones. Para que P sea derivable en todo el intervalo habrá que pedir que

$$
p_{i-1}'(x_i) = p_i'(x_i), \quad i = 1, \ldots, N-1,
$$

lo que nos da $N-1$ ecuaciones más. Finalmente, para que sea dos veces derivable en todo el intervalo basta pedir que

$$
p_{i-1}''(x_i) = p_i''(x_i), \quad i = 1, \ldots, N-1,
$$

lo que supone otras $N-1$ ecuaciones más. Obtenemos entonces un total de $4N - 2$ ecuaciones para $4N$ incógnitas, por lo que nuevamente cabe esperar que se obtenga una familia de soluciones que dependa de dos parámetros. Si se impone nuevamente que la *spline* sea natural, tenemos dos ecuaciones más:

$$
p_0''(x_0) = 0, \quad p_{N-1}''(x_N) = 0,
$$

por lo que tenemos ya $4N$ ecuaciones y $4N$ incógnitas. Podemos calcular la función P escribiendo las ecuaciones en términos de los coeficientes de los polinomios y resolviendo el sistema de $4N$ ecuaciones y $4N$ incógnitas resultante para calcularlos.

No obstante, hay un procedimiento que permite calcular P resolviendo un sistema de solo $N-1$ ecuaciones e incógnitas, cuya matriz es tridiagonal.

Veamos cómo es este procedimiento. A fin de simplificar la presentación de este método, supondremos que los puntos son equidistantes, es decir,

$$x_{i+1} - x_i = h, \quad i = 0, \dots, N-1,$$

siendo $h = (b-a)/N$, aunque el método se adapta fácilmente al caso de particiones no equidistantes.

Tomamos como incógnitas los valores de la segunda derivada de la función P que buscamos en los puntos $x_0, \dots, x_N$, que denominamos $d_0, \dots, d_N$, es decir:

$$P''(x_i) = d_i, \quad i = 0, \dots, N.$$

Como la restricción de P al intervalo $[x_i, x_{i+1}]$ es el polinomio p_i de grado menor o igual que 3, la restricción de su segunda derivada es el polinomio p_i'' de grado menor o igual que 1 que verifica:

$$p_i''(x_i) = d_i, \quad p_i''(x_{i+1}) = d_{i+1}.$$

Por tanto, p_i'' es el polinomio que interpola los datos:

$$(x_i, d_i), \quad (x_{i+1}, d_{i+1}).$$

Si usamos la forma de Lagrange, tenemos entonces:

$$p_i''(x) = d_i \frac{(x - x_{i+1})}{(x_i - x_{i+1})} + d_{i+1} \frac{(x - x_i)}{(x_{i+1} - x_i)} = \frac{d_i}{h}(x_{i+1} - x) + \frac{d_{i+1}}{h}(x - x_i)$$

Podemos entonces obtener la expresión de p_i' integrando la de p_i'':

$$p_i'(x) = -\frac{d_i}{2h}(x_{i+1} - x)^2 + \frac{d_{i+1}}{2h}(x - x_i)^2 + C_i,$$

siendo C_i la constante de integración. Y, del mismo modo, podemos obtener p_i integrando la expresión de p_i':

$$p_i(x) = \frac{d_i}{6h}(x_{i+1} - x)^3 + \frac{d_{i+1}}{6h}(x - x_i)^3 + C_i x + D_i,$$

siendo D_i otra constante de integración. Ahora ajustamos las dos constantes de integración, sabiendo que p_i tiene que verificar:

$$p_i(x_i) = y_i, \quad p_i(x_{i+1}) = y_{i+1}.$$

Este ajuste se simplifica si escribimos p_i en la forma equivalente:

$$p_i(x) = \frac{d_i}{6h}(x_{i+1} - x)^3 + \frac{d_{i+1}}{6h}(x - x_i)^3 + E_i(x - x_i) + F_i(x_{i+1} - x),$$

siendo

$$F_i = \frac{1}{h}(C_i x_i + D_i), \quad E_i = \frac{1}{h}(C_i x_{i+1} + D_i)$$

(compruébese que, en efecto, ambas expresiones son equivalentes).

Usando esta expresión, ha de ocurrir:

$$p_i(x_i) = \frac{d_i h^2}{6} + F_i h = y_i,$$

$$p_i(x_{i+1}) = \frac{d_{i+1} h^2}{6} + E_i h = y_{i+1},$$

de donde se deduce:

$$E_i = \frac{y_{i+1}}{h} - \frac{d_{i+1} h}{6},$$

$$F_i = \frac{y_i}{h} - \frac{d_i h}{6}.$$

Llegamos así a la expresión de p_i siguiente:

$$p_i(x) = \frac{d_i}{6h}(x_{i+1} - x)^3 + \frac{d_{i+1}}{6h}(x - x_i)^3$$
$$+ \left(\frac{y_{i+1}}{h} - \frac{d_{i+1} h}{6}\right)(x - x_i) + \left(\frac{y_i}{h} - \frac{d_i h}{6}\right)(x_{i+1} - x). \quad (3.9.17)$$

Consideramos ahora la función P dada por (3.9.16) con los p_i definidos por (3.9.17). Por la construcción de los p_i, esta función es continua, verifica $P(x_i) = y_i$, $0 \leq i \leq N$ y, además, por construcción, se tiene que:

$$p''_{i-1}(x_i) = d_i = p''_i(x_i), \quad i = 1, \ldots, N - 1.$$

Sin embargo, no tenemos asegurado que sea derivable en los puntos de la partición. Para eso hay que asegurar que

$$p'_{i-1}(x_i) = p'_i(x_i), \quad i = 1, \ldots, N - 1.$$

Teniendo en cuenta las igualdades:

$$p'_{i-1}(x_i) = \frac{d_i h}{2} + \frac{y_i}{h} - \frac{d_i h}{6} - \frac{y_{i-1}}{h} + \frac{d_{i-1} h}{6},$$

$$p'_i(x_i) = -\frac{d_i h}{2} + \frac{y_{i+1}}{h} - \frac{d_{i+1} h}{6} - \frac{y_i}{h} + \frac{d_i h}{6},$$

llegamos a la ecuación:

$$\frac{d_i h}{2} + \frac{y_i}{h} - \frac{d_i h}{6} - \frac{y_{i-1}}{h} + \frac{d_{i-1} h}{6} = -\frac{d_i h}{2} + \frac{y_{i+1}}{h} - \frac{d_{i+1} h}{6} - \frac{y_i}{h} + \frac{d_i h}{6},$$

o, equivalentemente,

$$d_{i-1} + 4d_i + d_{i+1} = \frac{6}{h^2}(y_{i-1} - 2y_i + y_{i+1}), \quad i = 1, \ldots, N-1.$$

Hemos obtenido así $N - 1$ ecuaciones para las $N + 1$ incógnitas $d_0, d_1, \ldots, d_{N-1}, d_N$. Para quedarnos con una sola *spline* podemos fijar, por ejemplo, los valores de d_0 y d_N. Obtenemos así un sistema de $N - 1$ ecuaciones y $N - 1$ incógnitas:

$$4d_1 + d_2 = \frac{6}{h^2}(y_0 - 2y_1 + y_2) - d_0,$$

$$d_1 + 4d_2 + d_3 = \frac{6}{h^2}(y_1 - 2y_2 + y_3),$$

$$\vdots$$

$$d_{i-1} + 4d_i + d_{i+1} = \frac{6}{h^2}(y_{i-1} - 2y_i + y_{i+1}),$$

$$\vdots$$

$$d_{N-3} + 4d_{N-2} + d_{N-1} = \frac{6}{h^2}(y_{N-3} - 2y_{N-2} + y_{N-1}),$$

$$d_{N-2} + 4d_{N-1} = \frac{6}{h^2}(y_{N-2} - 2y_{N-1} + y_N) - d_N.$$

Matricialmente, el sistema se expresa en la forma:

$$M \cdot \vec{d} = \vec{y},$$

siendo

$$M = \begin{pmatrix} 4 & 1 & 0 & 0 & \cdots & 0 & 0 & 0 \\ 1 & 4 & 1 & 0 & \cdots & 0 & 0 & 0 \\ 0 & 1 & 4 & 1 & \cdots & 0 & 0 & 0 \\ \vdots & \vdots & \vdots & \vdots & \ddots & \vdots & \vdots & \vdots \\ 0 & 0 & 0 & 0 & \cdots & 1 & 4 & 1 \\ 0 & 0 & 0 & 0 & \cdots & 0 & 1 & 4 \end{pmatrix},$$

$$\vec{d} = \begin{pmatrix} d_1 \\ d_2 \\ \vdots \\ d_{N-2} \\ d_{N-1} \end{pmatrix}, \quad \vec{y} = \frac{6}{h^2} \begin{pmatrix} y_0 - 2y_1 + y_2 - d_0 h^2/6 \\ y_1 - 2y_2 + y_3 \\ \vdots \\ y_{N-3} - 2y_{N-2} + y_{N-1} \\ y_{N-2} - 2y_{N-1} + y_N - d_N h^2/6 \end{pmatrix}.$$

Se trata, pues, de un sistema con matriz tridiagonal y simétrica, cuyo determinante es no nulo, lo que asegura que hay una solución y solo una.

En el caso de una *spline* cúbica natural, basta elegir

$$d_0 = d_N = 0,$$

ya que d_0 y d_N representan el valor de la segunda derivada de P en los extremos del intervalo.

Volviendo al ejemplo de partida, si buscamos la *spline* cúbica natural que interpola los datos

$$(-1, 13), \quad (0, 7), \quad (1, 9),$$

y aplicamos este método para encontrar P, tendríamos una única incógnita d_1 y una única ecuación:

$$4d_1 = \frac{6}{h^2}(y_0 - 2y_1 + y_2) = 6(13 - 14 + 9) = 48,$$

de donde

$$d_1 = 12.$$

Sustituyendo en la expresión (3.9.17), obtenemos:

$$\begin{aligned} p_0(x) &= 2(x+1)^3 - 8x + 5, \\ p_1(x) &= 2(1-x)^3 + 4x + 5. \end{aligned}$$

Compruébese que la función P a la que se llega es, de nuevo, (3.9.15).

El hecho de que esta interpolación se use mucho en el *software* gráfico de diseño y de animación tiene que ver, por un lado, con el hecho de que las funciones polinómicas a trozos sean fáciles de evaluar y, por otro, con el hecho de que las gráficas de las *splines* tengan buenas propiedades geométricas. Por ejemplo, las *splines* cúbicas naturales tienen la siguiente propiedad: dada cualquier función f de clase $\mathcal{C}^2([a,b])$ tal que

$$f(x_i) = y_i, \quad i = 1, \ldots, N,$$

se verifica que

$$\int_a^b |P''(x)|^2 \, dx \leq \int_a^b |f''(x)|^2 \, dx,$$

donde P es la *spline* cúbica natural que interpola los puntos

$$(x_0, y_0), \ldots, (x_N, y_N).$$

Como la derivada segunda mide cuánto se aleja la gráfica de una función de una recta (una función con derivada segunda nula es afín y, por tanto, su gráfica es una recta), este resultado puede interpretarse diciendo que, en cierto sentido, la *spline* cúbica es la gráfica "más recta" de una función de clase 2 que pasa por los $N + 1$ puntos.

La definición de *spline* cúbica se extiende a cualquier grado. El problema de la interpolación *spline* de grado k se formula como sigue: dada una partición $\mathcal{P} = \{x_0, \ldots, x_N\}$ de un intervalo $[a, b]$ y dados $N + 1$ valores $y_0, \ldots, y_N$, se debe encontrar una función P de clase $\mathcal{C}^{k-1}([a, b])$ tal que

$$P(x_i) = y_i, \quad i = 0, \ldots, N,$$

y cuya restricción a cada subintervalo $[x_i, x_{i+1}]$ sea un polinomio de grado menor o igual que k. En la práctica hay que buscar una función P de la forma (3.9.16) en la que cada p_i es un polinomio de grado menor o igual que k:

$$p_i(x) = a_0^i + a_1^i x + \ldots + a_k^i x^k, \quad 0 \le i \le N - 1,$$

por lo que hay $(k + 1)N$ coeficientes para determinar. A P hay que exigirle que:

$$p_i(x_i) = y_i, \quad p_i(x_{i+1}) = y_{i+1}, \quad i = 0, \ldots, N - 1,$$

$$p_{i-1}^{(j)}(x_i) = p_i^{(j)}(x_i), \quad i = 1, \ldots, N - 1, \ j = 1, \ldots, k - 1$$

para que interpole y sea $k - 1$ veces derivable. Tenemos así la cantidad de $2N + (k - 1)(N - 1) = (k + 1)N - (k - 1)$ ecuaciones para un total de $(k+1)N$ incógnitas. En general habrá más de una función *spline* que interpole los datos y, para fijar una, habrá que imponer $k - 1$ condiciones extras.

Si k es impar y mayor que 1, es decir, si $k = 2m + 1$, el número de condiciones que se deben imponer es par, $k - 1 = 2m$. Una forma de imponer las condiciones extras consiste en pedir que las derivadas superiores se anulen en los extremos del intervalo:

$$P^{(j)}(a) = P^{(j)}(b), \quad j = m + 1, \ldots, 2m.$$

Esta es la extensión natural de las *splines* naturales, que solo puede hacerse para grado impar.

Obsérvese finalmente que la interpolación *spline* de grado 1 coincide con la interpolación lineal a trozos: en este caso, se busca una función continua, lineal a trozos, que interpole los valores dados en los puntos de la partición. En este caso hay $2N$ coeficientes que ajustar y $2N$ condiciones, por lo que

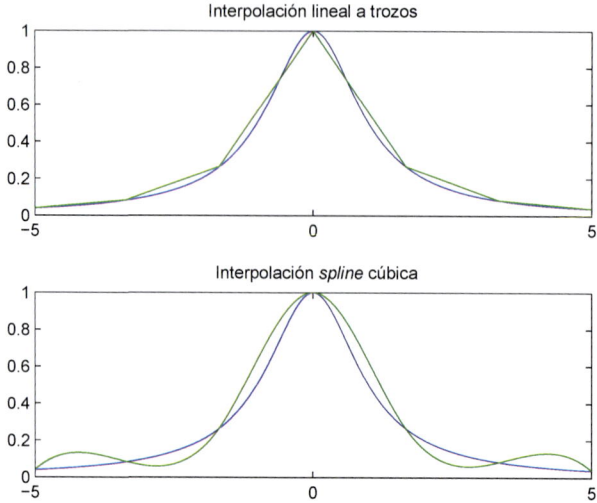

Figura 3.16. Aproximación de $f(x) = 1/(1 + x^2)$ en $[-5, 5]$ usando interpolación lineal a trozos y *spline* cúbica en una partición equidistante con 6 intervalos.

hay una sola función sin necesidad de imponer condiciones extras. En la figura 3.16 se comparan las aproximaciones de la función (3.6.9) en el intervalo $[-5, 5]$ usando interpolación lineal a trozos e interpolación *spline* cúbica natural basada en una partición equidistante con 6 intervalos.

3.10. Ejercicios propuestos

Ejercicio 3.1. Se considera la función

$$k(x) = \int_0^{\frac{\pi}{2}} \frac{dt}{(1 - \text{sen}^2 x \,\text{sen}^2 t)^{1/2}}.$$

Se tiene que $k(1) \approx 1'5709$, $k(4) \approx 1'5727$ y $k(6) \approx 1'5751$. Aproxima $k(3'5)$ usando el polinomio de interpolación de grado 2.

Ejercicio 3.2. Se considera el polinomio de interpolación de Lagrange de la función coseno en los puntos

$$x_0 = 0, \; x_1 = \frac{\pi}{6}, \; x_2 = \frac{\pi}{3}, \; x_3 = \frac{\pi}{2}.$$

(a) Evalúa el polinomio en $\pi/4$ mediante los polinomios de interpolación de Lagrange lineal, cuadrático y cúbico adecuados.

(b) A partir de la expresión conocida del error, halla una cota del error cometido al aproximar $\cos(\pi/4)$ mediante cada uno de los polinomios anteriores. Compara en todos los casos con el error real cometido.

Ejercicio 3.3. Sea $f(x) = e^x$. Se dispone de las siguientes aproximaciones con 5 cifras decimales exactas:

$$f(0) = 1, \ f(0'5) = 1'64872, \ f(1) = 2'71828, \ f(2) = 7'38906.$$

Efectúa los siguientes cálculos usando las aproximaciones dadas:

(a) Aproxima $f(0'25)$ usando interpolación lineal con $x_0 = 0$, $x_1 = 0'5$.

(b) Aproxima $f(0'75)$ usando interpolación lineal con $x_0 = 0'5$, $x_1 = 1$.

(c) Aproxima $f(0'25)$ y $f(0'75)$ usando interpolación de grado 2 con $x_0 = 0$, $x_1 = 1$ y $x_2 = 2$.

(d) Obtén cotas de los errores de interpolación que se cometen en los apartados anteriores, despreciando los errores en los datos. Determina qué aproximación es mejor a partir de las cotas obtenidas.

Ejercicio 3.4. Prueba que los polinomios de base de Lagrange pueden ser expresados en la forma:

$$l_k(x) = \frac{\psi(x)}{(x - x_k)\psi'(x_k)},$$

donde $\psi(x) = (x - x_0)(x - x_1)\ldots(x - x_n)$, y que el polinomio de interpolación puede ser expresado en la forma:

$$p(x) = \psi(x) \sum_{k=0}^{n} \frac{y_k}{(x - x_k)\psi'(x_k)}.$$

Ejercicio 3.5. Dados $n + 1$ puntos $x_0, \ldots, x_n$, distintos dos a dos, prueba las siguientes igualdades para los polinomios de base de Lagrange $l_0(x), \ldots, l_n(x)$:

(a) $\sum_{k=0}^{n} l_k(x) = 1$, para todo x.

(b) $\sum_{k=0}^{n} x_k l_k(x) = x$, para todo x.

Ejercicio 3.6. Calcula la diferencia dividida de $f(x) = x^k$ en $x_0, x_1, \ldots, x_n$, si $n \geq k$.

Ejercicio 3.7. Prueba que, si $f(x)$ es un polinomio de grado n, $f[x_0, x]$ es un polinomio de grado $n - 1$ en x.

Ejercicio 3.8. Sea $f(x) = (x - x_0) \ldots (x - x_n)$. Prueba que:

(a) $f[x_0, \ldots, x_k] = 0$, si $k = 0, \ldots, n$.

(b) $f[x_0, \ldots, x_n, x] = 1$, si $x \neq x_k$, $k = 0, \ldots, n$.

(c) $f[x_0, \ldots, x_n, x, y] = 0$, si $x \neq y$, $x \neq x_k$, $y \neq x_k$, $k = 0, \ldots, n$.

Ejercicio 3.9. Demuestra la igualdad:

$$f[x_0, x_1, \ldots, x_n] = \sum_{i=0}^{n} \frac{y_i}{(x_i - x_0) \ldots (x_i - x_{i-1})(x_i - x_{i+1}) \ldots (x_i - x_n)}.$$

Ejercicio 3.10. Se aproxima una función $f : [-1, 1] \mapsto \mathbb{R}$ de clase 3 mediante el polinomio p de grado menor o igual que 2 que interpola

$$(-1, f(-1)), \ (0, f(0)), \ (1, f(1)).$$

(a) Obtén la cota de error uniforme óptima en $[-1, 1]$.

(b) Si $f(x) = x - x^3$, calcula p, así como la función error

$$e(x) = f(x) - p(x).$$

Calcula el máximo y el mínimo de la función error en $[-1, 1]$ y deduce cuál es el máximo error que se comete. Compara con la cota obtenida en el apartado anterior. ¿Qué conclusión puedes extraer?

Ejercicio 3.11. Una tabla da los valores de la función logaritmo de los números naturales comprendidos entre el 1000 y el 10000 con 5 cifras decimales exactas. Dado $x \in [1000, 10000]$, se aproxima $\log(x)$ mediante interpolación lineal de los valores que proporciona la tabla para $E(x)$, y $E(x) + 1$ ($E(x)$ designa a la parte entera de x). Da una cota del error de interpolación. ¿Cuántas cifras decimales exactas se pueden asegurar?

Ejercicio 3.12. Se dispone de una tabla para la función $f(x) = e^x$ en el intervalo $[0, 1]$, en la que se dan aproximaciones con 6 cifras decimales exactas de los valores de dicha función en $n + 1$ puntos equidistantes $x_j = j/n$, $j = 0, \ldots, n$. Sea f_j el valor proporcionado por la tabla para x_j. Dado cualquier punto x de $[0, 1]$, se aproxima e^x por interpolación lineal de los valores f_j y f_{j+1}, siendo j tal que $x_j \leq x \leq x_{j+1}$. ¿De cuántos puntos debe constar la tabla para poder asegurar que el valor aproximado de e^x así calculado posee 5 cifras decimales exactas para todo $x \in [0, 1]$?

Ejercicio 3.13. Se posee la siguiente tabla de valores de una función f de clase 3:

x	0	1/4	1/2	3/4	1
$f(x)$	1	2	4	2	1

(a) Halla una función $p_1 : [0, 1] \to \mathbb{R}$ continua y lineal a trozos que coincida con f en todos los puntos de la tabla, ofrece su definición analítica y dibuja su gráfica.

(b) Halla una función $p_2 : [0, 1] \to \mathbb{R}$ continua y cuadrática a trozos que coincida con f en todos los puntos de la tabla, ofrece su definición analítica y dibuja su gráfica.

(c) Supongamos que se sabe además que

$$|f''(x)| \leq 5, \quad |f'''(x)| \leq 10, \quad \forall x \in [0, 1].$$

Determina una cota del error que se comete al aproximar $f(x)$ usando cada uno de los polinomios anteriores, que sea independiente de x y válida en todo el intervalo $[0, 1]$.

Ejercicio 3.14. Se consideran los puntos del plano:

$$(0, 1), \quad (1, 2), \quad (2, 5), \quad (3, 7).$$

(a) Encuentra:

- Un polinomio de grado menor o igual que 3 cuya gráfica pase por los cuatro puntos.

- Una función $f_1 : [0, 3] \mapsto \mathbb{R}$ continua y lineal a trozos cuya gráfica pase por los cuatro puntos.

- Una función $f_2 : [0,3] \mapsto \mathbb{R}$ de clase 1, cúbica a trozos, que pase por los cuatro puntos y tal que:

$$f_2'(0) = 0, \quad f_2'(1) = 3, \quad f_2'(2) = 3, \quad f_2'(3) = 1.$$

(b) La función f_1 puede ser interpretada como una aproximación de la función f_2 obtenida mediante interpolación lineal a trozos. Acota el error que se comete cuando se aproxima f_2 por f_1 en el intervalo $[0,3]$.

Ejercicio 3.15. La siguiente tabla corresponde a la función $f(x) = e^x$:

$$x_0 = 0 \quad f(x_0) = 1 \quad f'(x_0) = 1 \quad f''(x_0) = 1 \quad f'''(x_0) = 1$$
$$x_1 = 1 \quad f(x_1) = e \quad f'(x_1) = e$$

(a) Calcula el polinomio de interpolación de Hermite que usa únicamente el valor de f y f' en los nodos x_0 y x_1, y utilízalo para aproximar el valor de $\sqrt{e}$. Acota el error que se comete al considerar dicha aproximación.

(b) Calcula el polinomio de interpolación de Hermite que usa únicamente los valores de la tabla correspondientes al nodo x_0, y utilízalo para aproximar el valor de $\sqrt{e}$. Acota el error que se comete al considerar dicha aproximación.

Ejercicio 3.16. Se pretende calcular el *spline* cúbico natural que interpola los puntos del plano:

$$(-1,1), \quad (0,0), \quad (1,1).$$

(a) Calcula dicha función resolviendo el sistema de ecuaciones cuyas incógnitas son los coeficientes de los dos polinomios de grado 3 involucrados.

(b) Calcúlala asimismo resolviendo el sistema cuyas incógnitas son los valores de su segunda derivada en los nodos considerados.

Ejercicio 3.17. Utiliza el *spline* cúbico natural que interpola los valores de $f(x) = \frac{1}{1+x^2}$ en 0, 1, 2, 3 para aproximar el valor de f en $1'5$.

Capítulo 4

Integración y derivación numérica

4.1. Integración numérica

4.1.1. Introducción

El objetivo de la primera parte de este capítulo es estudiar métodos para aproximar la integral de una función

$$\int_a^b f(x)\, dx$$

usando solo su valor en ciertos puntos. El cálculo aproximado de integrales es útil en las siguientes situaciones:

- Cuando no es posible, no es fácil o no sabemos calcular una primitiva F de la función, a fin de evaluar el valor de la integral usando el teorema fundamental del cálculo:

$$\int_a^b f(x)\, dx = F(b) - F(a).$$

- Cuando, aun conociendo F, evaluarla en un punto es mucho más costoso que evaluar la función que se quiere integrar. Esto ocurre especialmente cuando la resolución de algún problema involucra el cálculo de muchas integrales de f en intervalos diferentes.

- Cuando solo se conocen algunos valores de la función. Supóngase, por ejemplo, que consideramos la tabla de velocidades de un móvil lanzado verticalmente que ya usamos en el capítulo anterior:

v (m/s)	$1'133$	$5'706\cdot10^{-1}$	$-5'558\cdot10^{-1}$	$-1'118$	$-1'678$
t (s)	$9'985\cdot10^{-1}$	$1'065$	$1'171$	$1'228$	$1'286$

$$(4.1.1)$$

y que se nos pide calcular a qué altura se encuentra el móvil en el tiempo $t_f = 1'3$, sabiendo que, en el instante $t_s = 0'9$, estaba a 10 metros de altura. Si denominamos $z(t)$ a la altura del móvil en el tiempo t, la derivada de $z(t)$ proporciona su velocidad instantánea $v(t)$. Por tanto:

$$\int_{t_s}^{t_f} v(t)\, dt = \int_{t_s}^{t_f} z'(t)\, dt = z(t_f) - z(t_s) = z(t_f) - 10$$

y entonces

$$z(t_f) = 10 + \int_{t_s}^{t_f} v(t)\, dt.$$

En consecuencia, para aproximar $z(t_f)$ es necesario obtener una aproximación de la integral de la velocidad usando solo los datos de la tabla (que son los únicos de los que disponemos).

La interpretación geométrica del concepto de integral nos permite deducir algunos primeros métodos aproximados para su cálculo: recuérdese que, para una función positiva $f : [a, b] \mapsto \mathbb{R}$, la integral proporciona el área del recinto limitado por la gráfica de la función, el eje $y = 0$ y las rectas verticales $x = a$ y $x = b$. Si la función es negativa, la integral proporciona también el área de dicho recinto, pero con signo menos. Y si la función cambia de signo, la integral da la diferencia entre la suma de las áreas de los recintos delimitados por la gráfica que quedan por encima del eje $y = 0$ y la suma de las áreas de los que quedan por debajo.

Entonces, si, dada una función $f : [a, b] \mapsto \mathbb{R}$, nos piden aproximar su integral usando solo el valor en un punto $c \in [a, b]$, parece razonable aproximarla mediante el área del rectángulo de base $[a, b]$ y de altura $f(c)$ (véase la figura 4.1). Obtenemos así las denominadas **fórmulas de tipo rectángulo:**

$$\int_a^b f(x)\, dx \approx f(c)(b - a).$$

Son casos particulares de esta fórmula los siguientes:

- Si $c = a$, hablamos de **fórmula del rectángulo a la izquierda:**

$$\int_a^b f(x)\, dx \approx f(a)(b - a). \qquad (4.1.2)$$

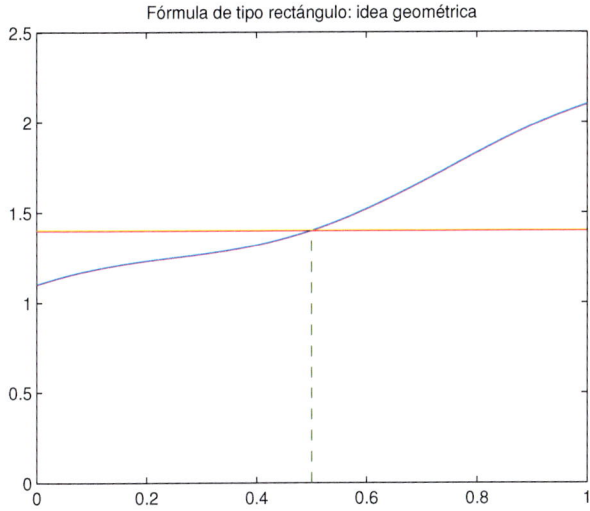

Figura 4.1. Fórmula de tipo rectángulo.

■ Si $c = b$, hablamos de **fórmula del rectángulo a la derecha:**

$$\int_a^b f(x)\,dx \approx f(b)(b-a). \tag{4.1.3}$$

■ Y si $c = (a+b)/2$, de **fórmula del punto medio:**

$$\int_a^b f(x)\,dx \approx f\left(\frac{a+b}{2}\right)(b-a). \tag{4.1.4}$$

Y si, dada una función $f : [a, b] \mapsto \mathbb{R}$, nos piden aproximar su integral usando solo el valor en los extremos a y b, parece razonable aproximarla mediante el área del trapecio que delimitan el eje $y = 0$, las rectas verticales $x = a$ y $x = b$, y la recta que une los dos puntos de la gráfica $(a, f(a))$ y $(b, f(b))$ (véase la figura 4.2). Se obtiene así la **fórmula del trapecio:**

$$\int_a^b f(x)\,dx \approx (b-a)\frac{f(a)+f(b)}{2}. \tag{4.1.5}$$

A lo largo del tema, analizaremos estas fórmulas y otras que se irán introduciendo mediante distintos métodos.

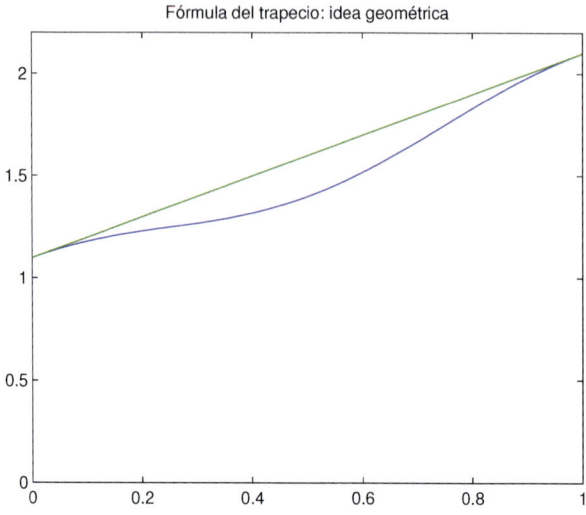

Figura 4.2. Fórmula del trapecio.

4.1.2. Fórmulas de cuadratura

Dado un intervalo $[a, b]$ de $\mathbb{R}$, con $a < b$, vamos a estudiar fórmulas de integración numérica o fórmulas de cuadratura que tengan la siguiente forma:

$$\int_a^b f(x)\,dx \approx I_{n+1}(f) = \alpha_0 f(x_0) + \alpha_1 f(x_1) + \ldots + \alpha_n f(x_n) \quad (4.1.6)$$

y que nos permitan aproximar la integral de cualquier función f integrable en dicho intervalo. La fórmula queda determinada por los puntos elegidos $x_0, \ldots, x_n$ en $[a, b]$, distintos dos a dos, que se denominan **puntos o nodos de cuadratura,** así como por los coeficientes $\alpha_0, \alpha_1, \ldots, \alpha_n$, que se denominan **pesos o coeficientes.**

Veamos algunos ejemplos:

1. La fórmula del rectángulo a la izquierda (4.1.2) es el caso particular de (4.1.6) correspondiente a $n = 0$, $x_0 = a$ y $\alpha_0 = b - a$.

2. La fórmula del rectángulo a la derecha (4.1.3) es el caso particular de (4.1.6) correspondiente a $n = 0$, $x_0 = b$ y $\alpha_0 = b - a$.

3. La fórmula del punto medio (4.1.4) es el caso particular de (4.1.6) correspondiente a $n = 0$, $x_0 = (a + b)/2$ y $\alpha_0 = b - a$.

4. La fórmula del trapecio (4.1.5) es el caso particular de (4.1.6) correspondiente a $n = 1$, $x_0 = a$, $x_1 = b$ y $\alpha_0 = \alpha_1 = (b-a)/2$.

5. La **fórmula de Simpson**:

$$\int_a^b f(x)\,dx \approx \frac{b-a}{6}\left(f(a) + 4f\left(\frac{a+b}{2}\right) + f(b)\right) \qquad (4.1.7)$$

es el caso particular de (4.1.6) correspondiente a $n = 2$, $x_0 = a$, $x_1 = (a+b)/2$, $x_2 = b$, $\alpha_0 = \alpha_2 = (b-a)/6$ y $\alpha_1 = 2(b-a)/3$.

Obsérvese que un operador I_{n+1} dado por (4.1.6) es lineal en el siguiente sentido: dadas dos funciones $f, g : [a, b] \mapsto \mathbb{R}$ y dados dos números reales α y β, se tiene:

$$I_{n+1}(\alpha f + \beta g) = \alpha I_{n+1}(f) + \beta I_{n+1}(g). \qquad (4.1.8)$$

Como se ve, hay muchas fórmulas posibles para aproximar una integral. Cabe esperar que, a mayor información sobre la función (es decir, a mayor número de puntos utilizados), mejor sea la fórmula, aunque, como veremos, no siempre es así. Necesitamos, en primer lugar, un criterio para comparar la calidad de las distintas fórmulas. Un primer criterio viene dado por su grado de exactitud:

Definición 4.1.1. Se dice que la fórmula $I_{n+1}(f)$ dada por (4.1.6) tiene **grado de exactitud** k si es exacta para polinomios de grado menor o igual que k y no lo es para al menos un polinomio de grado $k + 1$, es decir,

$$I_{n+1}(p) = \int_a^b p(x)\,dx,$$

para todo polinomio p de grado menor o igual que k, y

$$I_{n+1}(q) \neq \int_a^b q(x)\,dx,$$

para al menos un polinomio q de grado $k + 1$.

Se demuestra el siguiente resultado:

Proposición 4.1.1. *La fórmula de cuadratura $I_{n+1}(f)$ tiene grado de exactitud k si y solo si es exacta para los monomios:*

$$1, x, x^2, \ldots, x^k$$

y no lo es para x^{k+1}.

Demostración. Supongamos que $I_{n+1}(f)$ tiene grado de exactitud k. Como $f(x) = x^j$, $j = 0, \ldots, n$, son casos particulares de polinomios de grado menor o igual que n, la fórmula es exacta para dichos monomios. Supongamos que la fórmula fuera exacta también para x^{k+1}:

$$I_{n+1}(x^{k+1}) = \int_a^b x^{k+1} \, dx. \tag{4.1.9}$$

Por tener la fórmula grado de exactitud k, sabemos que existe al menos un polinomio de grado $k + 1$

$$f(x) = a_0 + a_1 x + a_2 x^2 + \ldots + a_k x^k + a_{k+1} x^{k+1},$$

con $a_{k+1} \neq 0$, para el que la fórmula no es exacta:

$$I_{n+1}(f) \neq \int_a^b f(x) \, dx. \tag{4.1.10}$$

Sea p el polinomio de grado menor o igual que k que se obtiene al eliminar el término de mayor grado de f:

$$p(x) = a_0 + a_1 x + a_2 x^2 + \ldots + a_k x^k.$$

Por la linealidad de I_{n+1} y de la integral, tenemos que:

$$I_{n+1}(f) = I_{n+1}(p) + a_{k+1} I_{n+1}(x^{k+1}) \tag{4.1.11}$$

y

$$\int_a^b f(x) \, dx = \int_a^b p(x) \, dx + a_{k+1} \int_a^b x^{k+1} \, dx. \tag{4.1.12}$$

Y por tener la fórmula grado de exactitud k es exacta para p:

$$I_{n+1}(p) = \int_a^b p(x) \, dx. \tag{4.1.13}$$

De las igualdades (4.1.9), (4.1.11)-(4.1.13) se deduce que:

$$I_{n+1}(f) = \int_a^b f(x) \, dx,$$

lo que contradice (4.1.10). Por tanto, la fórmula no es exacta para x^{k+1}.

Veamos el recíproco: supongamos que la fórmula es exacta para x^j, $j = 0, \ldots, k$, y no lo es para x^{k+1}. Sea

$$f(x) = a_0 + a_1 x + a_2 x^2 + \ldots + a_k x^k$$

un polinomio arbitrario de grado menor o igual que k. Usando nuevamente la linealidad de I_{n+1} y de la integral, obtenemos:

$$
\begin{aligned}
I_{n+1}(f) &= I_{n+1}\left(\sum_{j=0}^{k} a_j x^j\right) \\
&= \sum_{j=0}^{k} a_j I_{n+1}(x^j) \\
&= \sum_{j=0}^{k} a_j \int_a^b x^j \, dx \\
&= \int_a^b \left(\sum_{j=0}^{k} a_j x^j\right) dx \\
&= \int_a^b f(x) \, dx.
\end{aligned}
$$

Es decir, la fórmula es exacta para todo polinomio de grado menor o igual que k. Por otro lado, hay al menos un polinomio de grado $k + 1$, que es el monomio x^{k+1}, para el que la fórmula no es exacta. Por tanto, tiene grado de exactitud k.

$\square$

Vamos a usar esta proposición para analizar los grados de exactitud de las fórmulas ya vistas:

- **Fórmulas de tipo rectángulo.** Consideramos la fórmula

$$I_1(f) = f(c)(b - a),$$

con $c \in [a, b]$. Veamos que es exacta para la función $f(x) = 1$:

$$I_1(1) = b - a = \int_a^b 1 \, dx.$$

Por tanto, el grado de exactitud de la fórmula es, al menos, 0. Aplicamos a continuación la fórmula a $f(x) = x$:

$$I_1(x) = c(b - a).$$

Para que sea exacta tendría que darse la igualdad:

$$c(b - a) = \int_a^b x\, dx = \frac{b^2}{2} - \frac{a^2}{2}. \qquad (4.1.14)$$

Teniendo en cuenta la identidad

$$\frac{b^2}{2} - \frac{a^2}{2} = \frac{1}{2}(b - a)(b + a), \qquad (4.1.15)$$

(4.1.14) se satisface si y solo si

$$c = \frac{a + b}{2}.$$

Es decir, la única fórmula de tipo rectángulo que es exacta para $f(x) = x$ es la del punto medio. Todas las demás (incluyendo las del rectángulo a la izquierda y a la derecha) tienen grado de exactitud 0. Veamos si la fórmula del punto medio es también exacta para $f(x) = x^2$. Para que lo fuera tendría que darse la igualdad:

$$I_1(x^2) = \left(\frac{a + b}{2}\right)^2 (b - a) = \int_a^b x^2\, dx = \frac{b^3}{3} - \frac{a^3}{3}.$$

Teniendo en cuenta las identidades

$$\frac{b^3}{3} - \frac{a^3}{3} = \frac{1}{3}(b - a)(a^2 + ab + b^2) \qquad (4.1.16)$$

y

$$\left(\frac{a + b}{2}\right)^2 (b - a) = \frac{1}{4}(b - a)(a^2 + 2ab + b^2),$$

la fórmula del punto medio será exacta para x^2 si y solo si

$$\frac{1}{3}(a^2 + ab + b^2) = \frac{1}{4}(a^2 + 2ab + b^2),$$

o, equivalentemente, si

$$4a^2 + 4ab + 4b^2 = 3a^2 + 6ab + 3b^2,$$

es decir, si

$$0 = a^2 - 2ab + b^2 = (a-b)^2,$$

lo que no es posible, ya que $a < b$. Por tanto, la fórmula del punto medio tiene grado de exactitud 1. En resumen, todas las fórmulas de tipo rectángulo tienen grado de exactitud 0, menos la del punto medio, que tiene grado de exactitud 1.

■ **Fórmula del trapecio.** Veamos que la fórmula del trapecio,

$$I_2(f) = (b-a)\left(\frac{f(a)+f(b)}{2}\right),$$

es exacta para $f(x) = 1$:

$$I_2(1) = b - a = \int_a^b 1\, dx,$$

y para $f(x) = x$:

$$I_2(x) = (b-a)\frac{(a+b)}{2} = \frac{b^2}{2} - \frac{a^2}{2} = \int_a^b x\, dx.$$

Para que fuera exacta para $f(x) = x^2$ tendría que darse la igualdad:

$$I_2(x^2) = (b-a)\frac{a^2+b^2}{2} - \int_a^b x^2\, dx = \frac{b^3}{3} - \frac{a^3}{3}.$$

Teniendo en cuenta la identidad (4.1.16), la fórmula del trapecio será exacta para x^2 si y solo si

$$\frac{1}{3}(a^2 + ab + b^2) = \frac{1}{2}(a^2 + b^2),$$

o, equivalentemente, si

$$2a^2 + 2ab + 2b^2 = 3a^2 + 3b^2,$$

es decir, si

$$0 = a^2 - 2ab + b^2 = (a-b)^2,$$

lo que no es posible, ya que $a < b$. Por tanto, la fórmula del trapecio tiene grado de exactitud 1, al igual que la del punto medio, aunque use un punto más que aquella.

■ **Fórmula de Simpson.** Veamos que la fórmula de Simpson,

$$I_3(f) = \frac{b-a}{6}\left(f(a) + 4f\left(\frac{a+b}{2}\right) + f(b)\right),$$

es exacta para $f(x) = 1$:

$$I_3(1) = \frac{b-a}{6}(1 + 4 + 1) = b - a = \int_a^b 1\,dx;$$

para $f(x) = x$:

$$\begin{aligned}
I_3(x) &= \frac{b-a}{6}\left(a + 4\left(\frac{a+b}{2}\right) + b\right) \\
&= \frac{b-a}{2}(a+b) = \frac{b^2}{2} - \frac{a^2}{2} \\
&= \int_a^b x\,dx;
\end{aligned}$$

para $f(x) = x^2$:

$$\begin{aligned}
I_3(x^2) &= \frac{b-a}{6}\left(a^2 + 4\left(\frac{a+b}{2}\right)^2 + b^2)\right) \\
&= \frac{b-a}{6}\left(2a^2 + 2ab + 2b^2)\right) \\
&= \frac{1}{3}(b-a)\left(a^2 + ab + b^2)\right) \\
&= \frac{b^3}{3} - \frac{a^3}{3} \\
&= \int_a^b x^2\,dx;
\end{aligned}$$

y para $f(x) = x^3$:

$$
\begin{aligned}
I_3(x^3) &= \frac{b-a}{6} \left(a^3 + 4 \left(\frac{a+b}{2} \right)^3 + b^3) \right) \\
&= \frac{b-a}{6} \left(a^3 + \frac{1}{2} \left(a^3 + 3a^2b + 3ab^2 + b^3 \right) + b^3 \right) \\
&= \frac{b-a}{6} \frac{3}{2} \left(a^3 + a^2b + ab^2 + b^3 \right) \\
&= \frac{1}{4}(b-a) \left(a^3 + a^2b + ab^2 + b^3 \right) \\
&= \frac{b^4}{4} - \frac{a^4}{4} \\
&= \int_a^b x^3 \, dx.
\end{aligned}
$$

Pero no lo es para $f(x) = x^4$, ya que, por un lado,

$$
\begin{aligned}
I_3(x^4) &= \frac{b-a}{6} \left(a^4 + 4 \left(\frac{a+b}{2} \right)^4 + b^4) \right) \\
&= \frac{b-a}{6} \left(a^4 + \frac{1}{4} \left(a^4 + 4a^3b + 6a^2b^2 + 4ab^3 + b^4 \right) + b^4 \right) \\
&= \frac{b-a}{6} \left(\frac{5}{4}a^4 + a^3b + \frac{3}{2}a^2b^2 + ab^3 + \frac{5}{4}b^4 \right),
\end{aligned}
$$

y, por otro,

$$
\begin{aligned}
\int_a^b x^4 \, dx &= \frac{b^5}{5} - \frac{a^5}{5} \\
&= \frac{b-a}{5} \left(a^4 + a^3b + a^2b^2 + ab^3 + b^4 \right).
\end{aligned}
$$

Si la fórmula fuera exacta para x^4, se deduciría la igualdad:

$$
\frac{1}{6} \left(\frac{5}{4}a^4 + a^3b + \frac{3}{2}a^2b^2 + ab^3 + \frac{5}{4}b^4 \right) = \frac{1}{5} \left(a^4 + a^3b + a^2b^2 + ab^3 + b^4 \right),
$$

o, equivalentemente,

$$
\frac{25}{4}a^4 + 5a^3b + \frac{15}{2}a^2b^2 + 5ab^3 + \frac{25}{4}b^4 = 6a^4 + 6a^3b + 6a^2b^2 + 6ab^3 + 6b^4,
$$

es decir,

$$\begin{aligned}
0 &= \frac{1}{4}a^4 - a^3b + \frac{3}{2}a^2b^2 - ab^3 + \frac{1}{4}b^4 \\
&= \frac{1}{4}\left(a^4 - 4a^3b + 6a^2b^2 - 4ab^3 + b^4\right) \\
&= \frac{1}{4}(b-a)^4,
\end{aligned}$$

lo que no puede ocurrir, ya que $a < b$. Por tanto, la fórmula de Simpson tiene grado de exactitud 3.

4.1.3. Obtención de fórmulas de cuadratura

Si queremos diseñar una fórmula de cuadratura en $[a, b]$ que use los puntos $x_0, \ldots, x_n$, ¿cómo podemos calcular los pesos para que dicha fórmula tenga el mayor grado de exactitud posible? Vamos a ver dos métodos.

A) Método interpolatorio

La estrategia es la siguiente: dados $x_0, \ldots, x_n$ en el intervalo $[a, b]$, a fin de aproximar la integral de una función f en dicho intervalo, calculamos en primer lugar el polinomio p que interpola los datos:

$$(x_0, f(x_0)), \ldots, (x_n, f(x_n)),$$

y a continuación aproximamos la integral de la función por la del polinomio, que es fácil de calcular (véase la figura 4.3):

$$\int_a^b f(x)\,dx \approx \int_a^b p(x)\,dx.$$

Veamos que esta estrategia conduce a una fórmula de cuadratura de tipo (4.1.6). Por el capítulo anterior, sabemos que p puede expresarse en la forma de Lagrange:

$$p(x) = \sum_{i=0}^n f(x_i)l_i(x),$$

siendo $l_0, \ldots, l_n$ los polinomios de base. Por tanto,

$$\int_a^b p(x)\,dx = \int_a^b \sum_{i=0}^n f(x_i)l_i(x)\,dx = \sum_{i=0}^n f(x_i)\int_a^b l_i(x)\,dx = \sum_{i=0}^n f(x_i)\alpha_i,$$

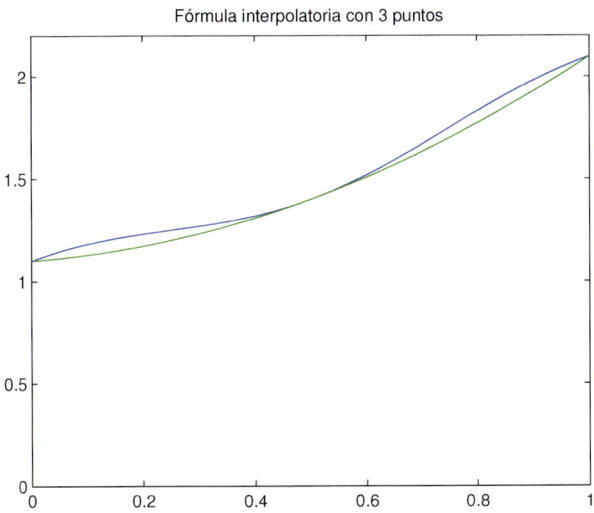

Figura 4.3. Fórmula interpolatoria con 3 puntos.

siendo

$$\alpha_i = \int_a^b l_i(x)\,dx, \quad i = 0, \ldots, n. \tag{4.1.17}$$

Definición 4.1.2. Dados $n + 1$ puntos $x_0, \ldots, x_n$ distintos dos a dos del intervalo $[a, b]$, se denomina fórmula de cuadratura interpolatoria asociada a los puntos a la fórmula (4.1.6) cuyos pesos vienen dados por las integrales de los polinomios de base de Lagrange, es decir, por (4.1.17).

Veamos algunos ejemplos:

- La fórmula interpolatoria asociada a un único punto $c \in [a, b]$ es la correspondiente fórmula de tipo rectángulo. En particular, si $c = (a + b)/2$ es la fórmula del punto medio. En efecto, el polinomio de grado 0 que interpola el único dato es $p(x) = f(c)$, por lo que tenemos:

$$I_1(f) = \int_a^b f(c)\,dx = f(c)(b - a).$$

- La fórmula interpolatoria asociada a $x_0 = a$ y $x_1 = b$ es la fórmula del trapecio. En efecto, para dicha elección de puntos, tenemos:

$$l_0(x) = \frac{x - b}{a - b}, \quad l_1(x) = \frac{x - a}{b - a}.$$

En consecuencia, los pesos de la fórmula son:

$$\alpha_0 = \int_a^b l_0(x)\,dx = \frac{1}{a-b}\left[\frac{(x-b)^2}{2}\right]_a^b = -\frac{1}{a-b}\frac{(a-b)^2}{2} = \frac{b-a}{2},$$

$$\alpha_1 = \int_a^b l_1(x)\,dx = \frac{1}{b-a}\left[\frac{(x-a)^2}{2}\right]_a^b = \frac{1}{b-a}\frac{(b-a)^2}{2} = \frac{b-a}{2}.$$

- Vamos a calcular la fórmula interpolatoria asociada a $x_0 = -1$, $x_1 = 0$ y $x_2 = 1$ en el intervalo $[-1, 1]$. En este caso tenemos:

$$l_0(x) = \frac{1}{2}(x^2 - x), \quad l_1(x) = 1 - x^2, \quad l_2(x) = \frac{1}{2}(x^2 + 2).$$

En consecuencia, los pesos de la fórmula son las integrales de estas funciones de base:

$$\alpha_0 = \int_{-1}^1 \frac{1}{2}(x^2 - x)\,dx = \frac{1}{3},$$

$$\alpha_1 = \int_{-1}^1 (1 - x^2)\,dx = \frac{4}{3},$$

$$\alpha_2 = \int_{-1}^1 \frac{1}{2}(x^2 + x)\,dx = \frac{1}{3}.$$

Obtenemos así la fórmula:

$$\int_{-1}^1 f(x)\,dx \approx I_3(f) = \frac{1}{3}\big(f(-1) + 4f(0) + f(1)\big), \qquad (4.1.18)$$

que es la fórmula de Simpson en el intervalo $[-1, 1]$, cuyo grado de exactitud es, como se ha visto, 3.

Teorema 4.1.2. *Dados $x_0, \ldots, x_n \in [a, b]$ distintos dos a dos, la fórmula de cuadratura interpolatoria asociada a los puntos tiene grado de exactitud al menos n. Recíprocamente, cualquier fórmula de cuadratura (4.1.6) cuyo grado de exactitud sea mayor o igual que n es la fórmula interpolatoria asociada a los puntos.*

Demostración. Veamos, en primer lugar, que la fórmula de cuadratura interpolatoria asociada a $x_0, \ldots, x_n$ es exacta para polinomios de grado menor o igual que n. Sea f un polinomio de grado menor o igual que n. Como se ha visto, la fórmula de cuadratura interpolatoria satisface la igualdad

$$I_{n+1}(f) = \int_a^b p(x)\,dx,$$

siendo p el polinomio que interpola

$$(x_0, f(x_0)), \ldots, (x_n, f(x_n)).$$

Pero f es también un polinomio de grado menor o igual que n que interpola dichos datos. Por la unicidad del polinomio de interpolación $f = p$ y, en consecuencia:

$$I_{n+1}(f) = \int_a^b p(x)\,dx = \int_a^b f(x)\,dx,$$

con lo que la fórmula es exacta para f, como queríamos probar.

Supongamos a continuación que la fórmula (4.1.6) tiene grado de exactitud mayor o igual que n. En ese caso, es exacta para todos los polinomios de grado n y, en particular, lo es para los polinomios de base $l_0, \ldots, l_n$. Es decir, para cada índice i entre 0 y n se tiene:

$$\int_a^b l_i(x)dx = I_{n+1}(l_i) = \alpha_0 l_i(x_0) + \ldots + \alpha_i l_i(x_i) + \ldots + \alpha_n l_i(x_n) = \alpha_i,$$

donde se ha usado la igualdad

$$l_i(x_j) = \begin{cases} 1 & \text{si } i = j, \\ 0 & \text{si } i \neq j, \end{cases}$$

vista en el capítulo anterior. Por tanto, los pesos de la fórmula vienen dados por (4.1.17) y, en consecuencia, se trata de la fórmula interpolatoria asociada a los puntos, como queríamos probar.

$\square$

Veamos a continuación algunos ejemplos de especial relevancia:

1. Las fórmulas de tipo interpolatorio cuyos nodos son $n+1$ puntos equidistantes del intervalo $[a, b]$ incluyendo sus extremos, es decir:

$$x_i = a + \frac{b-a}{n}i, \quad i = 0, \ldots, n,$$

se denominan fórmulas de **Newton-Cotes cerradas**.

- La fórmula de Newton-Cotes cerrada con dos puntos

$$x_0 = a, \ x_1 = b$$

es la fórmula del trapecio. Su grado de exactitud es 1.

- La fórmula de Newton-Cotes cerrada con tres puntos

$$x_0 = a, \ x_1 = \frac{a+b}{2}, \ x_2 = b$$

es la fórmula de Simpson. Su grado de exactitud es 3.

- La fórmula de Newton-Cotes cerrada con cuatro puntos

$$x_0 = a, \ x_1 = a + \frac{b-a}{3}, \ x_2 = a + 2\frac{b-a}{3}, \ x_3 = b$$

es la fórmula denominada **fórmula de Simpson 3/8:**

$$\int_a^b f(x)\,dx \approx \frac{b-a}{8}\big(f(x_0) + 3f(x_1) + 3f(x_2) + f(x_3)\big).$$

Su grado de exactitud es 3.

- La fórmula de Newton-Cotes cerrada con cinco puntos

$$x_0 = a, \ x_1 = a + \frac{b-a}{4}, \ x_2 = a + \frac{b-a}{2}, \ x_3 = a + 3\frac{b-a}{4}, \ x_4 = b$$

es la fórmula denominada **fórmula de Boole:**

$$\int_a^b f(x)\,dx \approx \frac{(b-a)}{90}\big(7f(x_0) + 32f(x_1) + 12f(x_2) + 32f(x_3) + 7f(x_4)\big).$$

Su grado de exactitud es 5.

En general, se tiene que la fórmula de Newton-Cotes cerrada con $n+1$ puntos tiene grado de exactitud n si n es impar y $n+1$ si n es par.

2. Las fórmulas de tipo interpolatorio cuyos nodos son $n+1$ puntos equidistantes del intervalo $[a, b]$ excluyendo sus extremos, es decir:

$$x_i = a + \frac{b-a}{n+2}(i+1), \quad i = 0, \ldots, n,$$

se denominan fórmulas de **Newton-Cotes abiertas.**

- La fórmula de Newton-Cotes abierta con un punto

$$x_0 = \frac{a+b}{2}$$

es la fórmula del punto medio. Su grado de exactitud es 1.

- La fórmula de Newton-Cotes abierta con dos puntos

$$x_0 = a + \frac{b-a}{3}, \ x_1 = a + 2\frac{b-a}{3}$$

es la fórmula

$$\int_a^b f(x)\,dx \approx \frac{(b-a)}{2}\big(f(x_0) + f(x_1)\big). \tag{4.1.19}$$

Su grado de exactitud es 1.

Como en el caso de las fórmulas de Newton-Cotes cerradas, el grado de exactitud de la fórmula abierta con $n+1$ puntos tiene grado de exactitud n si n es impar y $n+1$ si n es par.

B) Método de coeficientes indeterminados

Vamos a aplicar un método diferente al interpolatorio a fin de obtener, dados los puntos de cuadratura $x_0, \ldots, x_n \in [a,b]$, los pesos de una fórmula de cuadratura

$$I_{n+1}(f) = \alpha_0 f(x_0) + \alpha_1 f(x_1) + \ldots + \alpha_n f(x_n),$$

con el mayor grado de exactitud posible. Para ello, consideramos $\alpha_0, \ldots, \alpha_n$ como incógnitas. Para que la fórmula sea exacta para $f(x) = 1$ se ha de verificar:

$$b - a = \int_a^b f(x)\,dx = \alpha_0 + \alpha_1 + \ldots + \alpha_n,$$

y para que sea exacta para $f(x) = x$ se ha de verificar:

$$\frac{b^2 - a^2}{2} = \int_a^b f(x)\,dx = \alpha_0 x_0 + \ldots + \alpha_n x_n.$$

En general, para que la fórmula sea exacta para $f(x) = x^k$ se ha de verificar:

$$\frac{b^{k+1} - a^{k+1}}{k+1} = \int_a^b f(x)\,dx = \alpha_0 x_0^k + \ldots + \alpha_n x_n^k.$$

Cada una de estas igualdades puede ser considerada como una ecuación para los pesos. Como hay $n + 1$ pesos, a fin de tener tantas ecuaciones como incógnitas, podremos imponer a lo sumo que sea exacta para $f(x) = x^k$, $k = 0, \ldots, n$. Obtenemos así el sistema:

$$\begin{cases} \alpha_0 + \ldots + \alpha_n = b - a, \\ \alpha_0 x_0 + \ldots + \alpha_n x_n = \dfrac{b^2 - a^2}{2}, \\ \quad \vdots \\ \alpha_0 x_0^k + \ldots + \alpha_n x_n^k = \dfrac{b^{k+1} - a^{k+1}}{k+1}, \\ \quad \vdots \\ \alpha_0 x_n^n + \ldots + \alpha_n x_n^n = \dfrac{b^{n+1} - a^{n+1}}{n+1}, \end{cases} \qquad (4.1.20)$$

que, en forma matricial, se escribe como sigue:

$$M \cdot \vec{a} = \vec{y},$$

siendo

$$M = \begin{pmatrix} 1 & 1 & 1 & \ldots & 1 \\ x_0 & x_1 & x_2 & \ldots & x_n \\ x_0^2 & x_1^2 & x_2^2 & \ldots & x_n^2 \\ \vdots & \vdots & \vdots & \ddots & \vdots \\ x_0^n & x_1^n & x_2^n & \ldots & x_n^n \end{pmatrix}, \quad \vec{a} = \begin{pmatrix} \alpha_0 \\ \alpha_1 \\ \alpha_2 \\ \vdots \\ \alpha_n \end{pmatrix}, \quad \vec{y} = \begin{pmatrix} b - a \\ \dfrac{b^2 - a^2}{2} \\ \dfrac{b^3 - a^3}{3} \\ \vdots \\ \dfrac{b^{n+1} - a^{n+1}}{n+1} \end{pmatrix}.$$

Como ocurría al estudiar el polinomio de interpolación en el capítulo anterior, la matriz de coeficientes es de tipo Van der Monde y su determinante es distinto de cero, ya que los puntos son distintos dos a dos. Por tanto, el sistema tiene una solución y solo una que nos da los pesos de la fórmula.

Observación 4.1.1. Como la fórmula obtenida es exacta para polinomios de grado menor o igual que n, por el teorema 4.1.2, coincide con la fórmula interpolatoria, es decir, la solución del sistema viene dada por:

$$\alpha_i = \int_a^b l_i(x)\, dx, \quad i = 0, \ldots, n.$$

Como ejemplo de utilización de este método, calculemos una fórmula de integración numérica en el intervalo $[0, 1]$ con puntos $x_0 = 1/3$, $x_1 = 2/3$:

$$I_2(f) = \alpha_0 f\left(\frac{1}{3}\right) + \alpha_1 f\left(\frac{2}{3}\right).$$

El sistema que se debe resolver es:

$$\begin{cases} \alpha_0 + \alpha_1 = 1, \\ \alpha_0 \dfrac{1}{3} + \alpha_1 \dfrac{2}{3} = \dfrac{1}{2}, \end{cases}$$

cuya solución es:

$$\alpha_0 = \frac{1}{2}, \quad \alpha_1 = \frac{1}{2}.$$

Obtenemos así la fórmula de cuadratura

$$I_2(f) = \frac{1}{2}\left(f\left(\frac{1}{3}\right) + f\left(\frac{2}{3}\right)\right), \tag{4.1.21}$$

cuyo grado de exactitud es 1, como puede comprobarse fácilmente (de hecho, es la fórmula de Newton-Cotes abierta con dos puntos que, como se ha comentado, tiene grado de exactitud 1).

Y como aplicación, volvamos al ejemplo de los datos de la tabla (4.1.1). Como se vio, la altura del móvil puede ser calculada integrando la velocidad:

$$z(t_f) = 10 + \int_{t_s}^{t_f} v(t)\, dt,$$

siendo $t_s = 0$ y $t_f = 1'3$. Como solo disponemos de valores de la velocidad en los instantes de tiempo:

$$t_0 = 9'985 \cdot 10^{-1},\ t_1 = 1'065,\ t_2 = 1'171,\ t_3 = 1'228,\ t_4 = 1'286,$$

a fin de utilizar toda la información de la tabla para aproximar la integral, vamos a usar una fórmula con el mayor grado de exactitud posible cuyos puntos sean t_i, $i = 0, \ldots, 4$. Para calcular los pesos hay que resolver el sistema:

$$M \cdot \vec{a} = \vec{y},$$

siendo

$$M = \begin{pmatrix} 1 & 1 & 1 & 1 & 1 \\ t_0 & t_1 & t_2 & t_3 & t_4 \\ t_0^2 & t_1^2 & t_2^2 & t_3^2 & t_4^2 \\ t_0^3 & t_1^3 & t_2^3 & t_3^3 & t_4^3 \\ t_0^4 & t_1^4 & t_2^4 & t_3^4 & t_4^4 \end{pmatrix}, \quad \vec{a} = \begin{pmatrix} \alpha_0 \\ \alpha_1 \\ \alpha_2 \\ \alpha_3 \\ \alpha_4 \end{pmatrix}, \quad \vec{y} = \begin{pmatrix} t_f - t_i \\ \frac{t_f^2}{2} - \frac{t_s^2}{2} \\ \frac{t_f^3}{3} - \frac{t_s^3}{3} \\ \frac{t_f^4}{4} - \frac{t_s^4}{4} \\ \frac{t_f^5}{5} - \frac{t_s^4}{4} \end{pmatrix}.$$

La expresión aproximada de los pesos que se obtiene tras resolver el sistema (usando *software* de cálculo) es la siguiente:

$$\alpha_0 = 0'3677\ldots, \quad \alpha_1 = -0'3813\ldots, \quad \alpha_2 = 0'6604\ldots,$$
$$\alpha_3 = -0'3965\ldots, \quad \alpha_4 = 0'1497\ldots$$

Obtenemos así la aproximación:

$$z(t_f) \approx 10 + \sum_{k=0}^{4} \alpha_k v_k \approx 10'0241\ldots$$

C) Transporte de una fórmula de cuadratura de un intervalo a otro

La técnica del cambio de variable del cálculo integral permite transportar una fórmula de cuadratura obtenida en un intervalo concreto a cualquier otro. Supongamos que conocemos una fórmula de cuadratura en un intervalo $[c, d]$:

$$\int_c^d g(t)\, dt \approx \tilde{I}_{n+1}(g) = \sum_{i=0}^{n} \tilde{\alpha}_i g(t_i), \tag{4.1.22}$$

con grado de exactitud k, y queremos obtener una fórmula, a partir de esta, en otro intervalo $[a, b]$.

Sea $f : [a, b] \mapsto \mathbb{R}$ una función cuya integral queremos calcular. Si $h : [c, d] \mapsto [a, b]$ es una función de clase $\mathcal{C}^1([c, d])$ tal que $h(c) = a$ y $h(d) = b$, la fórmula del cambio de variable permite expresar la integral que queremos aproximar como una integral en el intervalo $[c, d]$:

$$\int_a^b f(x)\, dx = \int_c^d f(h(t)) h'(t)\, dt,$$

a la que podemos aplicar la fórmula de la que partimos. De todas las funciones derivables que mandan el intervalo $[c, d]$ al $[a, b]$ elegimos la más sencilla, que es la aplicación afín:

$$h(t) = a + \frac{b-a}{d-c}(t - c).$$

Tenemos, por tanto:

$$\int_a^b f(x)\,dx = \int_c^d f\left(a + \frac{b-a}{d-c}(t-c)\right)\frac{b-a}{d-c}\,dt = \frac{b-a}{d-c}\int_c^d g(t)\,dt,$$

$$(4.1.23)$$

siendo $g : [c, d] \mapsto \mathbb{R}$ la función dada por

$$g(t) = f\left(a + \frac{b-a}{d-c}(t-c)\right), \quad t \in [a, b],$$

es decir, $g = f \circ h$.

Con la notación que suele usarse en las aplicaciones prácticas del cambio de variables, lo que se ha hecho es el cambio

$$x = a + \frac{b-a}{d-c}(t-c),$$

que implica que

$$dx = \frac{b-a}{d-c}dt.$$

Y, para calcular los nuevos límites de integración, se les aplica a a y b el cambio de variables inverso:

$$t = c + \frac{d-c}{b-a}(x-a),$$

y se obtienen c y d.

Si usamos ahora la fórmula (4.1.22), obtenemos la siguiente aproximación:

$$\int_a^b f(x)\,dx = \frac{b-a}{d-c}\int_c^d g(t)\,dt \approx \frac{b-a}{d-c}\sum_{i=0}^n \tilde{\alpha}_i g(t_i).$$

Si definimos los puntos

$$x_i = h(t_i) = a + \frac{b-a}{d-c}(t_i - c), \quad i = 0, \ldots, n, \tag{4.1.24}$$

se tienen las siguientes igualdades:

$$g(t_i) = f(x_i), \quad i = 0, \ldots, n,$$

como se puede comprobar fácilmente usando la definición de la función g. Llegamos así a la siguiente aproximación de la integral de f:

$$\int_a^b f(x)\, dt \approx I_{n+1}(f) = \sum_{i=0}^n \alpha_i f(x_i), \qquad (4.1.25)$$

donde los puntos $x_0, \dots, x_n$ son los definidos por (4.1.24) y los pesos vienen dados por

$$\alpha_i = \frac{b-a}{d-c}\tilde{\alpha}_i, \quad i = 0, \dots, n. \qquad (4.1.26)$$

Veamos que el grado de exactitud de la fórmula (4.1.25) así obtenida es el mismo que el de la fórmula de partida (4.1.22), es decir, k.

Por un lado, si f es un polinomio de grado menor o igual que k,

$$f(x) = \sum_{j=0}^k a_j x^j,$$

entonces

$$g(t) = f\left(a + \frac{b-a}{d-c}(t-c)\right) = \sum_{j=0}^k a_j \left(a + \frac{b-a}{d-c}(t-c)\right)^j$$

es también un polinomio de grado menor o igual que k en la variable t. Por tanto,

$$\int_c^d g(t)\, dt = \sum_{i=0}^n \tilde{\alpha}_i g(t_i).$$

De la igualdad (4.1.23) y de las definiciones (4.1.24) y (4.1.26) se deduce que

$$\int_a^b f(x)\, dx = \sum_{i=0}^n \alpha_i f(x_i) = I_{n+1}(f),$$

como queríamos probar.

Veamos ahora que la fórmula no es exacta para algún polinomio de grado $k+1$. Sea

$$f(x) = \left(c + \frac{d-c}{b-a}(x-a)\right)^{k+1},$$

que es un polinomio de grado $k+1$. En este caso,

$$g(t) = f\left(a + \frac{b-a}{d-c}(t-c)\right) = t^{k+1}.$$

Por ser (4.1.22) de grado $k+1$, no es exacta para $g(t) = t^{k+1}$, por tanto:

$$
\begin{aligned}
\int_a^b f(x)\,dx &= \frac{b-a}{d-c} \int_c^d g(t)\,dt \\
&\neq \frac{b-a}{d-c} \tilde{I}_{n+1}(g) \\
&= \frac{b-a}{d-c} \sum_{i=0}^n \tilde{\alpha}_i g(t_i) \\
&= \sum_{i=0}^n \alpha_i f(x_i) \\
&= I_{n+1}(f),
\end{aligned}
$$

por lo que la fórmula no es exacta para f, como queríamos demostrar.

La utilidad de este procedimiento viene del hecho de que permite obtener fórmulas de cuadratura en intervalos donde los cálculos son fáciles (usualmente $[0,1]$ o $[-1,1]$) y extenderlas a fórmulas del mismo grado de exactitud en intervalos arbitrarios. Veamos dos ejemplos:

- **Fórmula de Simpson.** En el epígrafe A de este apartado se dedujo la fórmula:

$$
\int_{-1}^1 g(t)\,dt \approx I_3(g) = \frac{1}{3}\big(g(-1) + 4g(0) + g(1)\big).
$$

Vamos a transportarla a un intervalo genérico $[a,b]$. En este caso,

$$
c = -1,\ d = 1,
$$

mientras que

$$
t_0 = -1,\ t_1 = 0,\ t_2 = 1,
$$

y

$$
\tilde{\alpha}_0 = \frac{1}{3},\ \tilde{\alpha}_1 = \frac{4}{3},\ \tilde{\alpha}_2 = \frac{1}{3}.
$$

La aplicación afín que manda el intervalo $[-1,1]$ al intervalo $[a,b]$ es:

$$
h(t) = a + \frac{b-a}{2}(t+1).
$$

Por tanto, los puntos de la fórmula transportada, dados por (4.1.24), son:

$$
x_0 = a,\ x_1 = \frac{a+b}{2},\ x_2 = b,
$$

y los pesos, dados por (4.1.26):

$$\alpha_0 = \frac{b-a}{6}, \ \alpha_1 = \frac{4(b-a)}{6}, \ \alpha_2 = \frac{b-a}{6}.$$

Se obtiene así la fórmula de Simpson (4.1.7).

- **Fórmula de Newton-Cotes abierta con dos puntos.** En el epígrafe B se dedujo la fórmula:

$$\int_0^1 g(t)\,dt \approx I_2(g) = \frac{1}{2}g\left(\frac{1}{3}\right) + \frac{1}{2}g\left(\frac{2}{3}\right).$$

Vamos a transportarla a un intervalo genérico $[a, b]$. En este caso,

$$c = 0, \ d = 1,$$

mientras que

$$t_0 = \frac{1}{3}, \ t_1 = \frac{2}{3},$$

y

$$\tilde{\alpha}_0 = \frac{1}{2}, \ \tilde{\alpha}_1 = \frac{1}{2}.$$

La aplicación afín que manda el intervalo $[0, 1]$ al intervalo $[a, b]$ es:

$$h(t) = a + (b-a)t.$$

Por tanto, los puntos de la fórmula transportada, dados por (4.1.24), son:

$$x_0 = a + \frac{b-a}{3}, \ x_1 = a + \frac{2(b-a)}{3},$$

y los pesos, dados por (4.1.26):

$$\alpha_0 = \frac{b-a}{2}, \ \alpha_1 = \frac{b-a}{2}.$$

Se obtiene así la fórmula de Newton-Cotes abierta con dos puntos (4.1.19).

4.1.4. Máximo grado de exactitud alcanzable

Como se ha visto, una fórmula de cuadratura interpolatoria con $n + 1$ puntos tiene un grado de exactitud que al menos es n, pero que, en algunos casos, debido a la elección de los puntos de cuadratura, es mayor que n. No obstante, hay un límite que no puede superarse: una fórmula de cuadratura con $n + 1$ puntos no puede tener un grado de exactitud mayor o igual que $2n + 2$. Veámoslo. Supongamos que la fórmula

$$I_{n+1}(f) = \sum_{i=0}^{n} \alpha_i f(x_i)$$

fuera exacta para polinomios de grado $2n + 2$. En particular sería exacta para el polinomio

$$p(x) = (x - x_0)^2 (x - x_1)^2 \ldots (x - x_n)^2,$$

ya que su grado es $2n + 2$. Tendríamos en consecuencia que

$$\int_a^b p(x)\,dx = I_{n+1}(p) = \sum_{i=0}^{n} \alpha_i p(x_i) = 0,$$

ya que p se anula en todos los puntos de integración. Pero, por otro lado, p es continua, $p(x) \geq 0$ para todo $x \in [a, b]$ y además p no es idénticamente nula.
    Por tanto:

$$\int_a^b p(x)\,dx > 0,$$

con lo que tenemos una contradicción.
    Cabe preguntarse si, dado un intervalo $[a, b]$, existe alguna fórmula con $n + 1$ puntos que tenga grado de exactitud $2n + 1$. En principio, cabe esperar que sea así: en efecto, para diseñar una fórmula de cuadratura hay que elegir $n + 1$ puntos y $n + 1$ pesos, lo que da $2n + 2$ incógnitas. Si exigimos que sea exacta para $f(x) = x^j$, $j = 0, \ldots, 2n + 1$, tendremos $2n + 2$ ecuaciones, por lo que cabe esperar que haya una y solo una solución. Aunque hay que tener cuidado: el sistema (4.1.20) es, en esta ocasión, no lineal. Las incógnitas, que serían ahora $x_0, \ldots, x_n, \alpha_0, \ldots, \alpha_n$, aparecen multiplicadas y elevadas a diversas potencias… Y el estudio de existencia y solución de los sistemas no lineales no es tan sencillo como el de los lineales…
    No obstante, la respuesta es que, en efecto, hay una y solo una fórmula con $n + 1$ puntos en un intervalo $[a, b]$ con grado de exactitud $2n + 1$, que se denomina **fórmula de Gauss** con $n + 1$ puntos.

Para ver cómo se obtiene esta fórmula vamos a introducir algunos conceptos previos:

Ya se había visto que $\mathbb{P}_n$, espacio de los polinomios de grado menor o igual que n, era un espacio vectorial. En este espacio introducimos la operación:

$$(f,g) = \int_a^b f(x)g(x)\,dx, \quad \forall f, g \in \mathbb{P}_n.$$

Es fácil probar que esta operación es un *producto escalar*, es decir, que es bilineal, simétrica y definida positiva. Diremos que dos polinomios f y g de grado menor o igual que n son ortogonales si $(f, g) = 0$.

El siguiente resultado establece una relación entre las fórmulas de mayor grado de exactitud posible y la ortogonalidad:

Proposición 4.1.3. *Supongamos que*

$$\int_a^b f(x)\,dx \approx I_{n+1}(f) = \sum_{i=0}^n \alpha_i f(x_i)$$

es una fórmula con grado de exactitud $2n + 1$. Entonces, el polinomio de grado $n + 1$

$$P_{n+1}(x) = (x - x_0)(x - x_1) \ldots (x - x_n)$$

es ortogonal a todo polinomio de grado menor o igual que n, es decir:

$$(P_{n+1}, f) = \int_a^b P_{n+1}(x)f(x)\,dx = 0, \quad \forall f \in \mathbb{P}_n.$$

Demostración. Sea $f \in \mathbb{P}_n$. Entonces $P_{n+1} \cdot f$ es un polinomio de grado menor o igual que $2n + 1$ y, en consecuencia, la fórmula de integración es exacta:

$$\int_a^b P_{n+1}(x)f(x)\,dx = \sum_{i=0}^n \alpha_i P_{n+1}(x_i)f(x_i) = 0,$$

ya que $P_{n+1}(x_i) = 0$, $i = 0, \ldots, n$. En consecuencia, $(P_{n+1}, f) = 0$, como queríamos probar.

$\square$

Y también se tiene el siguiente resultado recíproco:

Proposición 4.1.4. *Sea P_{n+1} un polinomio de grado $n+1$, con $n+1$ raíces reales y distintas $x_0, \ldots, x_n$, ortogonal a todos los polinomios de grado menor o igual que n. Entonces, la fórmula de cuadratura interpolatoria asociada a las raíces de P_{n+1},*

$$\int_a^b f(x)\, dx \approx I_{n+1}(f) = \sum_{i=0}^n \alpha_i f(x_i),$$

tiene grado de exactitud $2n+1$.

Demostración. Sabemos que la fórmula interpolatoria que tiene por puntos los $n+1$ ceros del polinomio P_{n+1} es exacta al menos para polinomios de grado menor o igual que n.

Dado un polinomio de grado $2n+1$, f, dividimos f entre P_{n+1}:

$$f = Q \cdot P_{n+1} + R,$$

donde Q es el cociente, y R, el resto. Obsérvese que tanto Q como R son polinomios de grado menor o igual que n. Tenemos que:

$$\int_a^b f(x)\, dx = \int_a^b Q(x) P_{n+1}(x)\, dx + \int_a^b R(x)\, dx = \int_a^b R(x)\, dx,$$

donde se ha usado que P_{n+1} es ortogonal a todo polinomio de grado menor o igual que n. Por otro lado,

$$I_{n+1}(f) = \sum_{i=0}^n \alpha_i f(x_i) = \sum_{i=0}^n \alpha_i Q(x_i) P_{n+1}(x_i) + \sum_{i=0}^n \alpha_i R(x_i)$$

$$= \sum_{i=0}^n \alpha_i R(x_i) = I_{n+1}(R),$$

donde se ha usado que $x_0, \ldots, x_n$ son los ceros de P_{n+1}. Finalmente, como R es un polinomio de grado menor o igual que n, la fórmula es exacta para esa función. Por tanto:

$$\int_a^b f(x)\, dx = \int_a^b R(x)\, dx = I_{n+1}(R) = I_{n+1}(f),$$

como queríamos demostrar.

$\square$

Estos dos resultados nos dicen que es posible encontrar una fórmula de grado $2n + 1$ en un intervalo si y solo si es posible encontrar un polinomio P_{n+1} de grado $n+1$ ortogonal a $\mathbb{P}_n$ con $n+1$ raíces reales y distintas, en cuyo caso, la fórmula que buscamos es la interpolatoria asociada a las raíces.

En el intervalo $[-1, 1]$, un polinomio que verifica estas propiedades es el llamado $(n + 1)$-ésimo polinomio de Legendre:

$$P_{n+1}(x) = \frac{1}{2^{n+1}(n + 1)!} \frac{d^{n+1}}{dx^{n+1}} \left((x^2 - 1)^{n+1}\right).$$

Se trata, en efecto, de un polinomio de grado $n + 1$ (derivada n-ésima de un polinomio de grado $2n + 2$). Veamos que es ortogonal a $\mathbb{P}_n$. Sea f un polinomio de grado menor o igual que n. Aplicando integración por partes, tenemos:

$$\int_{-1}^{1} \frac{d^{n+1}}{dx^{n+1}} \left((x^2 - 1)^{n+1}\right) f(x)\, dx$$

$$= \left[\frac{d^n}{dx^n} \left((x^2 - 1)^{n+1}\right) f(x)\right]_{-1}^{1} - \int_{-1}^{1} \frac{d^n}{dx^n} \left((x^2 - 1)^{n+1}\right) f'(x)\, dx$$

$$= -\int_{-1}^{1} \frac{d^n}{dx^n} \left((x^2 - 1)^{n+1}\right) f'(x)\, dx,$$

donde se ha usado que -1 y 1 son raíces de multiplicidad $n+1$ de $(x^2 - 1)^{n+1}$ y, por tanto, raíces de sus $n + 1$ primeras derivadas. Aplicando nuevamente integración por partes, obtenemos:

$$\int_{-1}^{1} \frac{d^{n+1}}{dx^{n+1}} \left((x^2 - 1)^{n+1}\right) f(x)\, dx = \int_{-1}^{1} \frac{d^{n-1}}{dx^{n-1}} \left((x^2 - 1)^{n+1}\right) f''(x)\, dx.$$

Y reiterando el proceso n veces:

$$\int_{-1}^{1} \frac{d^{n+1}}{dx^{n+1}} \left((x^2 - 1)^{n+1}\right) f(x)\, dx = (-1)^{n+1} \int_{-1}^{1} (x^2 - 1)^{n+1} f^{(n+1)}(x)\, dx = 0,$$

ya que la derivada $(n+1)$-ésima de un polinomio de grado menor o igual que n se anula. Por tanto,

$$(P_{n+1}, f) = 0.$$

Se demuestra además que P_{n+1} tiene n raíces reales y distintas, situadas en el intervalo $(-1, 1)$. Por ejemplo, en la fórmula de Gauss con dos puntos del intervalo $[-1, 1]$ (cuyo grado de exactitud es 3), los puntos son:

$$x_0 = -\sqrt{\frac{1}{3}} \approx -0'57735027, \quad x_1 = \sqrt{\frac{1}{3}} \approx 0'57735027,$$

y los pesos:
$$\alpha_0 = \alpha_1 = 1.$$

Y en la fórmula de Gauss con tres puntos (grado de exactitud 5), los puntos son:

$$x_0 = -\sqrt{\frac{3}{5}} \approx -0'77459667, \quad x_1 = 0, \quad x_2 = \sqrt{\frac{3}{5}} \approx 0'77459667,$$

y los pesos:

$$\alpha_0 = \alpha_2 = \frac{5}{9}, \quad \alpha_1 = \frac{8}{9}.$$

En intervalos generales $[a, b]$, los puntos de integración de las fórmulas de Gauss se obtienen a partir de los del intervalo $[-1, 1]$ aplicando el procedimiento estudiado en el subepígrafe C del apartado 4.1.3.

Como ejemplo, supongamos que queremos calcular la integral

$$\int_0^1 e^{-x^2} \, dx,$$

para cuyo integrando no es posible calcular una primitiva usando funciones elementales. Las aproximaciones que obtenemos usando algunas de las fórmulas vistas son:

- Fórmula del rectángulo a la izquierda:

$$\int_0^1 e^{-x^2} \, dx \approx 1.$$

- Fórmula del punto medio:

$$\int_0^1 e^{-x^2} \, dx \approx e^{-\frac{1}{4}} = 0'77880078\ldots$$

- Fórmula del trapecio:

$$\int_0^1 e^{-x^2} \, dx \approx \frac{1}{2}\left(1 + e^{-1}\right) = 0'68393972\ldots$$

- Fórmula de Simpson:

$$\int_0^1 e^{-x^2} \, dx \approx \frac{1}{6}\left(1 + 4e^{-\frac{1}{4}} + e^{-1}\right) = 0'74718042\ldots$$

- Fórmula de Gauss con tres puntos:

$$\int_0^1 e^{-x^2}\, dx \approx \frac{1}{18}\left(5e^{-x_0^2} + 8e^{-x_1^2} + 5e^{-x_2^2}\right) = 0'74681458\ldots$$

siendo

$$x_0 = 0'1127016654,\ x_1 = 0'5,\ x_2 = 0'8872983346.$$

Las primeras cifras decimales exactas de la integral son las siguientes:

$$\int_0^1 e^{-x^2}\, dx = 0'74682413\ldots$$

y las de los errores que se cometen con las anteriores aproximaciones son, respectivamente:

$$\begin{aligned}
\mathcal{E}^{RI} &= -0'2531\ldots, & (4.1.27)\\
\mathcal{E}^{PM} &= -0'0319\ldots, & (4.1.28)\\
\mathcal{E}^{T} &= 0'0628\ldots, & (4.1.29)\\
\mathcal{E}^{S} &= -3'5629\ldots \cdot 10^{-4}, & (4.1.30)\\
\mathcal{E}^{G} &= 9'5497\ldots \cdot 10^{-6}. & (4.1.31)
\end{aligned}$$

De esto se deduce que la mejor aproximación la da la fórmula de Gauss, seguida de Simpson, punto medio, trapecio y rectángulo a la izquierda.

4.1.5. Estudio del error para algunas fórmulas interpolatorias

En esta sección vamos a deducir expresiones del error para la fórmula del rectángulo a la izquierda, la del punto medio y la del trapecio. La de otras fórmulas, como la de Simpson, requieren del uso de técnicas más sofisticadas que no se abordarán.

A) Fórmula del rectángulo a la izquierda

Proposición 4.1.5. *Sea* $f : [a, b] \mapsto \mathbb{R}$ *de clase* $\mathcal{C}^1([a, b])$. *Sea*

$$\mathcal{E}^{RI}(f) = \int_a^b f(x)\, dx - f(a)(b - a)$$

el error que se comete al aproximar su integral mediante la fórmula del rectángulo a la izquierda. Existe $\xi \in [a, b]$ tal que

$$\mathcal{E}^{RI}(f) = (b-a)^2 \frac{f'(\xi)}{2}. \tag{4.1.32}$$

Demostración. Partimos de la igualdad:

$$\mathcal{E}^{RI}(f) = \int_a^b f(x)\, dx - f(a)(b-a) = \int_a^b (f(x) - f(a))\, dx. \tag{4.1.33}$$

Dado cualquier $x \in [a, b]$, el teorema del valor medio asegura que existe $c_x \in [a, x]$ tal que

$$f(x) - f(a) = f'(c_x)(x - a). \tag{4.1.34}$$

Como f' es continua, alcanza sus valores máximo y mínimo en $[a, b]$. Sean $\underline{x}$ y $\overline{x}$ puntos de mínimo y máximo absoluto de f'. Se verifica:

$$f'(\underline{x}) \leq f'(c_x) \leq f'(\overline{x}).$$

Como $x - a \geq 0$ para todo $x \in [a, b]$, multiplicando la desigualdad por $x - a$, obtenemos:

$$f'(\underline{x})(x - a) \leq f'(c_x)(x - a) \leq f'(\overline{x})(x - a),$$

es decir, usando (4.1.34):

$$f'(\underline{x})(x - a) \leq f(x) - f(a) \leq f'(\overline{x})(x - a).$$

Como $x \in [a, b]$ era arbitrario, la desigualdad se tiene para todo punto del intervalo y, en consecuencia:

$$\int_a^b f'(\underline{x})(x - a)\, dx \leq \int_a^b (f(x) - f(a))\, dx \leq \int_a^b f'(\overline{x})(x - a)\, dx.$$

Es decir,

$$f'(\underline{x})\frac{(b-a)^2}{2} \leq \mathcal{E}^{RI}(f) \leq f'(\overline{x})\frac{(b-a)^2}{2},$$

donde se ha usado (4.1.33), el hecho de que los valores máximo y mínimo de f' son constantes y la igualdad

$$\int_a^b (x - a)\, dx = \frac{(b-a)^2}{2}.$$

Se deduce que

$$f'(\underline{x}) \le \frac{2}{(b-a)^2}\mathcal{E}^{RI}(f) \le f'(\overline{x}).$$

Como f' es continua, por el principio de valores intermedios, sabemos que, si f' alcanza dos valores, alcanza también todos los intermedios. En consecuencia, existe $\xi \in [a,b]$ tal que

$$f'(\xi) = \frac{2}{(b-a)^2}\mathcal{E}^{RI}(f),$$

o, equivalentemente,

$$\mathcal{E}^{RI}(f) = (b-a)^2\frac{f'(\xi)}{2},$$

como queríamos demostrar.   □

Esta expresión del error permite deducir una cota de error. En efecto, sea

$$M_1 = \max_{x \in [a,b]} |f'(x)|.$$

De (4.1.32) se obtiene fácilmente que

$$\left|\mathcal{E}^{RI}(f)\right| \le (b-a)^2\frac{M_1}{2}. \tag{4.1.35}$$

Obsérvese que se puede usar un razonamiento similar para obtener una expresión y una cota del error para la fórmula del rectángulo a la derecha, pero no para ninguna otra fórmula de tipo rectángulo (incluida la fórmula del punto medio). ¿Por qué?

B) Fórmula del punto medio

Proposición 4.1.6. *Sea $f : [a,b] \mapsto \mathbb{R}$ de clase $\mathcal{C}^2([a,b])$. Sea*

$$\mathcal{E}^{PM}(f) = \int_a^b f(x)\,dx - f(c)(b-a),$$

siendo $c = (a+b)/2$, el error que se comete al aproximar su integral mediante la fórmula del punto medio. Existe $\xi \in [a,b]$ tal que

$$\mathcal{E}^{PM}(f) = (b-a)^3\frac{f''(\xi)}{24}. \tag{4.1.36}$$

Demostración. Se tiene la siguiente igualdad:

$$\int_a^b f'(c)(x-c)\,dx = f'(c)\int_a^b (x-c)\,dx = f'(c)\left[\frac{(x-c)^2}{2}\right]_a^b = 0,$$

y, por tanto,

$$
\begin{aligned}
\mathcal{E}^{PM}(f) &= \int_a^b f(x)\,dx - f(c)(b-a) \\
&= \int_a^b (f(x)-f(c))\,dx \\
&= \int_a^b (f(x)-f(c))\,dx - \int_a^b f'(c)(x-c)\,dx \\
&= \int_a^b \big(f(x)-f(c)-f'(c)(x-c)\big)\,dx \\
&= \int_a^b \big(f(x)-p_{f,c}^1(x)\big)\,dx, \tag{4.1.37}
\end{aligned}
$$

siendo

$$p_{f,c}^1(x) = f(c) + f'(c)(x-c)$$

el polinomio de Taylor de primer grado de f desarrollado en $x = c$. Dado $x \in [a, b]$, por el teorema de Taylor, existe $c_x \in [x, c]$ o $c_x \in [c, x]$ tal que

$$f(x) - p_{f,c}^1(x) = \frac{f''(c_x)}{2}(x-c)^2. \tag{4.1.38}$$

Como f'' es continua, alcanza sus valores máximo y mínimo en $[a, b]$. Representaremos nuevamente por $\underline{x}$ y $\overline{x}$ los puntos de mínimo y máximo absoluto de f''. Se verifica:

$$f''(\underline{x}) \le f''(c_x) \le f''(\overline{x}).$$

Como $(x-c)^2/2 \ge 0$, multiplicando la desigualdad por esta cantidad, obtenemos:

$$\frac{f''(\underline{x})}{2}(x-c)^2 \le \frac{f''(c_x)}{2}(x-c)^2 \le \frac{f''(\overline{x})}{2}(x-c)^2,$$

es decir, usando (4.1.38):

$$\frac{f''(\underline{x})}{2}(x-c)^2 \le f(x) - p_{f,c}^1(x) \le \frac{f''(\overline{x})}{2}(x-c)^2.$$

Como $x \in [a, b]$ era arbitrario, la desigualdad se tiene para todo punto del intervalo y, en consecuencia:

$$\int_a^b \frac{f''(\underline{x})}{2}(x-c)^2 \, dx \leq \int_a^b \left(f(x) - p_{f,c}^1(x) \, dx\right) \leq \int_a^b \frac{f''(\overline{x})}{2}(x-c)^2 \, dx.$$

Es decir,

$$f''(\underline{x})\frac{(b-a)^3}{24} \leq \mathcal{E}^{PM}(f) \leq f''(\overline{x})\frac{(b-a)^3}{24},$$

donde se ha usado (4.1.37), el hecho de que los valores máximo y mínimo de f'' son constantes y la igualdad

$$\int_a^b (x-c)^2 \, dx = \frac{(b-a)^3}{12}.$$

Se deduce que

$$f''(\underline{x}) \leq \frac{24}{(b-a)^3}\mathcal{E}^{PM}(f) \leq f''(\overline{x}).$$

Un nuevo uso del principio de valores intermedios nos permite afirmar que existe $\xi \in [a, b]$ tal que:

$$f''(\xi) = \frac{24}{(b-a)^3}\mathcal{E}^{PM}(f),$$

o, equivalentemente,

$$\mathcal{E}^{PM}(f) = (b-a)^3\frac{f''(\xi)}{24},$$

como queríamos demostrar.   □

Para concluir, vamos a obtener una cota del error. Sea

$$M_2 = \max_{x \in [a,b]} |f''(x)|.$$

De (4.1.36) se deduce que

$$|\mathcal{E}^{PM}(f)| \leq (b-a)^3\frac{M_2}{24}. \tag{4.1.39}$$

C) Fórmula del trapecio

Proposición 4.1.7. *Sea* $f : [a, b] \mapsto \mathbb{R}$ *de clase* $\mathcal{C}^2([a, b])$. *Sea*

$$\mathcal{E}^T(f) = \int_a^b f(x)\,dx - (b-a)\frac{f(a) + f(b)}{2}$$

el error que se comete al aproximar su integral mediante la fórmula del trapecio. Existe $\xi \in [a, b]$ *tal que:*

$$\mathcal{E}^T(f) = -(b-a)^3 \frac{f''(\xi)}{12}. \tag{4.1.40}$$

Demostración. Hemos visto la igualdad:

$$(b-a)\frac{f(a) + f(b)}{2} = \int_a^b p_1(x)\,dx,$$

donde p_1 es el polinomio de grado menor o igual que 1 que interpola los datos

$$(a, f(a)) \text{ y } (b, f(b)).$$

Por tanto,

$$\mathcal{E}^T(f) = \int_a^b f(x)\,dx - \int_a^b p_1(x)\,dx = \int_a^b \big(f(x) - p_1(x)\big)\,dx. \tag{4.1.41}$$

Dado $x \in [a, b]$, por el teorema 3.6.3, existe $c_x \in [a, b]$ tal que

$$f(x) - p^1(x) = \frac{f''(c_x)}{2}(x-a)(x-b). \tag{4.1.42}$$

Sean $\underline{x}$ y $\overline{x}$ los puntos de mínimo y máximo absoluto de f''. Se verifica:

$$f''(\underline{x}) \leq f''(c_x) \leq f''(\overline{x}).$$

Como $(x-a)(x-b)/2 \leq 0$ para todo $x \in [a, b]$, multiplicando la desigualdad por esta cantidad, obtenemos:

$$\frac{f''(\overline{x})}{2}(x-a)(x-b) \leq \frac{f''(c_x)}{2}(x-a)(x-b) \leq \frac{f''(\underline{x})}{2}(x-a)(x-b),$$

es decir, usando (4.1.42):

$$\frac{f''(\overline{x})}{2}(x-a)(x-b) \leq f(x) - p^1(x) \leq \frac{f''(\underline{x})}{2}(x-a)(x-b).$$

Como $x \in [a, b]$ era arbitrario, la desigualdad se tiene para todo punto del intervalo y, en consecuencia:

$$\int_a^b \frac{f''(\overline{x})}{2}(x-a)(x-b)dx \leq \int_a^b \left(f(x) - p^1(x)\right)dx \leq \int_a^b \frac{f''(\underline{x})}{2}(x-a)(x-b)dx.$$

Es decir,

$$-f''(\overline{x})\frac{(b-a)^3}{12} \leq \mathcal{E}^T(f) \leq -f''(\underline{x})\frac{(b-a)^3}{12},$$

donde se ha usado (4.1.41), el hecho de que los valores máximo y mínimo de f'' son constantes y la igualdad

$$\int_a^b (x-a)(x-b)\, dx = -\frac{(b-a)^3}{6}.$$

Se deduce que

$$f''(\underline{x}) \leq -\frac{12}{(b-a)^3}\mathcal{E}^T(f) \leq f''(\overline{x}).$$

Un nuevo uso del principio de valores intermedios nos permite afirmar que existe $\xi \in [a, b]$ tal que:

$$f''(\xi) = -\frac{12}{(b-a)^3}\mathcal{E}^T(f),$$

o, equivalentemente,

$$\mathcal{E}^T(f) = -(b-a)^3\frac{f''(\xi)}{12},$$

como queríamos demostrar. $\qquad\qquad\qquad\qquad\qquad\qquad\qquad\qquad\square$

Vamos a terminar este apartado obteniendo una cota del error. Sea nuevamente

$$M_2 = \max_{x \in [a,b]} |f''(x)|.$$

De (4.1.40) se deduce que

$$\left|\mathcal{E}^T(f)\right| \leq (b-a)^3\frac{M_2}{12}. \qquad\qquad\qquad (4.1.43)$$

Observación 4.1.2. Obsérvese que, aunque las cotas de error halladas para las fórmulas del punto medio y del trapecio son similares, en el denominador de la primera, aparece 24, mientras que, en el de la segunda, aparece 12. Esto implica que, por lo general, el error en valor absoluto para la primera fórmula es aproximadamente la mitad que para la segunda.

D) Fórmula de Simpson

En los tres ejemplos anteriores hemos obtenido fórmulas de error con la siguiente forma:

$$\mathcal{E}(f) = (b-a)^{k+2} C f^{(k+1)}(\xi) \tag{4.1.44}$$

para funciones f de clase $\mathcal{C}^{k+1}([a,b])$, siendo $C > 0$ una constante, y k, el grado de exactitud de la fórmula. Que en la fórmula aparezca la derivada $(k+1)$-ésima de la función que se integra es natural: esto indica que, cuando la fórmula se aplica a polinomios de grado menor o igual que k, el error es 0, puesto que su $(k+1)$-ésima derivada se anula. Y, cuando se aplica a polinomios de grado $k+1$, el error no será 0, ya que su derivada $(k+1)$-ésima es constante y diferente de 0.

Si esto fuera un hecho general, para la fórmula de Simpson, cuyo grado de exactitud es 3, cabría esperar que existiera una constante $C_S > 0$ tal que:

$$\mathcal{E}^S(f) = (b-a)^5 C_S f^{(4)}(\xi)$$

para toda función f de clase $\mathcal{C}^4([a,b])$, siendo

$$\mathcal{E}^S(f) = \int_a^b f(x)\,dx - \frac{(b-a)}{6}\big(f(a) + 4f(c) + f(b)\big)$$

el error que se comete al aproximar la integral de f usando la regla de Simpson. Si esta fórmula fuera cierta, tomando el caso particular

$$a = -1, \quad b = 1, \quad f(x) = x^4,$$

el error,

$$\mathcal{E}^S(f) = \int_{-1}^1 x^4\,dx - \frac{2}{6}\big((-1)^4 + 4 \cdot 0^4 + 1^4\big) = \frac{2}{5} - \frac{2}{3} = -\frac{4}{15},$$

debería ser igual a

$$(b-a)^5 C_S f^{(4)}(\xi) = 2^5 \cdot 24\, C_S,$$

por lo que, necesariamente,

$$C_S = -\frac{4}{15 \cdot 2^5 \cdot 24} = -\frac{1}{2880}.$$

Y, en efecto, se demuestra el siguiente resultado:

Proposición 4.1.8. *Dada* $f : [a, b] \mapsto \mathbb{R}$ *de clase* $\mathcal{C}^4([a, b])$, *existe* $\xi \in [a, b]$ *tal que:*

$$\mathcal{E}^S(f) = -(b - a)^5 \frac{f^{(4)}(\xi)}{2880}. \tag{4.1.45}$$

La demostración es más elaborada que la de los ejemplos anteriores y no se dará aquí: puede consultarse en [12].

A partir de esta fórmula, se deduce la cota de error

$$\left| \mathcal{E}^S(f) \right| \leq (b - a)^5 \frac{M_4}{2880}, \tag{4.1.46}$$

siendo

$$M_4 = \max_{x \in [a, b]} |f^{(4)}(x)|.$$

A continuación, vamos a aplicar las cotas del error obtenidas a la aproximación de la integral de la función $f(x) = e^{-x^2}$ en el intervalo $[0, 1]$. El análisis de esta función permite obtener los máximos de la primera, segunda y cuarta derivada en valor absoluto en el intervalo:

$$M_1 = \sqrt{2}e^{-\frac{1}{2}}, \quad M_2 = 2, \quad M_4 = 12.$$

De (4.1.35), (4.1.39), (4.1.43) y (4.1.46) deducimos las siguientes cotas de error:

$$\left| \mathcal{E}^{RI}(f) \right| \leq \frac{e^{-\frac{1}{2}}}{\sqrt{2}} = 0'4288\ldots$$

$$\left| \mathcal{E}^{PM}(f) \right| \leq \frac{1}{12} = 0'0833\ldots$$

$$\left| \mathcal{E}^T(f) \right| \leq \frac{1}{6} = 0'1666\ldots$$

$$\left| \mathcal{E}^S(f) \right| \leq \frac{1}{240} = 0'0041\ldots$$

Se comprueba, en efecto, que los errores obtenidos numéricamente (4.1.27)–(4.1.30) están acotados por estas cantidades.

4.1.6. Fórmulas de cuadratura compuestas

Como ocurría en el caso de la interpolación, no es esperable que las fórmulas de tipo interpolatorio converjan a la integral cuando el número de puntos de la fórmula tiende a infinito, ya que las aproximaciones de la integral que se obtienen son la integral de polinomios de interpolación de cada vez más puntos. Se puede demostrar que, si la sucesión de polinomios de interpolación converge uniformemente hacia la función, entonces sus integrales convergen hacia la de la función. En ese caso, las fórmulas interpolatorias sí convergen hacia el valor exacto de la integral. Pero, como se vio en la proposición 3.6.4, para asegurar la convergencia uniforme es necesario que f sea de clase infinito y con derivadas uniformemente acotadas en $[a, b]$.

A fin de asegurar la convergencia de las aproximaciones de la integral al valor exacto cuando el número de puntos de integración tiende a infinito bajo condiciones menos restrictivas sobre la función, vamos a recurrir nuevamente a la estrategia de usar interpolación a trozos.

Para aproximar una integral

$$\int_a^b f(x)\,dx$$

usando aproximación polinómica a trozos, en primer lugar, consideramos una partición

$$\mathcal{P}_h = \{x_0, x_1, \ldots, x_N\}$$

del intervalo, donde el parámetro h designa al máximo de las longitudes de los subintervalos:

$$h = \max_{i=0,\ldots,N-1} (x_{i+1} - x_i).$$

A continuación, se elige en cada subintervalo $[x_i, x_{i+1}]$ de la partición una fórmula interpolatoria con un número de puntos prefijado $n + 1$. Representaremos por

$$x_0^i, x_1^i, \ldots, x_n^i$$

a los puntos de la fórmula, y por

$$\alpha_0^i, \alpha_1^i, \ldots, \alpha_n^i$$

a sus pesos. Una vez elegidas estas fórmulas, aproximamos la integral como sigue:

$$\int_a^b f(x)\,dx = \sum_{i=0}^{N-1} \int_{x_i}^{x_{i+1}} f(x)\,dx \approx \sum_{i=0}^{N-1} \sum_{j=0}^{n} \alpha_j^i f(x_j^i).$$

A este tipo de aproximaciones se las denomina **fórmulas de cuadratura compuestas:**

$$I_h^{n+1}(f) = \sum_{i=0}^{N-1} \sum_{j=0}^{n} \alpha_j^i f(x_j^i).$$

Veamos algunos ejemplos representativos:

- **Fórmula de tipo rectángulo compuesta.** En cada intervalo de la partición usamos una fórmula de tipo rectángulo. Para ello, elegimos un único punto $x_0^i \in [x_i, x_{i+1}]$ y obtenemos la fórmula compuesta:

$$I_h^1(f) = \sum_{i=0}^{N-1} (x_{i+1} - x_i) f(x_0^i).$$

Obsérvese que una fórmula de tipo rectángulo compuesta es una suma de Riemann, y viceversa. Si, en particular, en cada intervalo, tomamos el extremo de la izquierda, obtenemos la fórmula del rectángulo a la izquierda compuesta,

$$I_h^{RIC}(f) = \sum_{i=0}^{N-1} (x_{i+1} - x_i) f(x_i),$$

si tomamos el punto de la derecha, la fórmula del rectángulo a la derecha compuesta,

$$I_h^{RDC}(f) = \sum_{i=0}^{N-1} (x_{i+1} - x_i) f(x_{i+1}),$$

y si tomamos el punto medio, la fórmula del punto medio compuesta,

$$I_h^{PMC}(f) = \sum_{i=0}^{N-1} (x_{i+1} - x_i) f\left(\frac{x_i + x_{i+1}}{2}\right).$$

En el caso de una partición equidistante:

$$x_i = a + \frac{b-a}{N}i, \quad i = 0, \ldots, N,$$

la escritura de las fórmulas compuestas se simplifica. En este caso, usaremos N como subíndice en vez de h y escribiremos la fórmula de tipo rectángulo compuesta como sigue:

$$I_N^1(f) = \frac{b-a}{N} \sum_{i=0}^{N-1} f(x_0^i).$$

- **Fórmula del trapecio compuesta.** En cada intervalo de la partición usamos la fórmula del trapecio para obtener:

$$I_h^{TC}(f) = \sum_{i=0}^{N-1} (x_{i+1} - x_i) \frac{f(x_i) + f(x_{i+1})}{2}.$$

En el caso de una partición equidistante, la fórmula se simplifica:

$$I_N^{TC}(f) = \frac{b-a}{N} \sum_{i=0}^{N-1} \frac{f(x_i) + f(x_{i+1})}{2}$$

$$= \frac{b-a}{2N} \left(f(x_0) + f(x_N) + 2 \sum_{i=1}^{N-1} f(x_i) \right).$$

- **Fórmula de Simpson compuesta.** En cada intervalo de la partición usamos la fórmula de Simpson para obtener:

$$I_h^{SC}(f) = \sum_{i=0}^{N-1} \frac{(x_{i+1} - x_i)}{6} \left(f(x_i) + 4f\left(\frac{x_i + x_{i+1}}{2}\right) + f(x_{i+1}) \right).$$

En el caso de una partición equidistante, la fórmula se puede escribir como sigue:

$$I_N^{SC}(f) = \frac{b-a}{6N} \sum_{i=0}^{N-1} \left(f(x_i) + 4f\left(\frac{x_i + x_{i+1}}{2}\right) + f(x_{i+1}) \right)$$

$$= \frac{b-a}{6N} \left(f(x_0) + f(x_N) + 2 \sum_{i=1}^{N-1} f(x_i) + 4 \sum_{i=0}^{N-1} f\left(\frac{x_i + x_{i+1}}{2}\right) \right).$$

Volviendo al ejemplo de los datos de la tabla (4.1.1), vamos a aproximar la integral usando un método de tipo rectángulo compuesto. Para ello, tomamos la partición del intervalo $[t_s, t_f]$ dada por

$$x_0 = t_s = 0'9, \quad x_i = \frac{t_{i-1} + t_i}{2}, \quad i = 1, \ldots, 4, \quad x_5 = t_f = 1'3,$$

siendo t_i el i-ésimo dato de tiempo que proporciona la tabla. Elegimos en cada intervalo el punto

$$t_i \in [x_i, x_{i+1}]$$

y aproximamos la integral mediante la correspondiente fórmula del rectángulo compuesta:

$$z(t_f) = 10 + \int_0^{1'3} v(t)\,dt \approx 10 + \sum_{i=0}^{5} v_i(x_{i+1} - x_i) = 10'01675\dots$$

La obtención de esta aproximación es mucho menos costosa que la obtenida con la fórmula interpolatoria de 5 puntos, puesto que ahora no es necesario resolver ningún sistema lineal.

4.1.7. Estudio del error para algunas fórmulas compuestas

En esta sección obtendremos expresiones para el error que se comete al aproximar una integral mediante alguna de las fórmulas compuestas descritas. Para ello, utilizaremos el siguiente resultado:

Lema 4.1.9. *Sea $g : [a, b] \mapsto \mathbb{R}$ continua y sean $\alpha_0, \dots, \alpha_N$ números reales tales que*

$$\alpha_i \geq 0,\ i = 0, \dots, N, \quad y \quad \sum_{i=0}^{N} \alpha_i \neq 0.$$

Consideramos $N + 1$ puntos $c_0, \dots, c_N$ del intervalo $[a, b]$. Entonces, existe $\xi \in [a, b]$ tal que

$$\sum_{i=0}^{N} \alpha_i g(c_i) = g(\xi) \sum_{i=0}^{N} \alpha_i.$$

Demostración. Como g es continua y está definida en un intervalo cerrado y acotado, posee extremos absolutos. Sean $\underline{x}$ y $\overline{x}$, respectivamente, puntos de mínimo y de máximo absoluto. De la positividad de los números α_i se deducen las desigualdades:

$$g(\underline{x}) \sum_{i=0}^{N} \alpha_i \leq \sum_{i=0}^{N} \alpha_i g(c_i) \leq g(\overline{x}) \sum_{i=0}^{N} \alpha_i,$$

de donde se obtiene:

$$g(\underline{x}) \leq \frac{\sum_{i=0}^{N} \alpha_i g(c_i)}{\sum_{i=0}^{N} \alpha_i} \leq g(\overline{x}).$$

Por el principio de valores intermedios, existe $\xi \in [a, b]$ tal que

$$g(\xi) = \frac{\sum_{i=0}^{N} \alpha_i g(c_i)}{\sum_{i=0}^{N} \alpha_i}$$

o, equivalentemente,

$$\sum_{i=0}^{N} \alpha_i g(c_i) = g(\xi) \sum_{i=0}^{N} \alpha_i,$$

como queríamos probar.

$\square$

Se tiene el siguiente resultado:

Proposición 4.1.10. *Se considera la fórmula compuesta*

$$\int_a^b f(x)\, dx \approx I_h^{n+1}(f) = \sum_{i=0}^{N-1} \sum_{j=0}^{n} \alpha_j^i f(x_j^i).$$

Supongamos que las fórmulas de integración numérica elegidas en los subintervalos

$$\int_{x_i}^{x_{i+1}} f(x)\, dx \approx I_{n+1}^i(f) = \sum_{j=0}^{n} \alpha_j^i f(x_j^i), \quad i = 0, \dots, N-1,$$

tienen grado de exactitud k y que, si $f \in \mathcal{C}^{(k+1)}([a,b])$, para cada $i \in \{0, \dots, n\}$ existe $\xi_i \in [x_i, x_{i+1}]$ tal que

$$\mathcal{E}^i(f) = \int_{x_i}^{x_{i+1}} f(x)\, dx - I_{n+1}^i(f) = C(x_{i+1} - x_i)^{k+2} f^{(k+1)}(\xi_i), \quad (4.1.47)$$

siendo $C > 0$ una constante. Entonces, dada $f \in \mathcal{C}^{(k+1)}([a,b])$, existe $\xi \in [a, b]$ tal que

$$\mathcal{E}_h(f) = C f^{(k+1)}(\xi) \sum_{i=0}^{N} (x_{i+1} - x_i)^{k+2}, \quad (4.1.48)$$

siendo

$$\mathcal{E}_h(f) = \int_a^b f(x)\, dx - I_h^{n+1}(f)$$

el error que se comete al aproximar la integral con la fórmula compuesta.

Demostración. Sea $f \in \mathcal{C}^{(k+1)}([a,b])$. Se tiene:

$$
\begin{aligned}
\mathcal{E}_h(f) &= \int_a^b f(x)\,dx - \sum_{i=0}^{N-1}\sum_{j=0}^{n} \alpha_j^i f(x_j^i) \\
&= \sum_{i=0}^{N-1}\left(\int_{x_i}^{x_{i+1}} f(x)\,dx - I_{n+1}^i(f) \right) \\
&= \sum_{i=0}^{N-1} C f^{(k+1)}(\xi_i)(x_{i+1}-x_i)^{k+2}. \qquad (4.1.49)
\end{aligned}
$$

Aplicando el lema 4.1.9 a la función continua $f^{(k+1)}$ en el intervalo $[a,b]$, tomando $\alpha_i = (x_{i+1}-x_i)^{k+2}$, $i=0,\dots,N$, y $c_i = \xi_i$, $i=0,\dots,N$, concluimos que existe $\xi \in [a,b]$ tal que (4.1.48) se verifica, lo que concluye la demostración.

□

Corolario 4.1.11. *Bajo las hipótesis de la proposición* 4.1.10, *se tiene que*

$$
|\mathcal{E}_h(f)| \le C(b-a)M_{k+1}h^{k+1} \qquad (4.1.50)
$$

para toda función $f \in \mathcal{C}^{(k+1)}([a,b])$, *siendo*

$$
M_{k+1} = \max_{x\in[a,b]} |f^{(k+1)}(x)|.
$$

Demostración. Sea $f \in \mathcal{C}^{(k+1)}([a,b])$. Se tiene:

$$
\begin{aligned}
|\mathcal{E}_h(f)| &= C\left|f^{(k+1)}(\xi)\right| \sum_{i=0}^{N-1}(x_{i+1}-x_i)^{k+2} \\
&\le C M_{k+1} h^{k+1} \sum_{i=0}^{N-1}(x_{i+1}-x_i) \\
&= C(b-a)M_{k+1}h^{k+1},
\end{aligned}
$$

donde se ha usado que

$$
x_{i+1} - x_i \le h, \quad i=0,\dots,N-1,
$$

y

$$
\sum_{i=0}^{N-1}(x_{i+1}-x_i) = b-a.
$$

□

Corolario 4.1.12. *Bajo las hipótesis de la proposición 4.1.10, para toda* $f \in \mathcal{C}^{(k+1)}([a,b])$ *se tiene que*

$$\lim_{h \to 0} I_h(f) = \int_a^b f(x)\, dx.$$

La demostración es trivial a partir de la desigualdad (4.1.50) usando el criterio de comparación.

Vamos a particularizar estos resultados generales a algunas de las fórmulas vistas:

A) Fórmula del rectángulo a la izquierda compuesta

Obsérvese que, si se elige la fórmula del rectángulo a la izquierda en cada subintervalo, de la proposición 4.1.5 se deduce que (4.1.47) se cumple para todo i con

$$k = 0, \quad C = \frac{1}{2}.$$

Podemos aplicar entonces la proposición 4.1.10 y sus corolarios. En consecuencia, para toda función $f : [a,b] \mapsto \mathbb{R}$ de clase $\mathcal{C}^1([a,b])$, existe $\xi \in [a,b]$ tal que

$$\mathcal{E}_h^{RIC}(f) = \int_a^b f(x)\, dx - \sum_{i=0}^{N-1} (x_{i+1} - x_i) f(x_i) = f'(\xi) \sum_{i=0}^{N-1} \frac{(x_{i+1} - x_i)^2}{2}.$$

Se tiene además la cota de error

$$\left| \mathcal{E}_h^{RIC}(f) \right| \leq \frac{(b-a) M_1}{2} h, \tag{4.1.51}$$

de la que se deduce que

$$\lim_{h \to 0} I_h^{RIC}(f) = \int_a^b f(x)\, dx.$$

Si, en particular, la partición es equidistante, se obtiene la cota:

$$\left| \mathcal{E}_N^{RIC}(f) \right| \leq \frac{(b-a)^2 M_1}{2N}. \tag{4.1.52}$$

B) Fórmula del punto medio compuesta

En este caso, la proposición 4.1.6 nos permite afirmar que, si se elige la fórmula del punto medio en cada subintervalo, se tiene (4.1.47) con

$$k = 1, \quad C = \frac{1}{24}.$$

Podemos aplicar nuevamente la proposición 4.1.10 y sus corolarios. En consecuencia, para toda función $f : [a,b] \mapsto \mathbb{R}$ de clase $\mathcal{C}^2([a,b])$, existe $\xi \in [a,b]$ tal que

$$\mathcal{E}_h^{PMC}(f) = \int_a^b f(x)\,dx - \sum_{i=0}^{N-1}(x_{i+1} - x_i)f\left(\frac{x_i + x_{i+1}}{2}\right)$$

$$= f''(\xi)\sum_{i=0}^{N-1}\frac{(x_{i+1} - x_i)^3}{24}.$$

Se tiene además la cota de error

$$\left|\mathcal{E}_h^{PMC}(f)\right| \leq \frac{(b-a)M_2}{24}h^2, \tag{4.1.53}$$

de la que se deduce que

$$\lim_{h\to 0} I_h^{PMC}(f) = \int_a^b f(x)\,dx.$$

Si la partición es equidistante, se obtiene la cota:

$$\left|\mathcal{E}_N^{PMC}(f)\right| \leq \frac{(b-a)^3 M_2}{24N^2}. \tag{4.1.54}$$

C) Fórmula del trapecio compuesta

La proposición 4.1.7 nos permite afirmar que, si se elige la fórmula del trapecio en cada subintervalo, se tiene (4.1.47) con

$$k = 1, \quad C = -\frac{1}{12}.$$

Una nueva aplicación de la proposición 4.1.10 y sus corolarios nos permite afirmar que, para toda función $f : [a,b] \mapsto \mathbb{R}$ de clase $\mathcal{C}^2([a,b])$, existe $\xi \in [a,b]$ tal que

$$\mathcal{E}_h^{TC}(f) = \int_a^b f(x)\,dx - \sum_{i=0}^{N-1}(x_{i+1} - x_i)\left(\frac{f(x_i) + f(x_{i+1})}{2}\right)$$

$$= -f''(\xi)\sum_{i=0}^{N-1}\frac{(x_{i+1} - x_i)^3}{12}.$$

Se tiene entonces la cota de error

$$\left|\mathcal{E}_h^{TC}(f)\right| \leq \frac{(b-a)M_2}{12}h^2, \tag{4.1.55}$$

de la que se deduce que

$$\lim_{h\to 0} I_h^{TC}(f) = \int_a^b f(x)\,dx.$$

Para particiones equidistantes se obtiene la cota:

$$\left|\mathcal{E}_N^{TC}(f)\right| \leq \frac{(b-a)^3 M_2}{12N^2}. \tag{4.1.56}$$

D) Fórmula de Simpson compuesta

Finalmente, la proposición 4.1.8 nos permite afirmar que, si se elige la fórmula del trapecio en cada subintervalo, se tiene (4.1.47) con

$$k = 3, \quad C = -\frac{1}{2880}.$$

La proposición 4.1.10 y sus corolarios nos permiten afirmar, en este caso, que, para toda función $f : [a,b] \mapsto \mathbb{R}$ de clase $\mathcal{C}^4([a,b])$, existe $\xi \in [a,b]$ tal que

$$\mathcal{E}_h^{SC}(f) = \int_a^b f(x)\,dx - \sum_{i=0}^{N-1}\frac{(x_{i+1} - x_i)}{6}\left(f(x_i) + 4f\left(\frac{x_i + x_{i+1}}{2}\right) + f(x_{i+1})\right)$$

$$= -f^{(4)}(\xi)\sum_{i=0}^{N-1}\frac{(x_{i+1} - x_i)^5}{2880}.$$

Se tiene entonces la cota de error

$$\left|\mathcal{E}_h^{SC}(f)\right| \leq \frac{(b-a)M_4}{2880}h^4, \tag{4.1.57}$$

de la que se deduce que

$$\lim_{h\to 0} I_h^{SC}(f) = \int_a^b f(x)\,dx.$$

Para particiones equidistantes se obtiene la cota:

$$\left|\mathcal{E}_N^{SC}(f)\right| \le \frac{(b-a)^5 M_4}{2880 N^4}. \tag{4.1.58}$$

E) Orden de una fórmula de cuadratura compuesta

Se dice que una fórmula de cuadratura compuesta es de **orden** p si, dada una función f de clase $p+1$, es posible hallar una constante positiva C tal que

$$\left|\int_a^b f(x)\,dx - I_h^{k+1}\right| \le Ch^p.$$

Hemos visto, por tanto, que la fórmula del rectángulo a la izquierda compuesta es de orden 1, las del punto medio y trapecio compuestas, de orden 2, y la de Simpson compuesta, de orden 4. Es decir, el orden de la fórmula compuesta es igual al grado de exactitud de la fórmula que se utiliza en cada subintervalo más uno.

Cuanto mayor es el orden de una fórmula, más rápidamente decrece el error al refinar la partición. En efecto, si en vez de usar una partición tal que el máximo de los intervalos es h usamos otra en la que dicho máximo es $h/2$, la cota de error se divide por 2^p:

$$\left|\int_a^b f(x)\,dx - I_{h/2}^{k+1}\right| \le C\frac{h^p}{2^p}.$$

Por otro lado, el coste computacional de una fórmula de cuadratura compuesta suele medirse en el número de evaluaciones de la función que es necesario hacer: una fórmula de tipo I_h^{k+1} conlleva un número de evaluaciones del orden de $N(k+1)$, siendo N el número de subintervalos (este número se reduce si los extremos de los subintervalos son puntos de cuadratura). Por tanto, si se aumenta el número de puntos de cuadratura en cada subintervalo, aumenta el coste computacional, pero también aumenta el grado de exactitud y, en consecuencia, el orden de la fórmula compuesta. Si se pide aproximar una integral con una precisión dada, el hecho de que una fórmula de alto orden necesite un número mucho menor de subintervalos para alcanzar la precisión deseada puede compensar ampliamente el mayor número de evaluaciones de la función en cada subintervalo, como veremos en el siguiente ejemplo. Supongamos que se quiere aproximar la integral

$$\int_0^1 e^{-x^2}\,dx$$

con un error menor que $1/2\cdot 10^{-6}$ usando una fórmula de cuadratura compuesta con una partición equidistante. Se desea saber el número de subintervalos N necesario con cada una de las fórmulas vistas para asegurar dicho error.

- Fórmula del rectángulo a la izquierda compuesta. Como ya se ha comentado, en este caso, $M_1 = \sqrt{2}e^{-1/2}$. Por tanto, la cota (4.1.52) es igual a

$$\left|\mathcal{E}_N^{RIC}(f)\right| \le \frac{e^{-1/2}}{\sqrt{2}N}.$$

  Para asegurar 6 cifras decimales exactas tomamos N tal que

$$\frac{e^{-1/2}}{\sqrt{2}N} \le \frac{1}{2}10^{-6},$$

  es decir:

$$N \ge \sqrt{2}e^{-1/2}10^6 = 857763'88\ldots$$

  Serían necesarios al menos 857764 subintervalos. El número de evaluaciones de la función necesario es 857764.

- Fórmula del punto medio compuesta. Como $M_2 = 2$, en este caso (4.1.54) es

$$\left|\mathcal{E}_N^{PMC}(f)\right| \le \frac{1}{12N^2}.$$

  Para asegurar 6 cifras decimales exactas tomamos N tal que

$$\frac{1}{12N^2} \le \frac{1}{2}10^{-6},$$

  es decir:

$$N \ge \sqrt{\frac{10^6}{6}} = \frac{1000}{\sqrt{6}} = 408'24\ldots$$

  Serían necesarios al menos 409 subintervalos. El número de evaluaciones de la función necesario es 409.

- Fórmula del trapecio compuesta. En este caso (4.1.56) es igual a

$$\left|\mathcal{E}_N^{TC}(f)\right| \le \frac{1}{6N^2}.$$

Para asegurar 6 cifras decimales exactas tomamos N tal que

$$\frac{1}{6N^2} \le \frac{1}{2}10^{-6},$$

es decir:

$$N \ge \sqrt{\frac{10^6}{3}} = \frac{1000}{\sqrt{3}} = 577'35\ldots$$

Serían necesarios al menos 578 subintervalos. El número de evaluaciones de la función necesario es 579.

- Fórmula de Simpson compuesta. Finalmente, como $M_4 = 12$, en este caso (4.1.58) es

$$\left|\mathcal{E}_N^{SC}(f)\right| \le \frac{1}{240N^4}.$$

Para asegurar 6 cifras decimales exactas tomamos N tal que

$$\frac{1}{240N^4} \le \frac{1}{2}10^{-6},$$

es decir:

$$N \ge \left(\frac{10^6}{120}\right)^{\frac{1}{4}} = 9'55\ldots$$

Serían necesarios al menos 10 subintervalos. El número de evaluaciones necesario es de 21 (11 puntos de la partición y 10 puntos medios).

En la práctica, comparando los resultados obtenidos con las distintas fórmulas con una aproximación de la integral obtenida en doble precisión con un paquete de cálculo, se observan errores menores que $1/2 \cdot 10^{-6}$ usando la fórmula del rectángulo a la izquierda compuesta con 131072 subintervalos, la fórmula del punto medio compuesta con 64 subintervalos, la del trapecio compuesta con 128 subintervalos o la de Simpson compuesta con 4 intervalos, por lo que las predicciones obtenidas usando las cotas de error son pesimistas, en el sentido de que el error real es bastante inferior a la cota.

4.1.8. Convergencia de las fórmulas compuestas

En el apartado anterior se ha deducido la convergencia de diferentes fórmulas compuestas a la integral de la función siempre que esta tenga un grado de regularidad suficiente. Pero ¿qué ocurre si la función es solo integrable? Veamos un resultado general.

Teorema 4.1.13. *Sea*

$$I_h^{k+1}(f) = \sum_{i=0}^{N-1} \sum_{j=0}^{k} \alpha_j^i f(x_j^i)$$

una fórmula de cuadratura compuesta en el intervalo $[a, b]$ tal que

$$\alpha_j^i \geq 0, \quad 0 \leq i \leq n-1, \, 0 \leq j \leq k,$$

y tal que las fórmulas de integración elegidas en cada subintervalo tiene grado de exactitud mayor o igual que 0. Sea $f : [a, b] \mapsto \mathbb{R}$ integrable y sea $\{\mathcal{P}_h\}$ una familia de particiones en la que el parámetro h, que representa la máxima longitud de los subintervalos, tiende a 0. Entonces:

$$\lim_{h \to 0} I_h^{k+1}(f) = \int_a^b f(x)\, dx.$$

Demostración. Que las fórmulas usadas en cada subintervalo sean exactas para polinomios de grado 0 implica que

$$x_{i+1} - x_i = \int_{x_i}^{x_{i+1}} 1 \, dx = \sum_{j=0}^{k} \alpha_j^i, \quad 0 \leq i \leq n-1.$$

Por otro lado, de la positividad de los pesos se deduce:

$$\sum_{j=0}^{k} \alpha_j^i f(x_j^i) \leq \left(\sup_{x \in [x_i, x_{i+1}]} f \right) \sum_{j=0}^{k} \alpha_j^i = \left(\sup_{x \in [x_i, x_{i+1}]} f \right)(x_{i+1} - x_i), \quad 0 \leq i \leq n-1.$$

$$\sum_{j=0}^{k} \alpha_j^i f(x_j^i) \geq \left(\inf_{x \in [x_i, x_{i+1}]} f \right) \sum_{j=0}^{k} \alpha_j^i = \left(\inf_{x \in [x_i, x_{i+1}]} f \right)(x_{i+1} - x_i), \quad 0 \leq i \leq n-1.$$

Sumando estas desigualdades, obtenemos:

$$L(f, \mathcal{P}_h) \leq I_N^{k+1}(f) \leq U(f, \mathcal{P}_h),$$

donde

$$L(f, \mathcal{P}_h) \;=\; \sum_{i=0}^{N-1} \left(\inf_{x \in [x_i, x_{i+1}]} f \right) (x_{i+1} - x_i),$$

$$U(f, \mathcal{P}_h) \;=\; \sum_{i=0}^{N-1} \left(\sup_{x \in [x_i, x_{i+1}]} f \right) (x_{i+1} - x_i)$$

son las sumas superior e inferior de la función correspondientes a la partición, respectivamente. Ahora bien, si la función es integrable, se tiene:

$$\lim_{h \to 0} L(f, \mathcal{P}_h) = \int_a^b f(x)\, dx, \quad \lim_{h \to 0} U(f, \mathcal{P}_h) = \int_a^b f(x)\, dx,$$

y, por el criterio de comparación:

$$\lim_{h \to 0} I_N^{k+1}(f) = \int_a^b f(x)\, dx,$$

como queríamos probar.

$\square$

Obsérvese que todas las fórmulas compuestas analizadas en el epígrafe anterior satisfacen las hipótesis del teorema 4.1.13.

4.2. Derivación numérica

4.2.1. Introducción

El objetivo de la segunda parte de este capítulo es estudiar métodos para aproximar la derivada k-ésima de una función en un punto

$$f^{(k)}(c)$$

usando solo el valor de la función en ciertos puntos dados. El cálculo aproximado de derivadas es útil en las siguientes situaciones:

- Cuando la derivada es difícil o su cálculo es muy costoso en número de operaciones.

■ Cuando solo se conocen algunos valores de la función. Supóngase, por ejemplo, que, a partir de la tabla de velocidades (4.1.1) de un móvil lanzado verticalmente que ya se consideró en el capítulo anterior, se desea conocer la aceleración del móvil en el tiempo $t = 1'171$.

■ En la resolución numérica de ecuaciones diferenciales.

Como sabemos, por definición

$$f'(c) = \lim_{h \to 0} \frac{f(c+h) - f(c)}{h}.$$

Si se conoce el valor de f en el punto c y en un punto $c + h$, con $h > 0$, una primera aproximación razonable de la derivada es:

$$f'(c) \approx \frac{f(c+h) - f(c)}{h}. \qquad (4.2.59)$$

Esta aproximación de la derivada se denomina **descentrada a la derecha** (porque usa el punto en el que se quiere aproximar la derivada y otro que se encuentra a su derecha) y, lógicamente, será tanto mejor cuanto menor sea h.

Si se conocen los valores de $f(c)$ y $f(c-h)$, con $h > 0$, una aproximación razonable de la derivada en c es:

$$f'(c) \approx \frac{f(c-h) - f(c)}{-h} = \frac{f(c) - f(c-h)}{h}, \qquad (4.2.60)$$

que se denomina aproximación **descentrada a la izquierda.**

Finalmente, si se conoce el valor de f en $f(c+h)$ y en $f(c-h)$, sumando las aproximaciones (4.2.59) y (4.2.60), obtenemos que

$$2f'(c) \approx \frac{f(c+h) - f(c) + f(c) - f(c-h)}{h} = \frac{f(c+h) - f(c-h)}{h}$$

y diviendo por 2:

$$f'(c) \approx \frac{f(c+h) - f(c-h)}{2h}, \qquad (4.2.61)$$

que es la denominada aproximación **centrada.**

Las expresiones (4.2.59), (4.2.60) y (4.2.61) corresponden a tres ejemplos de fórmulas de derivación numérica.

Por ejemplo, volviendo a la tabla (4.1.1), como la aceleración a es la derivada de la velocidad v, para aproximar la aceleración en $1'171$, podemos usar

(4.2.59) con los datos en $1'171$ y en el tiempo $1'228$. Para ello, elegimos h tal que

$$1'228 = 1'171 + h,$$

es decir,

$$h = 0'057$$

y aplicamos (4.2.59):

$$a(1'171)=v'(1'171)\approx \frac{v(1'228)-v(1'171)}{0'057}=\frac{-1'118+0'5558}{0'057}=-9'8631\ldots,$$

que es una aproximación razonable de la aceleración de la gravedad.

También podemos usar (4.2.60) con los datos en $1'065$ y en $1'171$. Para ello, elegimos $\tilde{h}$ tal que

$$1'065 = 1'171 - \tilde{h},$$

es decir,

$$\tilde{h} = 0'106$$

y aplicamos (4.2.60):

$$a(1'171)=v'(1'171)\approx \frac{v(1'171)-v(1'065)}{0'106}=\frac{-0'558-0'5706}{0'106}=-10'6264\ldots$$

Cabe esperar que la aproximación dada por (4.2.59) sea mejor que la obtenida con (4.2.60), ya que $h < \tilde{h}$.

En este caso, no podemos usar la aproximación centrada (4.2.61), ya que $h \neq \tilde{h}$.

En esta parte del capítulo veremos cómo construir fórmulas que involucren más de dos puntos, cómo construir aproximaciones de derivadas de mayor orden y cómo calcular cotas de error.

4.2.2. Fórmulas de derivación numérica

El problema general que nos planteamos es el siguiente: dada una función f, k veces derivable en un punto c, se trata de aproximar $f^{(k)}(c)$ usando solo el valor de la función en $n + 1$ puntos dados $x_0, \ldots, x_n$ del dominio de f distintos dos a dos. Las fórmulas de derivación numérica que consideraremos serán de la forma:

$$f^{(k)}(c) \approx \mathcal{D}_{n+1}^k(f) = \alpha_0 f(x_0) + \ldots + \alpha_n f(x_n). \tag{4.2.62}$$

Los puntos $x_0, \ldots, x_n$ se denominan **puntos o nodos de la fórmula,** y los números $\alpha_0, \ldots, \alpha_n$, **pesos o coeficientes.**

Por ejemplo, en (4.2.59):

$$k = 1, \quad n = 1, \quad x_0 = c, \quad x_1 = c + h, \quad \alpha_0 = -\frac{1}{h}, \quad \alpha_1 = \frac{1}{h}.$$

En (4.2.60):

$$k = 1, \quad n = 1, \quad x_0 = c - h, \quad x_1 = c, \quad \alpha_0 = -\frac{1}{h}, \quad \alpha_1 = \frac{1}{h}.$$

Y en (4.2.61):

$$k = 1, \quad n = 1, \quad x_0 = c - h, \quad x_1 = c + h, \quad \alpha_0 = -\frac{1}{2h}, \quad \alpha_1 = \frac{1}{2h}.$$

Definición 4.2.1. Se dice que la fórmula (4.2.62) tiene **grado de exactitud** k si proporciona la derivada exacta para polinomios de grado menor o igual que k, pero da error para al menos un polinomio de grado $k + 1$.

Se demuestra, de la misma manera en que se hizo para la integración numérica, que una fórmula de derivación numérica tiene grado de exactitud k si y solo si es exacta para las funciones

$$f(x) = x^j, \quad j = 0, \ldots, k,$$

pero no lo es para $f(x) = x^{k+1}$.

Por ejemplo, la fórmula (4.2.59) es exacta para $f(x) = 1$ en cualquier punto c:

$$\frac{f(c + h) - f(c)}{h} = 0 = f'(c)$$

y también para $f(x) = x$:

$$\frac{f(c + h) - f(c)}{h} = 1 = f'(c),$$

pero no lo es para $f(x) = x^2$:

$$\frac{f(c + h) - f(c)}{h} = \frac{(c + h)^2 - c^2}{h} = 2c + h \neq 2c = f'(c).$$

Por tanto, su grado de exactitud es 1. Lo mismo ocurre con (4.2.60).

En el caso de (4.2.61) es fácil probar que también es exacta para $f(x) = x^j$, $j = 0, 1$, pero, en este caso, para $f(x) = x^2$ se tiene:

$$\frac{f(c+h) - f(c-h)}{h} = \frac{(c+h)^2 - (c-h)^2}{2h} = 2c = f'(c).$$

Pero para $f(x) = x^3$:

$$\frac{f(c+h) - f(c-h)}{2h} = \frac{(c+h)^3 - (c-h)^3}{2h} = 3c^2 + h^2 \neq 3c^2 = f'(c).$$

Por tanto, su grado de exactitud es 2. De las tres fórmulas vistas en la introducción se trata de la más precisa.

4.2.3. Obtención de fórmulas de derivación numérica

A) Método interpolatorio

A fin de aproximar $f^{(k)}(c)$ usando los valores de la función en $n + 1$ puntos $x_0, \ldots, x_n$ distintos dos a dos, podemos proceder como se hizo en el caso de la integración: en primer lugar, se calcula el polinomio p que interpola los puntos

$$(x_0, f(x_0)), \ldots, (x_n, f(x_n)),$$

y, a continuación, se aproxima la derivada mediante la del polinomio p:

$$f^{(k)}(c) \approx p^{(k)}(c).$$

Usando la forma de Lagrange del polinomio de interpolación, se obtiene:

$$f^{(k)}(c) \approx p^{(k)}(c) = \sum_{i=0}^{n} f(x_i) l_i^{(k)}(c),$$

siendo $l_0(x), \ldots, l_n(x)$ los polinomios de base de Lagrange asociados a los puntos. Por tanto, hemos obtenido una fórmula de derivación numérica de la forma (4.2.62) con los pesos

$$\alpha_i = l_i^{(k)}(c), \quad i = 0, \ldots, n. \tag{4.2.63}$$

Definición 4.2.2. Se dice que una fórmula (4.2.62) es de tipo interpolatorio si los pesos vienen dados por (4.2.63).

Veamos algunos ejemplos:

- La fórmula (4.2.59) es de tipo interpolatorio. En este caso

$$l_0(x) = \frac{c+h-x}{h}, \quad l_1(x) = \frac{x-c}{h},$$

de donde se deduce que

$$\alpha_0 = l_0'(c) = -\frac{1}{h}, \quad \alpha_1 = l_1'(c) = \frac{1}{h}.$$

- La fórmula (4.2.60) es de tipo interpolatorio. En este caso

$$l_0(x) = \frac{c-x}{h}, \quad l_1(x) = \frac{x-c+h}{h},$$

de donde se deduce que

$$\alpha_0 = l_0'(c) = -\frac{1}{h}, \quad \alpha_1 = l_1'(c) = \frac{1}{h}.$$

- La fórmula (4.2.61) es de tipo interpolatorio. En este caso

$$l_0(x) = \frac{c+h-x}{2h}, \quad l_1(x) = \frac{x-c+h}{2h},$$

de donde se deduce que

$$\alpha_0 = l_0'(c) = -\frac{1}{2h}, \quad \alpha_1 = l_1'(c) = \frac{1}{2h}.$$

- Se desea calcular una fórmula de derivación numérica para aproximar la derivada segunda en 0 de una función a partir de sus valores en $x = -1$, $x = 0$, $x = 1$, es decir:

$$f''(0) \approx \mathcal{D}_3^2(f) = \alpha_0 f(-1) + \alpha_1 f(0) + \alpha_2 f(1).$$

Para calcular los pesos de la fórmula interpolatoria, en primer lugar, se calculan los polinomios de base de Lagrange:

$$\begin{aligned}
l_0(x) &= \frac{1}{2}(x^2 - x), \\
l_1(x) &= 1 - x^2, \\
l_2(x) &= \frac{1}{2}(x^2 + x).
\end{aligned}$$

A continuación se derivan dos veces:

$$\begin{aligned} l_0''(x) &= 1, \\ l_1''(x) &= -2, \\ l_2''(x) &= 1, \end{aligned}$$

y se evalúan en 0 las segundas derivadas, que, en este caso, son constantes. Se obtiene entonces

$$\alpha_0 = 1, \quad \alpha_1 = -2, \quad \alpha_2 = 1,$$

por lo que tenemos la fórmula:

$$f''(0) \approx \mathcal{D}_3^2(f) = f(-1) - 2f(0) + f(1). \tag{4.2.64}$$

Obsérvese que, si $k > n$, se obtiene que

$$\alpha_i = l_i^{(k)}(c) = 0, \quad i = 0, \ldots, n,$$

ya que se deriva k veces un polinomio de grado $n < k$. En estos casos, la fórmula de derivación numérica que se obtiene es:

$$f^{(k)}(c) \approx 0,$$

cuyo grado de exactitud es $k - 1$, pero que es completamente inútil... En consecuencia, para poder obtener fórmulas de derivación numérica que tengan alguna utilidad, ha de tenerse $k \leq n$: es decir, el número de puntos debe ser mayor o igual que $k + 1$, siendo k el orden de derivación.

Al igual que en el caso de la integración numérica, se obtiene el siguiente resultado:

Teorema 4.2.1. *Sea f una función k veces derivable en c. Dados $x_0, \ldots, x_n$ puntos del dominio de f distintos dos a dos, la fórmula de derivación numérica de tipo interpolatorio asociada a dichos puntos tiene grado de exactitud al menos n. Recíprocamente, cualquier fórmula de derivación numérica (4.2.62) cuyo grado de exactitud sea mayor o igual que n es la fórmula interpolatoria asociada a los puntos.*

Demostración. Veamos, en primer lugar, que la fórmula de cuadratura interpolatoria asociada a $x_0, \dots, x_n$ tiene grado de exactitud mayor o igual que n.

Sea f un polinomio de grado menor o igual que n. Por tratarse de una fórmula de cuadratura interpolatoria, se tiene la igualdad

$$\mathcal{D}^k_{n+1}(f) = p^{(k)}(c),$$

siendo p el polinomio que interpola

$$(x_0, f(x_0)), \dots, (x_n, f(x_n)).$$

Pero f es también un polinomio de grado menor o igual que n que interpola dichos datos. Por la unicidad del polinomio de interpolación, $f = p$ y, en consecuencia:

$$\mathcal{D}^k_{n+1}(f) = p^{(k)}(c) = f^{(k)}(c),$$

con lo que la fórmula es exacta para f, como queríamos probar.

Supongamos a continuación que la fórmula (4.2.62) tiene grado de exactitud mayor o igual que n. En ese caso, es exacta para todos los polinomios de grado n y, en particular, lo es para los polinomios de base $l_0, \dots, l_n$. Es decir, para cada índice i entre 0 y n, se tiene:

$$l^{(k)}_i(c) = \alpha_0 l_i(x_0) + \dots + \alpha_i l_i(x_i) + \dots + \alpha_n l_i(x_n) = \alpha_i,$$

donde se ha usado la igualdad

$$l_i(x_j) = \begin{cases} 1 & \text{si } i = j, \\ 0 & \text{si } i \neq j. \end{cases}$$

Por tanto, los pesos de la fórmula vienen dados por (4.2.63) y, en consecuencia, se trata de la fórmula interpolatoria asociada a los puntos, como queríamos probar.

$\square$

Volviendo al ejemplo (4.2.64), por ser una fórmula interpolatoria, su grado de exactitud es, al menos, 2. Veamos si es exacta para $f(x) = x^3$:

$$0 = f''(0) = \mathcal{D}^2_3(f) = f(-1) - 2f(0) + f(1) = 0,$$

luego su grado de exactitud es, al menos, 3. Veamos si es exacta para $f(x) = x^4$:

$$0 = f''(0) \neq \mathcal{D}^2_3(f) = f(-1) - 2f(0) + f(1) = 2.$$

Como no lo es, el grado de exactitud de la fórmula es 3.

B) Método de los coeficientes indeterminados

La idea del método es la misma que en el caso de la interpolación o la integración numérica. Veámosla con un ejemplo: se desea aproximar la derivada de una función en $x = 1/3$ a partir de sus valores en $x = -1$, $x = 0$ y $x = 1$, es decir:

$$f'(1/3) \approx \mathcal{D}_3^1(f) = \alpha_0 f(-1) + \alpha_1 f(0) + \alpha_2 f(1).$$

Se desea elegir los pesos de manera que la fórmula tenga el mayor grado de exactitud posible. En primer lugar, para que sea exacta para $f(x) = 1$, ha de ocurrir:

$$0 = f'(1/3) = \mathcal{D}_3^1(f) = \alpha_0 + \alpha_1 + \alpha_2.$$

Para que sea exacta para $f(x) = x$, ha de ocurrir:

$$1 = f'(1/3) = \mathcal{D}_3^1(f) = -\alpha_0 + \alpha_2.$$

Para que sea exacta para $f(x) = x^2$, ha de ocurrir:

$$2/3 = f'(1/3) = \mathcal{D}_3^1(f) = \alpha_0 + \alpha_2.$$

Estas tres igualdades constituyen un sistema de tres ecuaciones y tres incógnitas:

$$\begin{cases} \alpha_0 + \alpha_1 + \alpha_2 &= 0, \\ -\alpha_0 + \alpha_2 &= 1, \\ \alpha_0 + \alpha_2 &= 2/3, \end{cases}$$

cuya solución es:

$$\alpha_0 = -1/6, \quad \alpha_1 = -2/3, \quad \alpha_3 = 5/6.$$

Obtenemos así la fórmula:

$$f'\left(\frac{1}{3}\right) \approx \mathcal{D}_3^1(f) = -\frac{1}{6}f(-1) - \frac{2}{3}f(0) + \frac{5}{6}f(1).$$

Por construcción, su grado de exactitud es, al menos, 2. Veamos si es exacta para $f(x) = x^3$:

$$\frac{1}{3} = f'\left(\frac{1}{3}\right) \neq \mathcal{D}_3^1(f) = \frac{1}{6} + \frac{5}{6} = 1.$$

Por tanto, su grado de exactitud es 2.

En general, si se desea obtener una fórmula de derivación numérica $\mathcal{D}_{n+1}^k(f)$ con grado de exactitud al menos n para calcular $f^{(k)}(c)$, esta tendrá que ser exacta para $f(x) = x^j$, $j = 0, \ldots, n$, es decir, se tendrá que satisfacer el sistema:

$$
\left\{
\begin{aligned}
\alpha_0 + \alpha_1 + \ldots + \alpha_n &= 0, \\
&\vdots \\
\alpha_0 x_0^{k-1} + \alpha_1 x_1^{k-1} + \ldots + \alpha_n x_n^{k-1} &= 0, \\
\alpha_0 x_0^k + \alpha_1 x_1^k + \ldots + \alpha_n x_n^k &= k!, \\
\alpha_0 x_0^{k+1} + \alpha_1 x_1^{k+1} + \ldots + \alpha_n x_n^{k+1} &= (k+1)k \ldots 2c, \\
&\vdots \\
\alpha_0 x_0^n + \alpha_1 x_1^n + \ldots + \alpha_n x_n^n &= n(n-1) \ldots (n-k+1)c^{n-k}.
\end{aligned}
\right.
$$

Si los puntos $x_0, \ldots, x_n$ están fijados *a priori*, el anterior será un sistema lineal de $n+1$ ecuaciones y $n+1$ incógnitas para los coeficientes. En forma matricial, dicho sistema se escribe como sigue:

$$M \cdot \vec{a} = \vec{y}, \tag{4.2.65}$$

siendo

$$
M = \begin{pmatrix}
1 & 1 & 1 & \ldots & 1 \\
x_0 & x_1 & x_2 & \ldots & x_n \\
x_0^2 & x_1^2 & x_2^2 & \ldots & x_n^2 \\
\vdots & \vdots & \vdots & \ddots & \vdots \\
x_0^n & x_1^n & x_2^n & \ldots & x_n^n
\end{pmatrix}, \quad
\vec{a} = \begin{pmatrix}
\alpha_0 \\
\alpha_1 \\
\alpha_2 \\
\vdots \\
\alpha_n
\end{pmatrix},
$$

$$
\vec{y} = \begin{pmatrix}
0 \\
\vdots \\
k! \\
(k+1)k \ldots 2c \\
\vdots \\
n(n-1) \ldots (n-k+1)c^{n-k}
\end{pmatrix}. \tag{4.2.66}
$$

Se trata nuevamente de una matriz de tipo Van der Monde de determinante distinto de 0, por lo que el sistema tiene solución única. El teorema 4.2.1 asegura que la fórmula correspondiente es la de tipo interpolatorio asociado a los puntos $x_0, \ldots, x_n$.

Obsérvese nuevamente que, si $k > n$, todas las componentes del segundo miembro $\vec{y}$ son 0, por lo que la solución es $\alpha_i = 0$, $i = 0, \ldots, n$.

Veamos un ejemplo: volviendo al cálculo de la aceleración en el tiempo $c = 1'171$ a partir de los datos de la tabla (4.1.1), supongamos que queremos obtener una aproximación usando toda la información de la tabla. Para ello, tomamos los puntos:

$$t_0 = 9'985 \cdot 10^{-1}, \quad t_1 = 1'065 \quad t_2 = 1'171, \quad t_3 = 1'228, \quad t_4 = 1'286,$$

y buscamos los coeficientes α_j, $j = 0, \ldots, 4$, que hacen que la fórmula

$$\mathcal{D}_5^1(f) = \sum_{i=0}^{4} \alpha_i f(t_i)$$

sea exacta al menos para polinomios de grado menor o igual que 4. Resolviendo el sistema (4.2.65)-(4.2.66) con $n = 4$, $x_i = t_i$, $i = 0, \ldots, 4$ y $c = 1'171$, encontramos los valores de los coeficientes:

$$
\begin{aligned}
\alpha_0 &= 0'918009715953303\ldots \\
\alpha_1 &= -4.453017550229561\ldots \\
\alpha_2 &= -11.008448109700112\ldots \\
\alpha_3 &= 17.002769273763988\ldots \\
\alpha_4 &= -2.459313329774886\ldots
\end{aligned}
$$

Estos conducen a la aproximación:

$$\mathcal{D}_5^1(f) = -10.264659627320455\ldots,$$

que no parece mejor que la que hemos obtenido con la fórmula (4.2.59), aunque use más información.

4.2.4. Aproximación de la derivada n-ésima usando el valor de la función en $n + 1$ puntos

Se ha visto que, para aproximar una derivada k-ésima mediante una fórmula de derivación numérica, el número de puntos debe ser mayor o igual que $k + 1$. En este epígrafe vamos a ver que las fórmulas que usan $n + 1$ puntos para aproximar una derivada n-ésima tienen una expresión equivalente sencilla basada en las diferencias divididas. Esta forma es además independiente del punto c en el que se desea aproximar la derivada.

Proposición 4.2.2. *Sea f una función n veces derivable en c. Sean $x_0, \ldots, x_n$ puntos del dominio de f distintos dos a dos. La fórmula interpolatoria asociada a estos puntos,*

$$f^{(n)}(c) \approx \mathcal{D}_{n+1}^n(f) = \sum_{i=0}^{n} \alpha_i f(x_i),$$

puede ser escrita de forma equivalente como sigue:

$$\mathcal{D}_{n+1}^n(f) = n!\, f[x_0, \ldots, x_n]. \qquad (4.2.67)$$

Demostración. Por ser la fórmula de tipo interpolatorio, sabemos que

$$\mathcal{D}_{n+1}^n(f) = p^{(n)}(c),$$

siendo p el polinomio que interpola

$$(x_0, f(x_0)), \ldots, (x_n, f(x_n)).$$

Pero p es un polinomio de grado menor o igual que n, por lo que su derivada n-ésima es constante e igual al producto de $n!$ por el coeficiente que acompaña a x^n. Ahora bien, por la proposición 3.4.1, sabemos que dicho coeficiente es la diferencia dividida $f[x_0, \ldots, x_n]$. Por tanto,

$$\mathcal{D}_{n+1}^n(f) = n! f[x_0, \ldots, x_n],$$

como queríamos probar.

$\square$

Veamos algunos ejemplos:

- Si se aproxima la derivada primera de una función f en un punto c usando el valor en dos puntos x_0, x_1 con una fórmula de derivación numérica interpolatoria, se obtiene:

$$f'(c) \approx \mathcal{D}_2^1(f) = f[x_0, x_1] = \frac{f(x_1) - f(x_0)}{x_1 - x_0}. \qquad (4.2.68)$$

  Es inmediato probar que la fórmula es exacta para $f(x) = 1$ y $f(x) = x$, sea cual sea el punto c en el que se aproxima la derivada. Veamos qué ocurre para $f(x) = x^2$:

$$\mathcal{D}_2^1(f) = f[x_0, x_1] = \frac{f(x_1) - f(x_0)}{x_1 - x_0} = \frac{x_1^2 - x_0^2}{x_1 - x_0} = x_0 + x_1.$$

La fórmula será exacta si

$$x_0 + x_1 = 2c,$$

es decir, solo si

$$c = \frac{x_0 + x_1}{2}.$$

Pero, en ese caso, si definimos

$$h = x_1 - c,$$

es fácil probar que

$$x_0 = c - h, \quad x_1 = c + h, \quad x_1 - x_0 = 2h,$$

por lo que (4.2.68) coincide con la fórmula centrada (4.2.61), cuyo grado de exactitud ya habíamos visto que era 2. En consecuencia, la fórmula (4.2.68) tiene grado de exactitud 1, salvo en el caso particular en el que se aplica para aproximar la derivada en el punto medio entre x_0 y x_1, en cuyo caso tiene grado de exactitud 2. Las fórmulas (4.2.59) y (4.2.60) son también casos particulares de (4.2.68) correspondientes a las elecciones $x_0 = c$, $x_1 = c+h$ y $x_0 = c-h$, $x_1 = c$, respectivamente.

- Si se aproxima la derivada segunda de una función f en un punto c usando el valor en tres puntos x_0, x_1, x_2 con una fórmula de derivación numérica interpolatoria, se obtiene:

$$f''(c) \approx \mathcal{D}_3^2(f) = 2f[x_0, x_1, x_2]. \tag{4.2.69}$$

En el caso particular de puntos equidistantes, es decir, si existen $\bar{x}$ y h tales que

$$x_0 = \bar{x} - h, \quad x_1 = \bar{x}, \quad x_2 = \bar{x} + h,$$

unos cálculos fáciles muestran la igualdad

$$f[x_0, x_1, x_2] = \frac{f(\bar{x} - h) - 2f(\bar{x}) + f(\bar{x} + h)}{2h^2},$$

y, por tanto,

$$\mathcal{D}_3^2(f) = \frac{f(\bar{x} - h) - 2f(\bar{x}) + f(\bar{x} + h)}{h^2}. \tag{4.2.70}$$

Por construcción, la fórmula tiene grado de exactitud al menos 2. Veamos qué pasa para $f(x) = x^3$:

$$D_3^2(f) = \frac{(\bar{x} - h)^3 - 2\bar{x}^3 + (\bar{x} + h)^3}{h^2} = 6\bar{x},$$

que coincide con $f''(c) = 6c$ solo si $c = \bar{x}$. Por tanto, si la fórmula se aplica para aproximar la segunda derivada en un punto $c \neq \bar{x}$, el grado de exactitud es 2. Si se usa para aproximar la segunda derivada en el punto intermedio $\bar{x}$, su grado de exactitud es, al menos, 3. Veamos si es mayor o igual que 4. Aplicamos la fórmula a $f(x) = x^4$:

$$D_3^2(f) = \frac{(\bar{x} - h)^4 - 2\bar{x}^4 + (\bar{x} + h)^4}{h^2} = 12\bar{x}^2 + 2h^2,$$

que es distinto de

$$f''(\bar{x}) = 12\bar{x}^2.$$

Por tanto, la fórmula (4.2.70) tiene grado de exactitud 3 cuando se aplica para aproximar el valor de la segunda derivada en $\bar{x}$.

- Si se tienen $n + 1$ puntos equidistantes

$$x_j = x_0 + j\,h, \quad j = 0, \dots, n,$$

es fácil demostrar por inducción (se deja como ejercicio) la igualdad

$$f[x_0, \dots, x_n] = \frac{1}{n!h^n} \left(\binom{n}{0} f(x_n) - \binom{n}{1} f(x_{n-1}) \right.$$
$$\left. + \dots + (-1)^n \binom{n}{n} f(x_0) \right)$$

y, por tanto:

$$f^n(c) \approx D_{n+1}^n(f) = \frac{1}{h^n} \left(\binom{n}{0} f(x_n) - \binom{n}{1} f(x_{n-1}) \right.$$
$$\left. + \dots + (-1)^n \binom{n}{n} f(x_0) \right).$$

El grado de exactitud de la fórmula es n, salvo cuando se aplica al punto intermedio

$$c = \frac{x_0 + x_n}{2}$$

y la paridad de k y n coinciden (es decir, ambos son pares o impares), en cuyo caso resulta una fórmula centrada cuyo grado de exactitud es $n + 1$.

4.2.5. Fórmulas y cotas de error

La herramienta fundamental para obtener fórmulas y cotas de error es el teorema de Taylor. Veamos algunos ejemplos.

- Consideramos inicialmente la fórmula (4.2.59). Se tiene el siguiente resultado:

Proposición 4.2.3. *Supongamos que f es una función de clase C^2 en un intervalo $[c-\delta, c+\delta]$ para algún $\delta > 0$. Dado un número positivo h menor o igual que δ, existe $\xi \in (c, c+h)$ tal que*

$$\mathcal{D}^1_{h,2}(f) - f'(c) = \frac{f''(\xi)}{2}h,$$

siendo

$$\mathcal{D}^1_{h,2}(f) = \frac{f(c+h) - f(c)}{h}.$$

Demostración. Por el teorema de Taylor, sabemos que existe $\xi \in (c, c+h)$ tal que

$$f(c+h) = f(c) + f'(c)h + \frac{f''(\xi)}{2}h^2.$$

Usando esta expresión en la fórmula $\mathcal{D}^1_{h,2}(f)$, obtenemos que

$$\mathcal{D}^1_{h,2}(f) = \frac{f(c) + f'(c)h + \frac{f''(\xi)}{2}h^2 - f(c)}{h} = f'(c) + \frac{f''(\xi)}{2}h,$$

como queríamos probar.

$\square$

Obsérvese que, para polinomios de grado menor o igual que 1, el error se anula, como ya sabíamos por tener la fórmula grado de exactitud 1. A partir de la fórmula hallada, podemos encontrar una cota de error:

$$\left|\mathcal{D}^1_{h,2}(f) - f'(c)\right| \leq \frac{M_2}{2}h, \tag{4.2.71}$$

siendo

$$M_2 = \max_{x \in [c-\delta, c+\delta]} |f''(x)|.$$

- Consideramos a continuación la fórmula (4.2.60). Se tiene el siguiente resultado:

Proposición 4.2.4. *Supongamos que f es una función de clase C^2 en un intervalo $[c-\delta, c+\delta]$ para algún $\delta > 0$. Dado un número positivo h menor o igual que δ, existe $\xi \in (c-h, c)$ tal que*

$$\mathcal{D}_{h,2}^1(f) - f'(c) = -\frac{f''(\xi)}{2}h,$$

siendo

$$\mathcal{D}_{h,2}^1(f) = \frac{f(c) - f(c-h)}{h}.$$

La prueba es igual que la del ejemplo anterior y se deja como ejercicio. A partir de la fórmula hallada, obtenemos también la cota de error (4.2.71).

- Consideramos ahora la fórmula (4.2.61). Se tiene el siguiente resultado:

Proposición 4.2.5. *Supongamos que f es una función de clase C^3 en un intervalo $[c-\delta, c+\delta]$ para algún $\delta > 0$. Dado un número positivo h menor o igual que δ, existe $\xi \in (c-h, c+h)$ tal que*

$$\mathcal{D}_{h,2}^1(f) - f'(c) = \frac{f'''(\xi)}{6}h^2,$$

siendo

$$\mathcal{D}_{h,2}^1(f) = \frac{f(c+h) - f(c-h)}{2h}.$$

Demostración. Por el teorema de Taylor, sabemos que existe $\xi_1 \in (c, c+h)$ tal que

$$f(c+h) = f(c) + f'(c)h + \frac{f''(c)}{2}h^2 + \frac{f'''(\xi_1)}{6}h^3,$$

así como $\xi_2 \in (c-h, c)$ tal que

$$f(c-h) = f(c) - f'(c)h + \frac{f''(c)}{2}h^2 - \frac{f'''(\xi_2)}{6}h^3.$$

Usando esta expresión en la fórmula $\mathcal{D}_{h,2}^1(f)$, obtenemos que:

$$\mathcal{D}_{h,2}^1(f) = \frac{1}{2h}\left(f(c) + f'(c)h + \frac{f''(c)}{2}h^2 + \frac{f'''(\xi_1)}{6}h^3 \right.$$
$$\left. -f(c) + f'(c)h - \frac{f''(c)}{2}h^2 + \frac{f'''(\xi_2)}{6}h^3 \right)$$
$$= f'(c) + \frac{f'''(\xi_1) + f'''(\xi_2)}{2}\frac{h^2}{6}.$$

El lema 4.1.9 nos permite afirmar que existe $\xi \in [\xi_2, \xi_1]$ tal que

$$f'''(\xi) = \frac{f'''(\xi_1) + f'''(\xi_2)}{2}.$$

Por tanto,

$$\mathcal{D}_{h,2}^1(f) = f'(c) + f'''(\xi)\frac{h^2}{6},$$

como queríamos probar.

$\square$

Obsérvese que, para polinomios de grado menor o igual que 2, el error se anula, como ya sabíamos por tener la fórmula grado de exactitud 2. A partir de la fórmula hallada, podemos encontrar una cota de error:

$$\left| \mathcal{D}_{h,2}^1(f) - f'(c) \right| \leq \frac{M_3}{6}h^2, \tag{4.2.72}$$

siendo

$$M_3 = \max_{x\in[c-\delta,c+\delta]} |f'''(x)|.$$

- Consideramos finalmente la fórmula (4.2.70). Se tiene el siguiente resultado:

Proposición 4.2.6. *Supongamos que f es una función de clase C^4 en un intervalo $[c-\delta, c+\delta]$ para algún $\delta > 0$. Dado un número positivo h menor o igual que δ, existe $\xi \in (c-h, c+h)$ tal que*

$$\mathcal{D}_{h,3}^2(f) - f''(c) = \frac{f^{(4)}(\xi)}{12}h^2,$$

siendo

$$\mathcal{D}_{h,3}^2(f) = \frac{f(c+h) - 2f(c) + f(c-h)}{h^2}.$$

Demostración. Por el teorema de Taylor, sabemos que existe $\xi_1 \in (c, c+h)$ tal que

$$f(c+h) = f(c) + f'(c)h + \frac{f''(c)}{2}h^2 + \frac{f'''(c)}{6}h^3 + \frac{f^{(4)}(\xi_1)}{24}h^4,$$

así como $\xi_2 \in (c-h, c)$ tal que

$$f(c-h) = f(c) - f'(c)h + \frac{f''(c)}{2}h^2 - \frac{f'''(c)}{6}h^3 + \frac{f^{(4)}(\xi_2)}{24}h^4.$$

Sustituyendo estas expresiones en la de $\mathcal{D}^2_{h,3}(f)$, se llega a la expresión:

$$\mathcal{D}^2_{h,3}(f) = f''(c) + \frac{f^{(4)}(\xi_1) + f^{(4)}(\xi_2)}{2}\frac{h^2}{12}.$$

El Lema 4.1.9 nos permite afirmar nuevamente que existe $\xi \in [\xi_2, \xi_1]$ tal que

$$f^{(4)}(\xi) = \frac{f^{(4)}(\xi_1) + f^{(4)}(\xi_2)}{2}.$$

Por tanto,

$$\mathcal{D}^2_{h,3}(f) = f''(c) + f^{(4)}(\xi)\frac{h^2}{12},$$

como queríamos probar.

$\square$

Obsérvese que, para polinomios de grado menor o igual que 3, el error se anula, como ya sabíamos por tener la fórmula grado de exactitud 3. A partir de la fórmula hallada, podemos encontrar la cota de error:

$$\left|\mathcal{D}^2_{h,3}(f) - f''(c)\right| \leq \frac{M_4}{12}h^2, \tag{4.2.73}$$

siendo

$$M_4 = \max_{x \in [c-\delta, c+\delta]} |f^{(4)}(x)|.$$

Como M_4 es independiente de h, de la cota (4.2.73) se deduce:

$$\lim_{h \to 0} \mathcal{D}^2_{h,3}(f) = f''(c),$$

por lo que el método es **convergente.**

- Consideremos ahora la fórmula de derivación numérica

$$\mathcal{D}_{h,3}^2(f) = \frac{f(c) - 2f(c+h) + f(c+2h)}{h^2} \qquad (4.2.74)$$

para aproximar $f''(c)$. Nótese que se trata de la fórmula (4.2.69) usando tres puntos equidistantes, pero ahora se aplica para aproximar la derivada en el punto de la izquierda, en lugar de en el punto central, como ocurría en (4.2.70). Se nos pide encontrar una fórmula de error.

En los ejemplos anteriores se han usado polinomios de Taylor de diferente grado para probar la fórmula de error. En la práctica, cuando se nos da una fórmula de derivación numérica y se nos pide hallar la expresión del error, ¿cómo podemos saber el grado del polinomio de Taylor adecuado? Cuando se conoce el grado de exactitud de la fórmula, como ocurría en todos los ejemplos anteriores, el grado adecuado es el grado de exactitud. Cuando no se conoce dicho grado, se puede proceder como se muestra en este ejemplo. El primer paso es hacer *formalmente* un desarrollo de Taylor ilimitado de cada uno de los términos del numerador:

$$f(c+h) = f(c) + f'(c)h + \frac{f''(c)}{2}h^2 + \frac{f'''(c)}{6}h^3 + \frac{f^{(4)}(c)}{24}h^4 + \dots$$

$$f(c+2h) = f(c) + f'(c)2h + \frac{f''(c)}{2}(2h)^2 + \frac{f'''(c)}{6}(2h)^3 + \frac{f^{(4)}(c)}{24}(2h)^4 + \dots$$

$$= f(c) + 2f'(c)h + 2f''(c)h^2 + \frac{4}{3}f'''(c)h^3 + \frac{2}{3}f^{(4)}(c)h^4 + \dots$$

A continuación se sustituyen estos desarrollos en el numerador y se divide por el denominador:

$$\frac{f(c) - 2f(c+h) + f(c+2h)}{h^2} = f''(c) + f'''(c)h + \frac{7}{12}f^{(4)}(c)h^2 + \dots$$

Al realizar esta operación debe aparecer la derivada que se desea aproximar seguida de sumandos que involucran derivadas en c y potencias de h. Se mira cuál es el orden de la derivada que acompaña a la menor potencia de h (en este caso, 3). El grado del polinomio de Taylor adecuado para obtener la fórmula del error es uno menos que el orden de dicha derivada (en este caso, 2). Se puede demostrar entonces (se deja como ejercicio) el siguiente resultado:

Proposición 4.2.7. *Supongamos que f es una función de clase C^3 en un intervalo $[c-\delta, c+\delta]$ para algún $\delta > 0$. Dado un número positivo h menor o igual que δ, existen dos puntos $\xi_1, \xi_2 \in (c-h, c+h)$ tal que*

$$\mathcal{D}_{h,3}^2(f) - f''(c) = \frac{1}{3}\left(4f'''(\xi_1) - f'''(\xi_2)\right)h,$$

siendo

$$\mathcal{D}_{h,3}^2(f) = \frac{f(c) - 2f(c+h) + f(c+2h)}{h^2}.$$

En este caso, no puede usarse el lema 4.1.9 para dejar un único punto desconocido en la fórmula de error, ya que los pesos no son positivos. De la fórmula de error se deduce que el grado de exactitud de la fórmula es 2 (el error se anula para polinomios de grado menor o igual que 2, pero no para polinomios de grado 3), así como la cota de error:

$$\left|\mathcal{D}_{h,3}^2(f) - f''(c)\right| \leq \frac{5}{3}M_3 h,$$

siendo

$$M_3 = \max_{x \in [c-\delta, c+\delta]} |f'''(x)|.$$

Cuando se aproxima una derivada por una fórmula de integración numérica $\mathcal{D}_{h,n+1}^k(f)$ que usa puntos equidistantes, siendo h la distancia entre dos puntos vecinos, se dice que la fórmula es de **orden** p si, dada una función f de clase C^{k+p} en un entorno de c, existe $C > 0$ (que depende de f pero no de h) y $\delta > 0$ tal que

$$\left|\mathcal{D}_{h,n+1}^k(f) - f^{(k)}(c)\right| \leq Ch^p, \quad \forall h \in (0, \delta].$$

Como ocurría en el caso de la integración polinómica a trozos, a mayor orden, más rápida es la convergencia hacia el valor exacto de la derivada.

Atendiendo a esta definición, las fórmulas (4.2.59), (4.2.60) y (4.2.74) son de orden 1, mientras que las fórmulas (4.2.61) y (4.2.70) son de orden 2.

4.2.6. Mal condicionamiento de las fórmulas de derivación numérica

Supongamos que aplicamos la fórmula (4.2.61) para calcular la derivada de $f(x) = e^x$ en $x = 0$:

$$f'(0) = 1 \approx D_{h,2}^1(f) = \frac{e^h - e^{-h}}{2h}.$$

Sabemos que el método es de orden 2, por lo que cabe esperar que, si vamos dividiendo h por 2, el error se divida aproximadamente por 4. Este es, en efecto, el comportamiento que se observa en la tabla 4.1, en la que se muestra, para un conjunto de 10 valores de h en el que el primero es 1 y los siguientes se van obteniendo mediante divisiones sucesivas por 2, la aproximación de la derivada dada por la fórmula, el error que se comete y el factor de reducción del error (es decir, el cociente entre el error obtenido con $2h$ y con h).

h	$\mathcal{D}^1_{h,2}(f)$	error	factor reducción
1	1.17520119364380	1.75201194e-01	
0.5	1.04219061098749	4.21906110e-02	4.15261096
0.25	1.01044926723267	1.04492672e-02	4.03766217
0.125	1.00260620192892	2.60620193e-03	4.00938512
0.0625	1.00065116883507	6.51168835e-04	4.00234438
0.03125	1.00016276836414	1.62768364e-04	4.00058598
0.015625	1.00004069060087	4.06906009e-05	4.00014649
0.0078125	1.00001017255709	1.01725571e-05	4.00003662
0.00390625	1.00000254313343	2.54313343e-06	4.00000918
0.001953125	1.00000063578298	6.35782982e-07	4.00000237

Tabla 4.1. Resultados obtenidos al aproximar la derivada de $f(x) = e^x$ en $x = 0$ con la fórmula de derivación centrada de dos puntos al dividir h por 2 sucesivamente a partir de $h = 1$.

Los resultados son los que se esperaban: el error va decreciendo y se divide aproximadamente por 4 cuando h se divide por 2.

No obstante, si seguimos reduciendo el valor de h, llega un momento en el que el comportamiento no es el esperado: si, partiendo de $h = 10^{-6}$, se va diviendo h por 10 hasta llegar a 10^{-12}, las aproximaciones de la derivada y el error cometido que se obtienen son los de la tabla 4.2.

Contrariamente a lo que cabe esperar, el error va aumentando al disminuir h. La razón de este comportamiento anómalo es el fenómeno de cancelación estudiado en el primer capítulo: si h es muy pequeño, los números e^h y e^{-h} son muy próximos, por lo que el error relativo se dispara al restarlos. Esta es una dificultad práctica que aparece en todas las fórmulas de derivación numérica cuando los puntos de la fórmula se hallan muy próximos. La aproximación numérica de las derivadas es, por lo general, un problema mal condicionado.

h	$\mathcal{D}^1_{h,2}(f)$	error
1e-06	0.99999999997324	2.67554867e-11
1e-07	0.99999999947364	5.26355848e-10
1e-08	0.99999999392253	6.07747097e-09
1e-09	1.00000002722922	2.72292198e-08
1e-10	1.00000008274037	8.27403708e-08
1e-11	1.00000008274037	8.27403708e-08
1e-12	1.00003338943111	3.33894311e-05
1e-13	0.99975583367495	2.44166325e-04

Tabla 4.2. Resultados obtenidos al aproximar la derivada de $f(x) = e^x$ en $x = 0$ con la fórmula de derivación centrada de dos puntos al dividir h por 10 sucesivamente a partir de $h = 10^{-6}$.

4.3. Ejercicios propuestos

Ejercicio 4.1. Sea

$$I = \int_0^{0'1} e^{-x^2} \, dx.$$

(a) Aproxima I usando la fórmula del punto medio, la fórmula del trapecio y la fórmula de Simpson.

(b) Acota el error que se comete en cada una de las aproximaciones del apartado anterior.

(c) Se pretende aproximar I usando las fórmulas compuestas del punto medio, del trapecio y de Simpson. Estima el número de subintervalos que es necesario utilizar en cada caso para garantizar que la aproximación de I obtenida tiene 4 decimales exactos.

Ejercicio 4.2. Responde a las siguientes cuestiones:

(a) Determina los pesos de la fórmula de Newton-Cotes abierta con tres puntos, así como los de la cerrada con cuatro puntos, en el intervalo $[0, 1]$.

(b) Deduce la expresión de las fórmulas de cuadratura del apartado anterior para un intervalo general $[a, b]$.

Ejercicio 4.3. Determina A_1, A_2 y x_2 para que la fórmula de cuadratura

$$\int_{-1}^{1} f(x)\,dx \approx A_1 f(-1) + A_2 f(x_2)$$

sea del mayor grado de exactitud posible.

Ejercicio 4.4. Se tiene la siguiente tabla de valores de una función f:

x	0	1/4	1/2	3/4	1
$f(x)$	1	2	4	2	1

Aproxima $\int_0^1 f(x)\,dx$ usando la fórmula de Simpson compuesta.

Ejercicio 4.5. Elabora una tabla de valores exactos de la función

$$f(x) = \operatorname{sen}(\pi x)$$

en los cinco puntos de una partición uniforme del intervalo $[0,2]$.

    (a) Usando los valores de dicha tabla, aproxima la integral de la función en el intervalo $[0,2]$ mediante el método del trapecio compuesto.

    (b) Compara el valor obtenido en el apartado anterior con el exacto. ¿Cuál es el error que se comete?

    (c) Obtén una cota teórica del error cometido usando los resultados conocidos.

Ejercicio 4.6. Dada una función f, responde a las siguientes cuestiones:

    (a) Encuentra una fórmula de integración numérica

$$\int_0^1 f(x)\,dx \approx \alpha_0 f\left(\frac{1}{4}\right) + \alpha_1 f\left(\frac{1}{2}\right) + \alpha_2 f(1)$$

de tipo interpolatorio y estudia su grado de exactitud.

    (b) Aplica la fórmula a la función $f(x) = 1/\sqrt{x}$ y compara la aproximación con el valor exacto de la integral. ¿Se trata de una buena aproximación? ¿Por qué?

    (c) Transporta la fórmula obtenida a un intervalo cualquiera $[a,b]$.

Ejercicio 4.7. Se considera la fórmula de cuadratura

$$\int_{-1}^{1} f(x)\, dx \approx \alpha(f(x_0) + f(x_1)).$$

(a) Determina α, x_0 y x_1 para que la fórmula sea exacta para polinomios del mayor grado posible.

(b) Estudia el grado de exactitud de la fórmula hallada en el apartado anterior.

(c) Transporta la fórmula obtenida a un intervalo cualquiera $[a, b]$.

Ejercicio 4.8. Aproxima la integral de la función $f(x) = 1/x$ en el intervalo $[1, 3]$ mediante la regla de Simpson compuesta usando una partición uniforme con dos subintervalos. El valor que se obtiene es una aproximación de $\log(3)$, ¿por qué? Determina una cota del error que se comete.

Ejercicio 4.9. De una función f solo se conocen tres puntos de la gráfica: $(-3, 14)$, $(-1, 4)$, $(1, 2)$.

(a) Escribe la función de interpolación lineal a trozos asociada a dichos datos y úsala para aproximar el valor de

$$\int_{-3}^{1} f(x)\, dx.$$

(b) Obtén los pesos de la fórmula de cuadratura interpolatoria asociada a los puntos $x_0 = -3$, $x_1 = -1$, $x_2 = 1$ en el intervalo $[-3, 1]$ y aplícala para aproximar la integral de la función.

(c) Determina el grado de exactitud de la fórmula obtenida en el apartado anterior.

Ejercicio 4.10. Los siguientes datos corresponden a aproximaciones de la función $f(x) = e^x$:

$$
\begin{aligned}
x_0 &= 0 & f(x_0) &= 1 \\
x_1 &= 1/2 & f(x_1) &\approx 1'6458 \\
x_2 &= 1 & f(x_2) &\approx 2'7183
\end{aligned}
$$

(a) Usando los datos de la tabla, aproxima la integral de f en $[0,1]$ mediante la fórmula de Simpson y mediante la fórmula del trapecio compuesta que usa dos subintervalos de igual longitud. Igualando las aproximaciones obtenidas con el valor exacto de la integral se obtienen dos aproximaciones diferentes del número e: ¿cuál de las dos es más precisa?

(b) Escribe la expresión de un polinomio cuadrático P_2 y de un polinomio lineal a trozos P_1 cuya integral en $[0,1]$ coincida con los valores obtenidos en el apartado anterior.

Ejercicio 4.11. Usa los valores de $f(x) = \mathrm{sen}(\pi x)$ en los cinco puntos de una partición uniforme del intervalo $[0,2]$ para aproximar la derivada cuarta de f en $x = 1$ mediante una fórmula de derivación numérica de cinco puntos de tipo interpolatorio. Compara el valor obtenido con el exacto: ¿cuál es el error que se comete?

Ejercicio 4.12. Determina la fórmula interpolatoria de derivación numérica

$$f'(\alpha) \approx a_0 \cdot f(\alpha) + a_1 \cdot f(\alpha + h) + a_2 \cdot f(\alpha + 2h)$$

y obtén una expresión del error.

Apéndice

Soluciones a los ejercicios propuestos

Capítulo 1

Ejercicio 1.1.

(a) $(1010)_2 = 1 \cdot 2^1 + 1 \cdot 2^3 = 10$.

(b) $(100101)_2 = 1 \cdot 2^0 + 1 \cdot 2^2 + 1 \cdot 2^5 = 37$.

Ejercicio 1.2. Aplicamos el algoritmo visto en el capítulo hasta obtener un cociente menor de 2 en cada apartado:

(a) $45 = (101101)_2$, ya que:

- $c_0 = 45$;
- $45 = 22 \cdot 2 + 1 \Longrightarrow c_1 = 22,\ r_0 = 1$;
- $22 = 11 \cdot 2 + 0 \Longrightarrow c_2 = 11,\ r_1 = 0$;
- $11 = 5 \cdot 2 + 1 \Longrightarrow c_3 = 5,\ r_2 = 1$;
- $5 = 2 \cdot 2 + 1 \Longrightarrow c_4 = 2,\ r_3 = 1$;
- $2 = 1 \cdot 2 + 0 \Longrightarrow c_5 = 1,\ r_4 = 0$.

(b) $18 = (10010)_2$, ya que:

- $c_0 = 18$;

- $18 = 9 \cdot 2 + 0 \Longrightarrow c_1 = 9,\ r_0 = 0$;
- $9 = 4 \cdot 2 + 1 \Longrightarrow c_2 = 4,\ r_1 = 1$;
- $4 = 2 \cdot 2 + 0 \Longrightarrow c_3 = 2,\ r_2 = 0$;
- $2 = 1 \cdot 2 + 0 \Longrightarrow c_4 = 1,\ r_3 = 0$.

Ejercicio 1.3.

(a) $(0'1100011)_2 = 2^{-1} + 2^{-2} + 2^{-6} + 2^{-7} = 0'7734375$.

(b) $(11'111111)_2 = 2^1 + 2^0 + 2^{-1} + 2^{-2} + 2^{-3} + 2^{-4} + 2^{-5} + 2^{-6} = 3'984375$.

Ejercicio 1.4.

(a) $0'1 = (0'0\overline{0011})_2$, como vemos al aplicar el algoritmo visto en el capítulo a $x = 0'1$:

- $E(x) = 0 = (0)_2$;
- $x_0 = x - E(x) = 0'1$:
- $x_1 = 2 \cdot x_0 = 0'2 \Longrightarrow b_1 = 0$;
- $x_2 = 2 \cdot (x_1 - b_1) = 0'4 \Longrightarrow b_2 = 0$;
- $x_3 = 2 \cdot (x_2 - b_2) = 0'8 \Longrightarrow b_3 = 0$;
- $x_4 = 2 \cdot (x_3 - b_3) = 1'6 \Longrightarrow b_4 = 1$;
- $x_5 = 2 \cdot (x_4 - b_4) = 1'2 \Longrightarrow b_5 = 1$;
- $x_6 = 2 \cdot (x_5 - b_5) = 0'4 = x_2$.

(b) $3'8 = (11'\overline{1100})_2$, como vemos si aplicamos el algoritmo a $x = 3'8$:

- $E(x) = 3 = (11)_2$;
- $x_0 = x - E(x) = 0'8$;
- $x_1 = 2 \cdot x_0 = 1'6 \Longrightarrow b_1 = 1$;
- $x_2 = 2 \cdot (x_1 - b_1) = 1'2 \Longrightarrow b_2 = 1$;
- $x_3 = 2 \cdot (x_2 - b_2) = 0'4 \Longrightarrow b_3 = 0$;
- $x_4 = 2 \cdot (x_3 - b_3) = 0'8 = x_0$.

Ejercicio 1.5. En efecto,

$$
\left(a_N a_{N-1} \ldots a'_0 b_1 \ldots b_j \overline{(\beta - 1)}\right)_\beta = \sum_{i=0}^{N} a_i \beta^i + \sum_{n=1}^{j} b_n \beta^{-n} + \sum_{n=j+1}^{\infty} (\beta - 1)\beta^{-n}
$$

$$
= \sum_{i=0}^{N} a_i \beta^i + \sum_{n=1}^{j} b_n \beta^{-n} + (\beta - 1) \sum_{n=j+1}^{\infty} \beta^{-n}
$$

$$
= \sum_{i=0}^{N} a_i \beta^i + \sum_{n=1}^{j} b_n \beta^{-n} + (\beta - 1)\frac{\beta^{-(j+1)}}{1 - \beta^{-1}}
$$

$$
= \sum_{i=0}^{N} a_i \beta^i + \sum_{n=1}^{j} b_n \beta^{-n} + (\beta - 1)\frac{1}{\beta^{j+1} - \beta^j}
$$

$$
= \sum_{i=0}^{N} a_i \beta^i + \sum_{n=1}^{j} b_n \beta^{-n} + (\beta - 1)\frac{1}{\beta^j(\beta - 1)}
$$

$$
= \sum_{i=0}^{N} a_i \beta^i + \sum_{n=1}^{j} b_n \beta^{-n} + \beta^{-j}
$$

$$
= \sum_{i=0}^{N} a_i \beta^i + \sum_{n=1}^{j-1} b_n \beta^{-n} + (b_j + 1)\beta^{-j}
$$

$$
= \left(a_N a_{N-1} \ldots a'_0 b_1 \ldots b_{j-1}(b_j + 1)\right)_\beta,
$$

donde se ha usado la suma de la progresión geométrica de razón β^{-1}.

Ejercicio 1.6.

(a) La representación en base β de $(\beta - 1)\beta^{-(t+1)}$ es:

$$
(0'\overbrace{0 \ldots 0}^{t}(\beta - 1))_\beta,
$$

por lo que está claro que
$$
tr_t(x) = 0.
$$

En lo que respecta al redondeo,

$$
rd_t(x) = \begin{cases} 0 & \text{si} \quad 0 \leq x < \dfrac{1}{2}\beta^{-t}, \\[2mm] \beta^{-t} & \text{si} \quad \dfrac{1}{2}\beta^{-t} \leq x < \beta^{-t}. \end{cases}
$$

Veamos que estamos en el segundo caso, esto es, que

$$\frac{1}{2}\beta^{-t} \le (\beta - 1)\,\beta^{-(t+1)} < \beta^{-t}.$$

En efecto, multiplicando todos los miembros de la desigualdad por β^t, vemos que esta es equivalente a

$$\frac{1}{2} \le \frac{\beta - 1}{\beta} < 1,$$

y ambas desigualdades son ciertas, ya que:

- $\dfrac{1}{2} \le \dfrac{\beta - 1}{\beta}$ equivale a $2 \le \beta$.

- $\dfrac{\beta - 1}{\beta} < 1$ equivale a $\beta - 1 < \beta$.

Por tanto, $rd_t(x) = \beta^{-t}$.

(b) Los errores absoluto y relativo que se cometen al aproximar x por $tr_t(x)$ son:

$$|x - tr_t(x)| = x,$$
$$\left|\frac{x - tr_t(x)}{x}\right| = 1.$$

Y los errores absoluto y relativo que se cometen al aproximar x por $rd_t(x)$ son:

$$|x - rd_t(x)| = \beta^{-(t+1)},$$
$$\left|\frac{x - rd_t(x)}{x}\right| = \frac{1}{\beta - 1}.$$

(c) Recordemos que las cotas teóricas obtenidas para $tr_t(x)$ y $rd_t(x)$ son, respectivamente:

$$|x - tr_t(x)| < \beta^{-t},$$
$$|x - rd_t(x)| \le \frac{1}{2}\beta^{-t}.$$

Veamos que, efectivamente, se satisfacen dichas desigualdades.

En el caso de $tr_t(x)$:

$$|x - tr_t(x)| = (\beta - 1)\beta^{-(t+1)} < \beta^{-t},$$

lo que se verifica, ya que $\beta - 1 < \beta$. Evidentemente, la cota nunca coincide con el error.

Consideremos ahora el caso de $rd_t(x)$:

$$|x - rd_t(x)| = \beta^{-(t+1)} \leq \frac{1}{2}\beta^{-t},$$

lo que se verifica, ya que $\beta \geq 2$. La cota y el error coinciden si $\beta = 2$.

Ejercicio 1.7.

(a) Las distintas posibilidades son:

$$\pm(1'000)_2 \cdot 2^j = \pm 1 \cdot 2^j,$$
$$\pm(1'001)_2 \cdot 2^j = \pm 1'125 \cdot 2^j,$$
$$\pm(1'010)_2 \cdot 2^j = \pm 1'25 \cdot 2^j,$$
$$\pm(1'011)_2 \cdot 2^j = \pm 1'375 \cdot 2^j,$$
$$\pm(1'100)_2 \cdot 2^j = \pm 1'5 \cdot 2^j,$$
$$\pm(1'101)_2 \cdot 2^j = \pm 1'625 \cdot 2^j,$$
$$\pm(1'110)_2 \cdot 2^j = \pm 1'75 \cdot 2^j,$$
$$\pm(1'111)_2 \cdot 2^j = \pm 1'875 \cdot 2^j,$$

para $j = -1, 0, 1, 2$.

(b) El cero máquina y el infinito máquina, esto es, el menor y el mayor número positivo representables en este sistema, vienen dados por

$$0_m = 1 \cdot 2^{-1} = 0'5,$$
$$\infty_m = 1'875 \cdot 2^2 = 7'5.$$

Se puede comprobar la coincidencia con las expresiones β^L y $(\beta - \beta^{-t})\beta^U$, respectivamente.

Ejercicio 1.8. Sea $\bar{a} = 1'234567$. Sabemos que

$$a = \bar{a} \pm \frac{1}{2} \cdot 10^{-4},$$

esto es,

$$a = 1'234567 \pm \frac{1}{2} \cdot 10^{-4},$$

lo que significa que

$$1'234567 - \frac{1}{2} \cdot 10^{-4} \le a \le 1'234567 + \frac{1}{2} \cdot 10^{-4} \iff a \in [1, 234517, 1'234617].$$

Ejercicio 1.9. El error absoluto de dicha aproximación es

$$|\pi - \bar{\pi}| \approx 2'6680 \cdot 10^{-7} \le 5 \cdot 10^{-7} = \frac{1}{2} \cdot 10^{-6}.$$

Por tanto, $\bar{\pi}$ tiene 6 decimales exactos y 7 dígitos significativos.

Ejercicio 1.10. Definamos la siguiente función que, dado un lado l, devuelve el área del cuadrado con dicho lado:

$$A(l) = l^2.$$

Como, por el teorema de Taylor, tenemos que

$$A(l + h) = A(l) + A'(l)h + \mathcal{O}(h^2),$$

despreciando los términos de orden 2, el error absoluto puede escribirse como

$$\Delta A = A(l + h) - A(l) \approx A'(l)h,$$

y como $A'(l) = 2l$, para $l = 10$ se tiene que

$$|\Delta A| \approx |A'(10)h| = 20|h| \le 20 \cdot 0'3 = 6.$$

Por tanto, el error relativo se acota como sigue:

$$|\delta A| = \left| \frac{\Delta A}{A(10)} \right| \lesssim \frac{6}{100} = 0'06.$$

Ejercicio 1.11. Definamos la siguiente función que, dado un radio r, devuelve el volumen del cilindro con ese radio y altura 5 m:

$$V(r) = 5\pi r^2.$$

Como

$$V(r+h) = V(r) + V'(r)h + \mathcal{O}(h^2),$$

el error absoluto es

$$\Delta V = V(r+h) - V(r) \approx V'(r)h,$$

y como $V'(r) = 10\pi r$, para $r = 8$ se tiene que

$$|\Delta V| \approx |V'(8)h| = 80\pi|h| \leq 80\pi \cdot 0'25 = 20\pi \approx 62,8319.$$

Ejercicio 1.12. Definamos R como función de la gravedad:

$$R(g) = \frac{v_0^2}{g} \, \text{sen}(2\theta).$$

Si llamamos Δg al error absoluto que se comete en g, como

$$R(g + \Delta g) = R(g) + R'(g)\Delta g + \mathcal{O}(\Delta g^2),$$

el error absoluto es

$$\Delta R = R(g + \Delta g) - R(g) \approx R'(g)\Delta g,$$

y como

$$R'(g) = -\frac{v_0^2}{g^2} \, \text{sen}(2\theta),$$

se tiene que

$$\Delta R \approx -\frac{v_0^2}{g^2} \, \text{sen}(2\theta)\Delta g.$$

Por tanto, el error relativo que se comete al calcular el alcance es

$$\delta R = \frac{\Delta R}{R(g)} \approx -\frac{\Delta g}{g} = -\delta g,$$

por lo que es aproximadamente proporcional al error relativo que se comete en g, denotado por δg.

Capítulo 2

Ejercicio 2.1.

(a) Llamamos f a la función a la que le buscamos una raíz:

$$f(x) = x^3 - x - 1 = 0.$$

Y definimos la función de iteración g correspondiente al método de Newton:

$$g(x) = x - \frac{f(x)}{f'(x)} = x - \frac{x^3 - x - 1}{3x^2 - 1}.$$

Para escoger una semilla adecuada en el intervalo $[1, 2]$, podemos recurrir a un programa de dibujo y obtener la gráfica de la función, y así conocer aproximadamente dónde se encuentra la raíz. Pero, si esto no fuera posible, podemos escoger, simplemente, el punto medio de ese intervalo, lo que equivale a realizar una primera iteración del método de dicotomía, al tratarse de un intervalo en el que la función f, continua, presenta cambio de signo, ya que $f(1) = -1$ y $f(2) = 5$. Por otro lado, como $|f(1)| < |f(2)|$, es razonable pensar que la raíz está más cerca de 1 que de 2. Por ello, escogemos como semilla $x_0 = 1$.

De esta forma obtenemos los siguientes resultados:

n	x_n
0	1.00000
1	1.50000
2	1.34783
3	1.32520
4	1.32472
5	1.32472

Obsérvese que hemos redondeado a 5 cifras decimales y que hemos parado cuando estas cifras decimales se han estabilizado, pero ¿puede asegurarse que estas 5 cifras decimales son exactas? Para ello x_4 debe satisfacer lo siguiente:

$$|l - x_4| < \frac{1}{2}10^{-5},$$

donde l es la raíz exacta. Nótese que el cálculo de x_5 nos ha servido para ver que las 5 cifras decimales se estabilizan, pero que estas se habían obtenido ya en x_4. La desigualdad anterior equivale a

$$x_4 - \frac{1}{2}10^{-5} < l < x_4 + \frac{1}{2}10^{-5}.$$

Y esto se satisface como consecuencia del teorema de Bolzano, ya que podemos comprobar que

$$f\left(x_4 - \tfrac{1}{2}10^{-5}\right) \cdot f\left(x_4 + \tfrac{1}{2}10^{-5}\right) < 0.$$

(b) Usamos ahora el método de la secante,

$$x_{n+1} = x_n - f(x_n)\frac{x_n - x_{n-1}}{f(x_n) - f(x_{n-1})},$$

a partir de $x_0 = 1$ y $x_1 = 2$, y obtenemos:

n	x_{n+1}
1	1.16667
2	1.25311
3	1.33721
4	1.32385
5	1.32471
6	1.32472
7	1.32472

Ya sabemos por el apartado anterior que las 5 cifras decimales obtenidas son exactas.

Ejercicio 2.2. En la figura A.1 encontramos la gráfica de la curva a la que hemos de calcular la distancia del punto $(2, 1)$.

La distancia entre un punto cualquiera de la gráfica $(x, 1/x)$ y $(2, 1)$ viene dada por

$$d(x) = \sqrt{(x - 2)^2 + (1/x - 1)^2}.$$

Buscar el x que minimiza esta función equivale a buscar el x que minimiza

$$f(x) = (x - 2)^2 + (1/x - 1)^2.$$

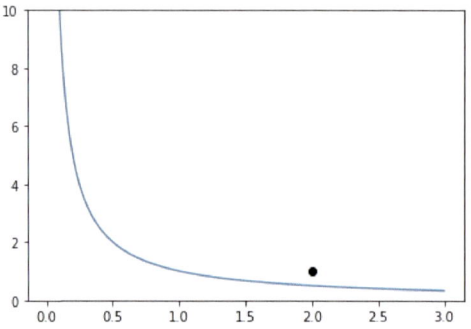

Figura A.1. Gráfica de la curva $y = \dfrac{1}{x}$ y punto $(2, 1)$.

Por tanto, buscamos x tal que $f'(x) = 0$, o, equivalentemente, el x que satisface la ecuación

$$x^4 - 2x^3 + x - 1 = 0.$$

El candidato a extremo que obtengamos será con toda seguridad un mínimo, cosa que podemos deducir de la forma de la curva $y = x^4 - 2x^3 + x - 1$, y también del hecho de que la distancia de la que se habla en el enunciado se puede minimizar, pero no maximizar.

Aplicando el método de Newton con semilla $x_0 = 2$, obtenemos:

n	x_n
0	2.0000
1	1.8889
2	1.8675
3	1.8668
4	1.8668

Podemos corroborar que las 4 cifras decimales así obtenidas son exactas viendo que, para $\varepsilon = \frac{1}{2}10^{-4}$, la función a la que le buscamos la raíz cambia de signo entre $x_3 - \varepsilon$ y $x_3 + \varepsilon$.

Ejercicio 2.3. Consideremos el sistema de ecuaciones asociado a este problema:

$$\begin{cases} x + y = 20, \\ (x + \sqrt{x})(y + \sqrt{y}) = 155. \end{cases}$$

Sustituyendo $y = 20 - x$ en la segunda ecuación, obtenemos la función a la que buscaremos una raíz:

$$f(x) = (x + \sqrt{x})(20 - x + \sqrt{20 - x}) - 155.$$

Utilizaremos el método de Newton. Para escoger una semilla próxima a la raíz podemos evaluar f en los primeros números naturales y observar cuándo se produce un cambio de signo. Procediendo de esta manera, observamos que $f(6) < 0$ y $f(7) > 0$, y, por lo tanto, existe una raíz en el intervalo $(6, 7)$. Como $|f(6)| \approx |f(7)|$, decidimos tomar como semilla el valor $x_0 = 6'5$. De esta forma obtenemos

n	x_n
0	6.5000
1	6.4592
2	6.4595
3	6.4595

Como en los ejercicios anteriores, se puede comprobar que, para $\varepsilon = \frac{1}{2}10^{-4}$, se tiene que $f(x_2 - \varepsilon) \cdot f(x_2 - \varepsilon) < 0$.

Ejercicio 2.4.

(a) Para responder a las preguntas anteriores debemos encontrar el A y el t para los que se satisface:

$$\begin{cases} c(t) = 1, \\ c'(t) = 0. \end{cases}$$

De la segunda ecuación obtenemos la ecuación equivalente

$$1 - \frac{t}{3} = 0,$$

y, por tanto, $t = 3$ horas. Sustituyendo este valor en la primera ecuación, se llega a que

$$3Ae^{-1} = 1,$$

y, por tanto, $A = \frac{e}{3}$ mg/ml.

(b) Para el valor de A obtenido en el apartado anterior, buscamos el valor de t para el cual

$$c(t) = 0'25.$$

Esto equivale a buscar el cero de la función

$$f(t) = te^{-t/3} - \frac{0,75}{e}.$$

Aplicaremos el método de Newton. Para escoger una semilla adecuada evaluamos la función anterior en $0, 1, 2, \ldots$ Observamos que hay un cambio de signo entre 0 y 1, pero este no es el cero que buscamos, ya que sabemos que buscamos $t > 3$. El siguiente cambio de signo lo encontramos entre 11 y 12, y como $|f(11)| < |f(12)|$, tomamos como semilla $t_0 = 11$. De esta manera obtenemos:

n	t_n
0	11.0000
1	11.0774
2	11.0780
3	11.0780

Como un minuto corresponde a $\frac{1}{60}$ horas, si tomamos $\varepsilon = \frac{1}{60}$, podemos comprobar que $f(t_2 - \varepsilon) \cdot f(t_2 + \varepsilon) < 0$, y, por tanto, la cota de error está asegurada.

Por último, como $0'0780$ horas corresponden a $4'68$ minutos, podemos concluir que el tiempo buscado es, aproximadamente, de 11 horas y 5 minutos.

Ejercicio 2.5.   Aplicaremos el método de Newton a la función

$$f(x) = \tan(x) - x,$$

cuya derivada viene dada por

$$f'(x) = \tan^2(x).$$

Conviene recordar en este punto que la función tangente tiene asíntotas verticales en los múltiplos impares de $\pi/2$. Además, en $(0, \pi/2)$, la función f' es positiva y, por tanto, f es estrictamente creciente. Como $f(0) = 0$, $f(x) > 0$ para todo $x \in (0, \pi/2)$, intervalo en el que, por tanto, no se encontrará la raíz. La primera raíz positiva se encontrará, efectivamente, en el intervalo $(\pi/2, 3\pi/2)$, en el que $f(\pi) < 0$ y $\lim_{x \to \frac{3\pi}{2}} f(x) = \infty$. De hecho, estará en $(\pi, 3\pi/2)$, ya que, en la primera mitad del intervalo, la función tangente tiene valores negativos y, en consecuencia, no puede cortar a la gráfica de la función identidad. Todo esto se puede corroborar en la figura A.2.

Si escogemos π como semilla, podemos comprobar que el método de Newton no converge hacia la solución buscada, así que podemos escoger como valor inicial el punto medio del intervalo $(\pi, 3\pi/2)$, esto es, $5\pi/4$. Pero

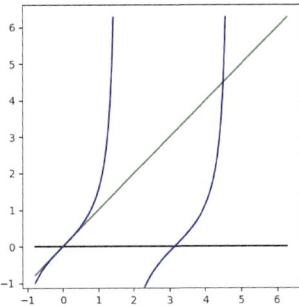

Figura A.2. Gráfica de la función $y = \tan(x)$ y la recta $y = x$.

esta elección tampoco nos lleva a buen puerto, ya que tampoco hay convergencia a la solución. Como $f(5\pi/4) < 0$ (y $\lim_{x\to 3\pi/2} f(x) = \infty$), la raíz estará a la derecha de este número, y podemos usar dicotomía para proponer ahora como semilla el punto medio del intervalo $(5\pi/4, 3\pi/2)$, $x_0 = 11\pi/8$.

Con este valor inicial obtenemos:

n	x_n
0	4.3197
1	4.6466
2	4.6009
3	4.5466
4	4.5066
5	4.4942
6	4.4934

Se ve entonces cómo el método de bipartición nos puede ayudar a dar con una semilla adecuada para un método más rápido como el de Newton. De hecho, si hacemos una sola iteración más del método de bipartición y escogemos como semilla del método de Newton $x_0 = 11\pi/8$ (ya que $f(11\pi/8) < 0$), la convergencia de este es aún más rápida:

n	x_n
0	4.5160
1	4.4958
2	4.4934
3	4.4934

Ejercicio 2.6. Los resultados obtenidos para f son los siguientes:

n	x_n
0	1.570796
1	2.000000
2	1.900996
3	1.895512
4	1.895494
5	1.895494

Y para g:

n	x_n
0	1.570796
1	1.785398
2	1.844562
3	1.870834
4	1.883346
5	1.889464
6	1.892490
7	1.893995
8	1.894745
9	1.895120
10	1.895307
11	1.895401
12	1.895447
13	1.895471
14	1.895483
15	1.895489
16	1.895491
17	1.895493
18	1.895494
19	1.895494

Como vemos, el método de Newton aplicado a la función f realiza 5 iteraciones, mientras que el método aplicado a la función g realiza 19 iteraciones. Esto se debe a que, aunque ambas funciones tienen la misma raíz, esta es simple para f, mientras que es una raíz doble para g, con lo que Newton sigue convergiendo en este caso pero con orden lineal en lugar de cuadrático.

Ejercicio 2.7.

(a) Veamos que, efectivamente, l es raíz de f :

$$f(l) = \frac{1}{3\sqrt{3}} - \frac{1}{\sqrt{3}} + \frac{2}{3\sqrt{3}} = 0.$$

Para comprobar que es la única raíz positiva estudiaremos su crecimiento y decrecimiento. En efecto,

$$f'(x) = 3x^2 - 1 = 0$$

se anula en $x = \pm 1/\sqrt{3}$, y es negativa en $\left(0, 1/\sqrt{3}\right)$ y positiva en $\left(1/\sqrt{3}, \infty\right)$. Por tanto, f es estrictamente decreciente en $\left(0, 1/\sqrt{3}\right)$ y estrictamente creciente en $\left(1/\sqrt{3}, \infty\right)$, por lo que en l, además de tener la única raíz positiva, con multiplicidad 2, tiene un mínimo. Esta situación se puede apreciar en la figura A.3.

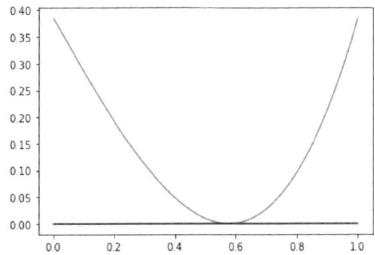

Figura A.3. Gráfica de la curva $y = x^3 - x + \dfrac{2}{3\sqrt{3}}$.

(b) En la siguiente tabla se aprecia que el método parece ser de orden 1 con constante asintótica de error $C \approx 0'5$. Aunque no es el orden esperado para una raíz simple, sí lo es para una raíz doble, como es el caso.

n	x_n	e_n	e_n/e_{n-1}
0	2.00000000	1.42264973	
1	1.41955453	0.84220426	0.59199692
2	1.05765302	0.48030275	0.57029247
3	0.84101747	0.26366720	0.54896043
4	0.71735293	0.14000266	0.53098247
5	0.64987480	0.07252453	0.51802249
$\vdots$	$\vdots$	$\vdots$	$\vdots$
24	0.57735041	1.44026892e-07	0.49993396
25	0.57735034	7.19292638e-08	0.49941551

(c) Con esta modificación del método de Newton para raíces dobles apreciamos orden 2 y constante asintótica de error $C \approx 0'29$.

n	x_n	e_n	e_n/e_{n-1}
0	2.00000000	1.42264973	
1	0.83910906	0.26175879	0.12933179
2	0.59347443	0.01612416	0.23532856
3	0.57742429	7.40186626e-05	0.28469961
4	0.57735027	1.58130531e-09	0.28862454

Ejercicio 2.8.

(a) Comenzamos escribiendo la función de iteración en función de h:

$$g(x) = x - \frac{f(x)}{f'(x)}$$

$$= x - \frac{(x-l)^m h(x)}{m(x-l)^{m-1}h(x) + (x-l)^m h'(x)}$$

$$= x - \frac{(x-l)h(x)}{mh(x) + (x-l)h'(x)}.$$

Calculando la derivada de g y evaluando en l, obtenemos que

$$g'(l) = 1 - \frac{1}{m}.$$

Como $|g'(l)| < 1$ para $m > 1$, el método es localmente convergente.

Sin embargo, $g'(l)$ solo se anula para $m = 1$. Por tanto, $g'(l) \neq 0$ para $m > 1$, con lo que el método no es de orden 2.

(b) Procedemos de manera similar al apartado anterior y obtenemos que

$$g(x) = x - m \frac{(x - l)h(x)}{mh(x) - (x - l)h'(x)}.$$

Derivando y evaluando en l, vemos que

$$g'(l) = 0.$$

Por tanto, en este caso, el método es al menos de orden 2.

Ejercicio 2.9.

(a) La recta que pasa por $(x_0, f(x_0))$ con pendiente α viene dada por

$$y = f(x_0) + \alpha(x - x_0),$$

y su punto de corte con la recta $y = 0$ es

$$x_1 = x_0 - \frac{f(x_0)}{\alpha}.$$

Parece evidente entonces que la fórmula general que permite calcular x_{n+1} a partir de x_n viene dada por

$$x_{n+1} = x_n - \frac{f(x_n)}{\alpha}.$$

Por tanto, la función de iteración de este método de punto fijo es

$$g(x) = x - \frac{f(x)}{\alpha}.$$

(b) Como f es de clase 1, entonces g también lo es. Además, l es punto fijo de g. Para que el método sea localmente convergente necesitamos que $|g'(l)| < 1$. Como

$$g'(x) = 1 - \frac{f'(x)}{\alpha},$$

la desigualdad anterior equivale a que

$$-1 < 1 - \frac{f'(l)}{\alpha} < 1,$$

o, lo que es lo mismo, a que

$$0 < \frac{f'(l)}{\alpha} < 2.$$

Por tanto, para que el método sea localmente convergente α y $f'(l)$ deben tener el mismo signo. Además, tiene que ocurrir que

$$\alpha > \frac{f'(l)}{2} \quad \text{para } f'(l) > 0,$$

y que

$$\alpha < \frac{f'(l)}{2} \quad \text{para } f'(l) < 0.$$

(c) Como

$$g'(l) = 1 - \frac{f'(l)}{\alpha}$$

se anula si y solo si α coincide con $f'(l)$, para $\alpha \neq f'(l)$, el método sería de orden 1 (y más rápido cuanto más cerca esté α de $f'(l)$), mientras que para $\alpha = f'(l)$, en cuyo caso, la función de iteración corresponde a

$$g(x) = x - \frac{f(x)}{f'(l)},$$

sería de orden 2.

Ejercicio 2.10.   Como la función de iteración viene dada por

$$g(x) = x + c\,(x^2 - 5),$$

su derivada es

$$g'(x) = 1 + 2cx.$$

Puede asegurarse que el método es localmente convergente si $|g'(l)| < 1$, esto es, si

$$|1 + 2cl| < 1,$$

o, equivalentemente, si

$$-1 < cl < 0.$$

Por tanto, para que haya convergencia para $l = \sqrt{5}$, ha de ocurrir que

$$-\frac{1}{\sqrt{5}} < c < 0,$$

mientras que, para que haya convergencia para $l = -\sqrt{5}$, ha de ocurrir que

$$0 < c < \frac{1}{\sqrt{5}}.$$

Ejercicio 2.11.

(a) Es fácil ver que las soluciones de la ecuación logística

$$x = cx\,(1 - x)$$

son

$$x = 0$$

y

$$x = 1 - \frac{1}{c}.$$

(b) La derivada de la función de iteración viene dada por:

$$g_c'(x) = c\,(1 - 2x),$$

por lo que, al evaluar en la solución no nula $l = 1 - 1/c$, obtenemos que

$$g'(l) = 2 - c,$$

y para asegurar la convergencia local hacia dicha solución debe satisfacerse que

$$|2 - c| < 1,$$

lo que equivale a que

$$1 < c < 3.$$

Ejercicio 2.12. En efecto, fijémonos en primer lugar en que la ecuación se puede escribir como

$$(x - \alpha)(x - \beta) = 0,$$

esto es, como

$$x^2 - (\alpha + \beta)x + \alpha\beta = 0,$$

por lo que, igualando coeficientes, obtenemos las igualdades:

$$\begin{cases} a &= -(\alpha + \beta), \\ b &= \alpha\beta. \end{cases}$$

(a) La función g es de clase 1 en su dominio, que es toda la recta real salvo $x = 0$. Como $|\alpha| > |\beta|$, necesariamente $\alpha \neq 0$, por lo que está en el dominio de g. Veamos que es un punto fijo:

$$g(\alpha) = -\frac{a\alpha + b}{\alpha} = \frac{(\alpha + \beta)\alpha - \alpha\beta}{\alpha} = \frac{\alpha^2}{\alpha} = \alpha,$$

por lo que α es punto fijo de g.

El método es localmente convergente hacia α si $|g'(\alpha)| < 1$. Como

$$g'(x) = \frac{b}{x^2},$$

usando de nuevo las identidades previas, tenemos que

$$g'(\alpha) = \frac{b}{\alpha^2} = \frac{\alpha\beta}{\alpha^2} = \frac{\beta}{\alpha},$$

de lo que se deduce que el método es localmente convergente si $|\beta| < |\alpha|$.

(b) De nuevo, la función g es de clase 1 en su dominio, que es toda la recta real salvo $x = -a$. Como $|\beta| > |\alpha|$, necesariamente $\beta \neq 0$ y, por tanto, $\alpha + a = -\beta \neq 0$, por lo que α está en el dominio de g. Veamos que es punto fijo:

$$g(\alpha) = -\frac{b}{\alpha + a} = -\frac{\alpha\beta}{\alpha - (\alpha + \beta)} = \alpha,$$

por lo que α es punto fijo de g.

Como

$$g'(x) = \frac{b}{(x + a)^2},$$

tenemos que

$$g'(\alpha) = \frac{b}{(\alpha + a)^2} = \frac{\alpha\beta}{\beta^2} = \frac{\alpha}{\beta},$$

y, por tanto, el método es localmente convergente si $|\alpha| < |\beta|$.

(c) En este caso, g es de clase 1, y su dominio es toda la recta real. Veamos que α es punto fijo:

$$g(\alpha) = -\frac{\alpha^2 + b}{a} = \frac{\alpha(\alpha + \beta)}{\alpha + \beta} = \alpha.$$

Como
$$g'(x) = -\frac{2x}{a},$$
entonces
$$g'(\alpha) = -\frac{2\alpha}{a} = \frac{2\alpha}{\alpha + \beta}$$

y el método es localmente convergente si $2|\alpha| < |\alpha + \beta|$.

Ejercicio 2.13.

(a) Consideremos la función $f(x) = x + 2 - e^x$, continua y derivable en $\mathbb{R}$, y cuya derivada viene dada por $f'(x) = 1 - e^x$.

Como $f'(0) = 0$ y se tiene que $f'(x) > 0$ para $x < 0$ y $f'(x) < 0$ para $x > 0$, f es creciente a la derecha del origen y decreciente a su izquierda, por lo que tiene un máximo absoluto en $x = 0$.

Además, al ser $f(0) > 0$, $\lim_{x \to -\infty} f(x) = -\infty$ y $\lim_{x \to \infty} f(x) = -\infty$, la función tiene dos raíces: una en $(-\infty, 0)$ y otra en $(0, \infty)$.

Evaluando f en distintos puntos, comprobamos que $f(-1)f(-2) < 0$ y $f(1)f(2) < 0$. Por tanto, la función tiene una raíz $l_1 \in [-2, -1]$ y otra $l_2 \in [1, 2]$.

(b) En la siguiente tabla se muestran los valores obtenidos al aproximar l_1 aplicando el método de Newton tomando como semilla $x_0 = -1'5$:

n	x_n
0	-1.5000
1	-1.8564
2	-1.8414
3	-1.8414

Y en esta se muestran los valores obtenidos al aproximar l_2 con el método de Newton y semilla $x_0 = 1'5$:

n	x_n
0	1.5000
1	1.2180
2	1.1498
3	1.1462
4	1.1462

(c) Este procedimiento es equivalente a realizar el siguiente algoritmo de punto fijo:

$$\begin{cases} x_0 \text{ dado,} \\ x_{n+1} = e^{x_n} - 2, \ n = 0, 1, 2 \ldots, \end{cases}$$

esto es, a considerar la función de punto fijo $g(x) = e^x - 2$, siendo las ecuaciones $f(x) = 0$ y $g(x) = x$ equivalentes.

Podemos utilizar un procedimiento gráfico para deducir, con un diagrama de tipo escalera, que, si $x_0 < l_2$, el método converge a la raíz l_1, mientras que, si $x_0 > l_2$, el método diverge, al tender las aproximaciones obtenidas a infinito.

De hecho, si consideramos el intervalo $J_1 = (-\infty, l_2)$, tenemos que g es creciente en dicho intervalo (lo es siempre) y que $g(J_1) \subset J_1$, ya que, si $x < l_2$, entonces $g(x) < g(l_2) = l_2$.

Como, además,

$$g(x) > x \quad \text{si } x < l_1 \quad \text{y} \quad g(x) < x \quad \text{si } l_1 < x < l_2,$$

entonces, si se toma $x_0 \in J_1$, la sucesión converge a la raíz negativa, l_1.

Y si consideramos ahora el intervalo $J_2 = (l_1, \infty)$, tenemos que g es creciente en dicho intervalo y que $g(J_2) \subset J_2$, ya que, si $x > l_1$, entonces $g(x) > g(l_1) = l_1$.

Como, además,

$$g(x) < x \quad \text{si } l_1 < x < l_2 \quad \text{y} \quad g(x) > x \quad \text{si } x > l_2,$$

se asegura la no convegencia a la raíz positiva, l_2.

Ejercicio 2.14.

(a) El algoritmo que se está siguiendo es el siguiente:

$$\begin{cases} x_0 \geq -2 \\ x_{n+1} = \sqrt{x_n + 2}, \ n = 0, 1, 2 \ldots, \end{cases}$$

esto es, consideramos la función $g(x) = \sqrt{x - 2}$.

Si la sucesión convergiese a un valor l, entonces se tendría que $l = \sqrt{l + 2}$, o equivalentemente, $l^2 - l - 2 = 0$, que tiene como raíces 2 y -1, pero, como -1 no puede ser solución de $l = \sqrt{l + 2}$, la única opción sería $l = 2$.

La función g es monótona creciente en $[-2, \infty)$ y $g([-2, \infty)) = [0, \infty) \subset [-2, \infty)$.

Como, además,

$$g(x) > x \quad \text{si} - 2 < x < 2 \quad \text{y} \quad g(x) < x \quad \text{si } x > 2,$$

la sucesión siempre converge a 2.

(b) Sea $J = [1, 3]$. Se tiene que $g(J) = [\sqrt{3}, \sqrt{5}] \subset J$.

Sabemos que, si g es contractiva con constante de contractividad C, entonces

$$|x_n - l| \leq C^n(b - a).$$

Podemos calcular dicha constante como sigue:

$$C = \max_{x \in [1,3]} |g'(x)| = \max_{x \in [1,3]} \frac{1}{2\sqrt{x+2}} = \frac{1}{2\sqrt{3}}.$$

Como la calculadora muestra 6 decimales en pantalla, buscamos n tal que

$$|x_n - l| \leq \frac{1}{2}10^{-6},$$

y como sabemos que

$$|x_n - l| \leq \left(\frac{1}{2\sqrt{3}}\right)^n \cdot 2,$$

es suficiente con encontrar n tal que

$$\left(\frac{1}{2\sqrt{3}}\right)^n \cdot 2 \leq \frac{1}{2}10^{-6},$$

o, equivalentemente, tal que

$$n \log\left(\frac{1}{2\sqrt{3}}\right) \leq \log\left(\frac{1}{4}10^{-6}\right),$$

de donde resulta que

$$n \geq 12'2353\ldots$$

Por tanto, habría que repetir el proceso al menos 13 veces.

Ejercicio 2.15. La función de punto fijo considerada es

$$g(x) = 0'4 + x - 0'1x^2.$$

Los puntos fijos de g satisfacen la ecuación

$$x = 0'4 + x - 0'1x^2,$$

que es claramente equivalente a la ecuación

$$0'4 - 0'1x^2 = 0,$$

por lo que los puntos fijos de g son también ± 2.

(a) Como

$$g'(x) = 1 - 0'2x,$$

se tiene

$$
\begin{aligned}
|g'(x)| < 1 \quad &\Longleftrightarrow \quad -1 < 1 - 0'2x < 1 \\
&\Longleftrightarrow \quad -2 < -0'2x < 0 \\
&\Longleftrightarrow \quad 0 < x < 10.
\end{aligned}
$$

Como $[1, 3] \subset (0, 10)$, sabemos que g es contractiva en el intervalo $[1, 3]$.

Además, $g'(x) > 0 \ \forall x \in [1, 3]$, por lo que g es creciente en todo el intervalo, y $g([1, 3]) = [g(1), g(3)] = [1'3, 2'5] \subset [1, 3]$.

Podemos, pues, deducir que el método de punto fijo converge en $[1, 3]$.

Respecto al orden, como $g'(2) = 0'6 \neq 0$, podemos decir que se trata de un método de orden 1.

(b) En este caso, se tiene $g'(-2) = 1'4 > 1$, por lo que ni siquiera hay convergencia local.

(c) Buscamos n tal que

$$|x_n - l| \leq \frac{1}{2}10^{-6},$$

tomando una semilla $x_0 \in [1, 3]$. Como

$$|x_n - l| \leq C^n(b - a),$$

con $[a, b] = [1, 3]$ y

$$C = \max_{x \in [1,3]} |g'(x)| = \max_{x \in [1,3]} 1 - 0'2x = 0'8,$$

basta con encontrar n tal que

$$0'8^n \cdot 2 \leq \frac{1}{2} 10^{-6},$$

o, equivalentemente, tal que

$$n \log 0'8 \leq \log \left(\frac{1}{4} 10^{-6} \right),$$

de donde resulta

$$n \geq 68'1256 \ldots$$

Por tanto, habría que realizar al menos 69 iteraciones para asegurar la precisión requerida. Obsérvese que, si tomáramos $x_0 = 2$ como semilla, entonces $x_1 = x_0 = l$ y no es necesario realizar ninguna iteración.

(d) El método de Newton puede escribirse como:

$$x_{n+1} = x_n + \frac{0'4 - 0'1x_n^2}{0'2x_n}.$$

A partir de $f(x) = 0'4 - 0'1\, x^2$, cuya gráfica se muestra en la figura A.4, tenemos que

$$f'(x) = -0'2\, x$$

y

$$f''(x) = -0'2.$$

Para cualquier $M > 2$ tenemos que $f \in C^2([0, M])$ y que satisface:

- $f(0)f(M) < 0$;
- $f'(x) < 0 \; \forall x \in [0, M]$;
- $f''(x) < 0 \; \forall x \in [0, M]$;

por lo que basta coger x_0 tal que $f(x_0) < 0$ (y con ello $f(x_0)f''(x_0) \geq 0$) para asegurar la convergencia del método. Basta, pues, coger $x_0 > 2$.

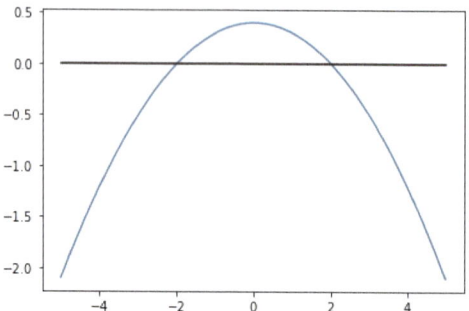

Figura A.4. Gráfica de $y = 0'4 - 0'1\, x^2$.

Respecto a la raíz negativa, también tenemos que $f \in C^2([-M, 0])$ y que:

- $f(-M)f(0) < 0$;
- $f'(x) > 0 \ \forall x \in [-M, 0]$;
- $f''(x) < 0 \ \forall x \in [-M, 0]$;

por lo que de nuevo basta coger x_0 tal que $f(x_0) < 0$ para asegurar la convergencia. Ahora basta, por tanto, coger $x_0 < -2$.

(e) En este apartado consideramos la función de punto fijo

$$g(x) = x - \alpha(0'4 - 0'1x^2),$$

para la que

$$g'(x) = 1 + 0'2\alpha x$$

y

$$g''(x) = 0'2\alpha.$$

En lo que respecta a la convergencia a la raíz positiva, como $g'(2) = 1 + 0'4\alpha$, tenemos que $|g'(2)| < 1$ si y solo si $-5 < \alpha < 0$. El método es entonces localmente convergente si $\alpha \in (-5, 0)$.

Para la raíz negativa, $g'(-2) = 1 - 0'4\alpha$, y $|g'(-2)| < 1$ si y solo si $0 < \alpha < 5$, por lo que el método es localmente convergente si $\alpha \in (0, 5)$.

En lo concerniente al orden, para la raíz positiva tenemos que $g'(2)$ se anula para $\alpha = -2'5$, y, para ese valor del parámetro, $g''(2) = -0'5 \neq 0$, por lo que tendríamos orden 2.

Para la raíz negativa, $g'(-2)$ se anula para $\alpha = 2'5$, y, para ese valor, $g''(-2) = 0'5 \neq 0$ y tendríamos orden 2.

Ejercicio 2.16.

(a) La función $\sqrt{x}$ tiene dominio en los reales positivos, y su gráfica crece desde el origen de coordenadas hacia el infinito, con un perfil cóncavo, mientras que la función e^{-x}, con dominio en todos los reales, es decreciente y convexa, acercándose a $-\infty$ por la izquierda y a 0 por la derecha. En $x = 0$ vale 1, por lo que queda por encima de la función raíz cuadrada, mientras que en $x = 1$ vale $1/e$, por lo que queda por debajo de la raíz. Por tanto, existe un único punto de corte de ambas gráficas, y se encuentra en el intervalo $[0, 1]$. La gráfica de estas funciones se muestra en la figura A.5.

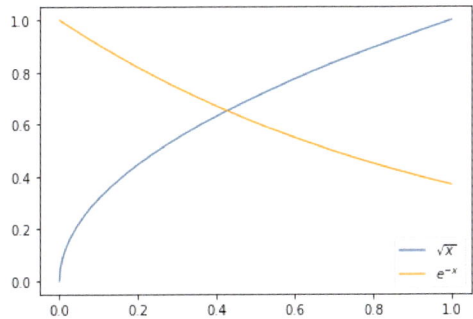

Figura A.5. Gráficas de las funciones $\sqrt{x}$ y e^{-x}.

(b) La solución de nuestra ecuación coincide con la raíz de la función $f(x) = \sqrt{x} - e^{-x}$. Pero, para evitar las dificultades ligadas a la derivación de la raíz cuadrada, podemos usar el hecho de que nuestra ecuación es equivalente también a
$$x = e^{-2x},$$
por lo que su solución coincide con la raíz de
$$f(x) = x - e^{-2x},$$
para la que
$$f'(x) = 1 + 2e^{-2x}$$
y
$$f''(x) = -4e^{-2x}.$$
Evidentemente $f \in C^2([0, 1])$ y, además:

- $f(0)f(1) < 0$;

- $f'(x) > 0 \ \forall x \in [0,1]$;

- $f''(x) < 0 \ \forall x \in [0,1]$;

por lo que basta coger x_0 tal que $f(x_0) < 0$ (y con ello $f(x_0)f''(x_0) \geq 0$) para asegurar la convergencia del método. Escogemos, pues, $x_0 < l$, siendo l la raíz. Por ejemplo, $x_0 = 0$.

Para aproximarla con la precisión requerida, usamos la cota

$$|x_n - l| \leq K^{(2^n - 1)}(b - a), \quad \forall n,$$

donde

$$K = \frac{M(b-a)}{2m},$$

con $[a, b] = [0,1]$ y

$$m = \min_{x \in [0,1]} |f'(x)| = \min_{x \in [0,1]} (1 + 2e^{-2x}) = 1 + 2e^{-2},$$

y

$$M = \max_{x \in [0,1]} |f''(x)| = \max_{x \in [0,1]} 4e^{-2x} = 4.$$

Por tanto,

$$K = \frac{4}{2(1 + 2e^{-2})} = 1'5739\ldots$$

Pero sabemos que, si $K > 1$, la cota es inútil, por lo que vamos a restringir el intervalo en un intento de obtener un valor de K menor que la unidad. En efecto, si nos restringimos al intervalo $[1/4, 1/2]$, que también contiene a la raíz, los nuevos valores de m y M son, respectivamente,

$$m = \min_{x \in [1/4, 1/2]} (1 + 2e^{-2x}) = 1 + 2e^{-1},$$

y

$$M = \max_{x \in [1/4, 1/2]} 4e^{-1/2},$$

con lo que obtenemos

$$K = \frac{4e^{-1/2}}{2(1 + 2e^{-1})} = 0'6988\ldots$$

Como necesitamos

$$|x_n - l| \leq \frac{1}{2}10^{-5},$$

basta tomar n tal que

$$K^{(2^n-1)}(b-a) = K^{(2^n-1)}\frac{1}{4} \leq \frac{1}{2}10^{-5}.$$

Tomando logaritmos, esto ocurre si

$$(2^n - 1)\log K \leq \log(2) - 5\log(10),$$

o, equivalentemente, si

$$2^n \geq 1 + \frac{\log(2) - 5\log(10)}{\log K} = 31'1977\ldots$$

Basta con tomar entonces $n = 5$ iteraciones para asegurar la precisión requerida a partir de, por ejemplo, $x_0 = 1/4$.

Ejercicio 2.17. Consideremos la función

$$f(x) = \frac{1}{x} - a,$$

que es de clase 2 en su dominio, y estudiemos su signo.

Se tiene que

$$f(x) > 0 \quad \text{para todo } x > 0 \text{ tal que } x < \frac{1}{a}$$

y que

$$f(x) < 0 \quad \text{para todo } x \text{ tal que } x > \frac{1}{a}.$$

Por tanto, si escogemos números x_1 y x_2 tales que

$$0 < x_1 < \frac{1}{a} \quad \text{y} \quad \frac{1}{a} < x_2,$$

tendríamos que:

- $f(x_1)f(x_2) < 0$,

- $f'(x) = -\dfrac{1}{x^2} < 0 \quad \forall x \in [x_1, x_2]$,

- $f''(x) = \dfrac{2}{x^3} > 0 \quad \forall x \in [x_1, x_2]$.

Por lo tanto, basta tomar una semilla x_0 tal que $f(x_0) > 0$, es decir, una semilla x_0 tal que $0 < x_0 < 1/a$, para poder asegurar la convergencia del método de Newton.

Capítulo 3

Ejercicio 3.1. En este caso, la nube de puntos de partida corresponde a:

$$(x_0, y_0) = (1, 1'5709),$$
$$(x_1, y_1) = (4, 1'5727),$$
$$(x_2, y_2) = (6, 1'5751).$$

Vamos a escribir la forma de Lagrange del polinomio de interpolación, así que consideremos los polinomios de base Lagrange corrrespondientes:

$$l_0(x) = \frac{(x - x_1)(x - x_2)}{(x_0 - x_1)(x_0 - x_2)} = \frac{(x - 4)(x - 6)}{(1 - 4)(1 - 6)} = \frac{1}{15}(x - 4)(x - 6),$$

$$l_1(x) = \frac{(x - x_0)(x - x_2)}{(x_1 - x_0)(x_1 - x_2)} = \frac{(x - 1)(x - 6)}{(4 - 1)(4 - 6)} = -\frac{1}{6}(x - 1)(x - 6),$$

$$l_2(x) = \frac{(x - x_0)(x - x_1)}{(x_2 - x_0)(x_2 - x_1)} = \frac{(x - 1)(x - 4)}{(6 - 1)(6 - 4)} = \frac{1}{10}(x - 1)(x - 4).$$

Ahora, escribimos el polinomio de interpolación como

$$p(x) = y_0 l_0(x) + y_1 l_1(x) + y_2 l_2(x) = 1'5709\ l_0(x) + 1'5727\ l_1(x) + 1'5751\ l_2(x),$$

y aproximamos el valor de $k(3'5)$ mediante dicho polinomio:

$$k(3'5) \approx p(3'5) = 1'57225.$$

Ejercicio 3.2.

(a) En primer lugar, recordemos el valor de la función $f(x) = \cos(x)$ en los nodos de interpolación:

$$y_0 = f(x_0) = \cos(0) = 1,$$

$$y_1 = f(x_1) = \cos\left(\frac{\pi}{6}\right) = \frac{\sqrt{3}}{2},$$

$$y_2 = f(x_2) = \cos\left(\frac{\pi}{3}\right) = \frac{1}{2},$$

$$y_3 = f(x_3) = \cos\left(\frac{\pi}{2}\right) = 0.$$

De la expresión del error que conocemos podemos deducir que el polinomio lineal que menor error producirá, *a priori*, al aproximar el valor de la función en $\pi/4$ será el que utiliza los nodos más cercanos, que son x_1 y x_2. En el caso del polinomio cuadrático, si atendemos a la distancia de los nodos a $\pi/4$, podemos elegir tanto x_0, x_1 y x_2 como x_1, x_2 y x_3, pero, como en el error interviene también el valor absoluto de la derivada tercera de la función coseno, que es el seno, y su máximo es mayor en este último caso, nos decantamos por la primera elección. Y, por último, en el caso cúbico, la única opción posible es utilizar todos los nodos.

La tabla adecuada de diferencias divididas es entonces la siguiente:

Nodos	orden 0	orden 1	orden 2	orden 3
x_1	$f[x_1]$			
		$f[x_1, x_2]$		
x_2	$f[x_2]$		$f[x_1, x_2, x_0]$	
		$f[x_2, x_0]$		$f[x_1, x_2, x_0, x_3]$
x_0	$f[x_0]$		$f[x_2, x_0, x_3]$	
		$f[x_0, x_3]$		
x_3	$f[x_3]$			

Y haciendo los cálculos, obtenemos:

Nodos	orden 0	orden 1	orden 2	orden 3
$\pi/6$	0.8660			
		-0.6991		
$\pi/3$	0.5000		-0.4232	
		-0.4775		0.1139
0	1.0000		-0.3040	
		0.6366		
$\pi/2$	0.0000			

Por tanto, el polinomio lineal que buscamos viene dado por

$$p_1(x) = f[x_1] + f[x_1, x_2](x - x_1)$$
$$= 0'8660 - 0'6991\left(x - \frac{\pi}{6}\right),$$

por lo que

$$\cos\left(\frac{\pi}{4}\right) \approx p_1\left(\frac{\pi}{4}\right) = 0'6830.$$

De la misma manera, el polinomio de interpolación cuadrático puede escribirse como

$$p_2(x) = p_1(x) + f[x_1, x_2, x_0](x - x_1)(x - x_2)$$
$$= p_1(x) - 0'4232 \left(x - \frac{\pi}{6}\right)\left(x - \frac{\pi}{3}\right),$$

por lo que

$$\cos\left(\frac{\pi}{4}\right) \approx p_2\left(\frac{\pi}{4}\right) = 0'7120.$$

Por último, el polinomio de interpolación cúbico viene dado por

$$p_3(x) = p_2(x) + f[x_1, x_2, x_0, x_3](x - x_1)(x - x_2)(x - x_0)$$
$$= p_2(x) + 0'1139\left(x - \frac{\pi}{6}\right)\left(x - \frac{\pi}{3}\right)x,$$

por lo que

$$\cos\left(\frac{\pi}{4}\right) \approx p_3\left(\frac{\pi}{4}\right) = 0'7059.$$

(b) Aplicando la cota del error conocida y usando que, en este caso,

$$M_{n+1} = \max_{x \in [0, \frac{\pi}{2}]} |f^{(n+1)}(x)| \leq 1$$

para cualquier n, obtenemos:

$$\left|e_1\left(\frac{\pi}{4}\right)\right| \leq \frac{1}{2!}\left(\frac{\pi}{4} - \frac{\pi}{6}\right)\left(\frac{\pi}{4} - \frac{\pi}{3}\right) = 0'0343,$$
$$\left|e_2\left(\frac{\pi}{4}\right)\right| \leq \frac{1}{3!}\left(\frac{\pi}{4} - \frac{\pi}{6}\right)\left(\frac{\pi}{4} - \frac{\pi}{3}\right)\frac{\pi}{4} = 0'0090,$$
$$\left|e_3\left(\frac{\pi}{4}\right)\right| \leq \frac{1}{4!}\left(\frac{\pi}{4} - \frac{\pi}{6}\right)\left(\frac{\pi}{4} - \frac{\pi}{3}\right)\frac{\pi}{4}\left(\frac{\pi}{4} - \frac{\pi}{2}\right) = 0'0018.$$

Los errores reales cometidos en cada caso son:

$$\left|e_1\left(\frac{\pi}{4}\right)\right| = 0'0241,$$
$$\left|e_2\left(\frac{\pi}{4}\right)\right| = 0'0049,$$
$$\left|e_3\left(\frac{\pi}{4}\right)\right| = 0'0012.$$

En todos los casos, estos valores están por debajo de las cotas correspondientes.

Ejercicio 3.3.

(a) En este caso, el polinomio de interpolación lineal viene dado por

$$p_1(x) = f[x_0] + f[x_0, x_1]x = 1 + 1'29744x,$$

por lo que

$$e^{0'25} \approx p_1(0'25) = 1'32436.$$

(b) De la misma manera, el polinomio de interpolación que se obtiene ahora es

$$q_1(x) = f[x_0] + f[x_0, x_1](x - 0'5) = 1'64872 + 2'13912(x - 0'5),$$

por lo que

$$e^{0'75} \approx q_1(0'75) = 2'18350.$$

(c) Calculando la tabla de diferencias divididas, obtenemos:

Nodos	orden 0	orden 1	orden 2
$x_0 = 0$	$f[x_0] = 1.00000$		
		$f[x_0, x_1] = 1.71828$	
$x_1 = 1$	$f[x_1] = 2.71828$		$f[x_1, x_2, x_0] = 1.47625$
		$f[x_1, x_2] = 4.67078$	
$x_2 = 2$	$f[x_2] = 7.38906$		

Por tanto,

$$p_2(x) = 1 + 1'71828x + 1'47625x(x - 1),$$

de donde se obtiene que

$$e^{0'25} \approx p_2(0'25) = 1'15277$$

y

$$e^{0'75} \approx p_2(0'75) = 2'01191.$$

(d) La cota del error de la aproximación en $0'25$ que se obtiene en el apartado (a) es

$$|e_1(0'25)| \le \frac{e^{0'5}}{2!} |(0'25 - 0)(0'25 - 0'5)| = 0'05152.$$

De manera similar, la que se obtiene para $0'75$ en el apartado (b) viene dada por

$$|e_1(0'75)| \leq \frac{e}{2!}|(0'75 - 0'5)(0'75 - 1)| = 0'08495.$$

Por último, las que se obtienen en el apartado (c) son

$$|e_2(0'25)| \leq \frac{e^2}{3!}|(0'25 - 0)(0'25 - 1)(0'25 - 2)| = 0'40409$$

y

$$|e_2(0'75)| \leq \frac{e^2}{3!}|(0'75 - 0)(0'75 - 1)(0'75 - 2)| = 0'28864.$$

De estos resultados se deduce que, en este caso, atendiendo a las cotas de error, las aproximaciones lineales serían más fiables que las cuadráticas.

Ejercicio 3.4. Comencemos calculando la derivada de la función ψ:

$$\psi'(x) = \widehat{(x - x_0)}(x - x_1)\ldots(x - x_n) + (x - x_0)\widehat{(x - x_1)}\ldots(x - x_n)$$
$$+ \ldots + (x - x_0)\ldots\widehat{(x - x_k)}\ldots(x - x_n)$$
$$+ \ldots + (x - x_0)(x - x_1)\ldots\widehat{(x - x_n)},$$

donde, recordemos, el acento circunflejo quiere decir que el factor al que afecta no está en la expresión. Al evaluar en x_k se obtiene que

$$\psi'(x_k) = (x_k - x_0)\ldots\widehat{(x_k - x_k)}\ldots(x_k - x_n),$$

y, por tanto, resulta evidente que

$$\frac{\psi(x)}{(x - x_k)\psi'(x_k)} = \frac{(x - x_0)\ldots\widehat{(x - x_k)}\ldots(x - x_n)}{(x_k - x_0)\ldots\widehat{(x_k - x_k)}\ldots(x_k - x_n)} = l_k(x).$$

Finalmente, se deduce que

$$p(x) = \sum_{k=0}^{n} y_k l_k(x) = \sum_{k=0}^{n} y_k \frac{\psi(x)}{(x - x_k)\psi'(x_k)} = \psi(x)\sum_{k=0}^{n} \frac{y_k}{(x - x_k)\psi'(x_k)}.$$

Ejercicio 3.5.

(a) Consideremos la función $f(x) = 1$ y supongamos que queremos interpolar los puntos correspondientes a su gráfica $\{(x_k, 1)\}_{k=0}^n$. Está claro que la propia función es un polinomio que interpola estos puntos. Por otro lado, el polinomio de interpolación de Lagrange se puede escribir como

$$p(x) = \sum_{k=0}^n l_k(x),$$

y por la unicidad del polinomio de interpolación deducimos que, efectivamente,

$$\sum_{k=0}^n l_k(x) = 1.$$

(b) Consideremos ahora la función $f(x) = x$ y los puntos de su gráfica $\{(x_k, x_k)\}_{k=0}^n$. De nuevo, la propia función es un polinomio que interpola estos puntos. Además, el polinomio de interpolación de Lagrange correspondiente se puede escribir como

$$p(x) = \sum_{k=0}^n x_k l_k(x),$$

por lo que, de nuevo por la unicidad del polinomio de interpolación, deducimos que

$$\sum_{k=0}^n x_k l_k(x) = x.$$

Ejercicio 3.6. Consideremos los nodos de interpolación $\{(x_i, x_i^k)\}_{i=0}^n$.

Como $k \leq n$, el polinomio de grado menor o igual que n que interpola estos nodos es precisamente $f(x)$.

Y como, por otro lado, sabemos que el coeficiente del término de grado n del polinomio es $f[x_0, \ldots, x_n]$, deducimos que

$$f[x_0, \ldots, x_n] = \begin{cases} 1 & \text{si } n = k, \\ 0 & \text{si } n > k. \end{cases}$$

Ejercicio 3.7.   El numerador de la diferencia dividida

$$f[x_0, x] = \frac{f(x) - f(x_0)}{x - x_0}$$

es un polinomio, al que llamaremos $p(x)$, de grado n:

$$p(x) = f(x) - f(x_0).$$

Como este polinomio se anula en x_0, se tiene que

$$p(x) = (x - x_0)\, q(x),$$

para algún polinomio $q(x)$ de grado $n - 1$.

Por tanto,

$$f[x_0, x] = \frac{(x - x_0)\, q(x)}{x - x_0} = q(x),$$

por lo que $f[x_0, x]$ es un polinomio de grado $n - 1$ en x, como queríamos demostrar.

De hecho, si consideramos un conjunto de nodos $x_0, \ldots, x_n$ distintos dos a dos y expresamos $f(x)$ en función de las diferencias divididas asociadas, vemos que

$$\begin{aligned}
f[x_0, x] =&f[x_0, x_1] + f[x_0, x_1, x_2](x - x_1) \\
&+ \ldots + f[x_0, x_1, \ldots, x_n](x - x_1) \ldots (x - x_{n-1}).
\end{aligned}$$

Ejercicio 3.8.

(a) Supongamos que queremos interpolar los nodos

$$\{(x_i, f(x_i))\}_{i=0}^{k} = \{(x_i, 0)\}_{i=0}^{k}.$$

El polinomio de grado menor o igual que k, para cualquier $k = 0, \ldots, n$, que interpola estos nodos es $p(x) = 0$. Como además sabemos que $f[x_0, \ldots, x_k]$ es el coeficiente de grado k de ese polinomio de interpolación, entonces $f[x_0, \ldots, x_k] = 0$.

(b) Supongamos ahora que queremos interpolar los nodos

$$\{(x_0, f(x_0)), \ldots, (x_n, f(x_n)), (x, f(x))\}.$$

El polinomio de grado menor o igual que $n + 1$ que interpola estos nodos es precisamente $f(x)$. Por tanto, $f[x_0, \ldots, x_n, x]$ será el coeficiente de grado $n + 1$ de ese polinomio de interpolación, de donde se deduce que $f[x_0, \ldots, x_n, x] = 1$.

(c) Supongamos por último que queremos interpolar los nodos

$$\{(x_0, f(x_0)), \ldots, (x_n, f(x_n)), (x, f(x)), (y, f(y))\}.$$

El polinomio de grado menor o igual que $n + 2$ que interpola estos nodos es $f(x)$. Por tanto, $f[x_0, \ldots, x_n, x, y]$ será el coeficiente de grado $n + 2$ de ese polinomio de interpolación, de donde se deduce que $f[x_0, \ldots, x_n, x, y] = 0$.

Ejercicio 3.9. Consideremos el polinomio de interpolación correspondiente a una nube de puntos $\{(x_i, f(x_i))\}_{i=0}^n$ en la forma de Lagrange:

$$p(x) = \sum_{i=0}^{n} y_i l_i(x) = \sum_{i=0}^{n} y_i \frac{(x - x_0) \ldots \widehat{(x - x_i)} \ldots (x - x_n)}{(x_i - x_0) \ldots \widehat{(x_i - x_i)} \ldots (x_i - x_n)},$$

y en la forma de Newton:

$$p(x) = f[x_0] + f[x_0, x_1](x - x_0) + \ldots + f[x_0, \ldots, x_n](x - x_0) \ldots (x - x_{n-1}).$$

Basta igualar los coeficientes de grado n en ambos polinomios para obtener que

$$f[x_0, x_1, \ldots, x_n] = \sum_{i=0}^{n} \frac{y_i}{(x_i - x_0) \ldots \widehat{(x_i - x_i)} \ldots (x_i - x_n)},$$

como queríamos demostrar.

Ejercicio 3.10.

(a) Como la cota de error uniforme óptima en el caso de considerar como nodos los extremos del intervalo y su punto medio es

$$|e_2(x)| \leq \frac{M_3}{72\sqrt{3}}(b - a)^3,$$

con $M_3 = \text{máx}_{x \in [a,b]} |f'''(x)|$, y, en este caso, $a = -1$ y $b = 1$, tenemos que

$$|e_2(x)| \leq \frac{M_3}{9\sqrt{3}},$$

con $M_3 = \text{máx}_{x \in [-1,1]} |f'''(x)|$.

(b) Para esta función f particular la nube de puntos asociada es

$$(-1,0), \ (0,0), \ (1,0),$$

por lo que

$$p(x) = 0,$$

y, en consecuencia,

$$e(x) = f(x) - p(x) = f(x).$$

Por tanto, calcular los extremos de la función error en el intervalo considerado se reduce a calcular los de f. Como

$$f'(x) = 1 - 3x^2$$

se anula en $\pm 1/\sqrt{3}$ y

$$f''(x) = -6x$$

satisface que $f''(-1/\sqrt{3}) > 0$ y $f''(1/\sqrt{3}) < 0$, tenemos que el mínimo se alcanza en $-1/\sqrt{3}$, y el máximo, en $1/\sqrt{3}$ (en los extremos del intervalo, la función se anula). Entonces,

$$\min_{x \in [-1,1]} e(x) = \min_{x \in [-1,1]} f(x) = -\frac{2}{3\sqrt{3}}$$

y

$$\max_{x \in [-1,1]} e(x) = \max_{x \in [-1,1]} f(x) = \frac{2}{3\sqrt{3}},$$

de donde se deduce que

$$\max_{x \in [-1,1]} |e(x)| = \frac{2}{3\sqrt{3}}.$$

Como $f'''(x) = -6$, $M_3 = 6$, y la cota uniforme obtenida en el apartado anterior resulta ser

$$|e_2(x)| \leq \frac{6}{9\sqrt{3}} = \frac{2}{3\sqrt{3}},$$

y, por lo tanto, coincide con el máximo del error que acabamos de encontrar.

Ejercicio 3.11. Sea $f(x) = \log(x)$ y, fijado un valor $x \in [1000, 10000]$, sea $n = E(x)$. Llamaremos $p(x)$ al polinomio de interpolación correspondiente a los valores exactos $(n, \log(n))$ y $(n+1, \log(n+1))$, y $\tilde{p}(x)$, al polinomio de interpolación correspondiente a los valores aproximados de la tabla (n, l_n) y $(n+1, l_{n+1})$.

Usando la forma de Lagrange, estos polinomios vienen dados por

$$p(x) = \log(n)(n+1-x) + \log(n+1)(x-n)$$

y

$$\tilde{p}(x) = l_n(n+1-x) + l_{n+1}(x-n).$$

Queremos acotar el error $|f(x) - \tilde{p}(x)|$, que tiene en cuenta tanto el error de interpolación como los errores en los datos de la tabla:

$$|f(x) - \tilde{p}(x)| = |f(x) - p(x) + p(x) - \tilde{p}(x)| \le |f(x) - p(x)| + |p(x) - \tilde{p}(x)|.$$

Sabemos que el error de interpolación es

$$|f(x) - p(x)| \le \frac{M_2}{2}|(x-n)(x-n-1)| \le \frac{M_2}{2}\left(\frac{1}{2}\right)^2 = \frac{M_2}{8},$$

donde se ha usado que el máximo de $|(x-n)(x-n-1)|$ en $[n, n+1]$ se alcanza en $x = n + 1/2$. En este caso

$$M_2 = \max_{x \in [n, n+1]} \left| -\frac{1}{x^2} \right| = \frac{1}{n^2},$$

por lo que

$$|f(x) - p(x)| \le \frac{1}{8n^2},$$

y como $n \ge 1000$,

$$|f(x) - p(x)| \le \frac{1}{8}10^{-6}.$$

Falta entonces acotar el término $|p(x) - \tilde{p}(x)|$. Tenemos que

$$\begin{aligned} |p(x) - \tilde{p}(x)| &= |(\log(n) - l_n)(n+1-x) + (\log(n+1) - l_{n+1})(x-n)| \\ &\le |\log(n) - l_n|(n+1-x) + |\log(n+1) - l_{n+1}|(x-n) \\ &\le \frac{1}{2}10^{-5}(n+1-x+x-n) = \frac{1}{2}10^{-5}, \end{aligned}$$

donde se ha usado que $x \in [n, n+1]$ y que los valores aproximados son tales que

$$|\log(n) - l_n| \le \frac{1}{2}10^{-5}.$$

Por tanto, deducimos que

$$|f(x) - \tilde{p}(x)| \le \frac{1}{8}10^{-6} + \frac{1}{2}10^{-5} = 5'1250 \cdot 10^{-6} \le \frac{1}{2}10^{-4},$$

por lo que podemos asegurar 4 cifras decimales exactas.

Ejercicio 3.12. Sea $p(x)$ el polinomio que interpola los valores reales de la función (x_j, e^{x_j}) y $(x_{j+1}, e^{x_{j+1}})$, y $\tilde{p}(x)$, el que interpola los valores de la tabla (x_j, f_j) y (x_{j+1}, f_{j+1}).

Estos polinomios se pueden escribir como:

$$p(x) = e^{\frac{j}{n}}(j+1-nx) + e^{\frac{j+1}{n}}(nx-j)$$

y

$$\tilde{p}(x) = f_j(j+1-nx) + f_{j+1}(nx-j).$$

El error que debemos considerar puede acotarse de la siguiente manera:

$$|f(x) - \tilde{p}(x)| = |f(x) - p(x) + p(x) - \tilde{p}(x)| \le |f(x) - p(x)| + |p(x) - \tilde{p}(x)|.$$

En primer lugar, buscamos una cota de $|f(x) - p(x)|$:

$$|f(x) - p(x)| \le \frac{M_2}{2}\left|\left(x - \frac{j}{n}\right)\left(x - \frac{j+1}{n}\right)\right| \le \frac{M_2}{2}\left(\frac{1}{2n}\right)^2 = \frac{M_2}{8n^2},$$

donde

$$M_2 = \max_{x \in \left[\frac{j}{n}, \frac{j+1}{n}\right]} |e^x| = e^{\frac{j+1}{n}},$$

luego

$$|f(x) - p(x)| \le \frac{e^{\frac{j+1}{n}}}{8n^2},$$

y, como $j + 1 \le n$, podemos obtener la cota uniforme

$$|f(x) - p(x)| \le \frac{e}{8n^2}.$$

Respecto a $|p(x) - \tilde{p}(x)|$, podemos escribir:

$$\begin{aligned}
|p(x) - \tilde{p}(x)| &= |(e^{\frac{j}{n}} - f_j)(j + 1 - nx) - (e^{\frac{j+1}{n}} - f_{j+1})(nx - j)| \\
&\leq |e^{\frac{j}{n}} - f_j|(j + 1 - nx) - |e^{\frac{j+1}{n}} - f_{j+1}|(nx - j) \\
&\leq \frac{1}{2}10^{-6}(j + 1 - nx + nx - j) = \frac{1}{2}10^{-6},
\end{aligned}$$

gracias a que

$$|e^{\frac{j}{n}} - f_j| \leq \frac{1}{2}10^{-6}.$$

Por tanto,

$$|f(x) - \tilde{p}(x)| \leq \frac{e}{8n^2} + \frac{1}{2}10^{-6},$$

y se tiene que

$$\frac{e}{8n^2} + \frac{1}{2}10^{-6} \leq \frac{1}{2}10^{-5}$$

si y solo si

$$n \geq \frac{1000\sqrt{e}}{6},$$

esto es, si $n \geq 274'7869$. Ha de tomarse al menos $n = 275$, es decir, 276 puntos en la tabla, para poder asegurar 5 cifras decimales exactas.

Ejercicio 3.13.

(a) Calculamos el polinomio lineal correspondiente en cada subintervalo de $[0, 1]$, y obtenemos:

$$p_1(x) = \begin{cases} 4x + 1 & \text{si } x \in \left[0, \frac{1}{4}\right], \\ 8x & \text{si } x \in \left(\frac{1}{4}, \frac{1}{2}\right], \\ -8x + 8 & \text{si } x \in \left(\frac{1}{2}, \frac{3}{4}\right], \\ -4x + 5 & \text{si } x \in \left(\frac{3}{4}, 1\right]. \end{cases}$$

La figura A.6 muestra la gráfica de esta función.

(b) Ahora calculamos los polinomios cuadráticos correspondientes en cada subintervalo y, en este caso, obtenemos:

$$p_2(x) = \begin{cases} 8x^2 + 2x + 1 & \text{si } x \in \left[0, \frac{1}{2}\right], \\ 8x^2 - 18x + 11 & \text{si } x \in \left(\frac{1}{2}, 1\right]. \end{cases}$$

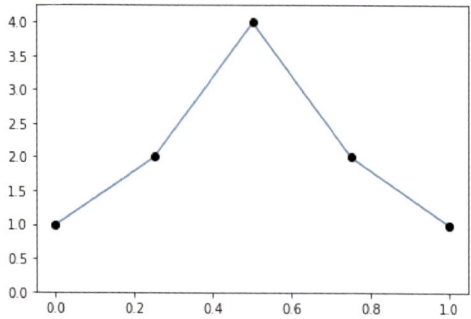

Figura A.6. Gráfica de $p_1(x)$.

La expresión de p_2 en $[0, 1/2]$ y $[1/2, 1]$ es, respectivamente, la de los polinomios de grado 2 que interpolan los 3 primeros y los 3 últimos puntos de la tabla. La figura A.7 muestra la gráfica de esta función.

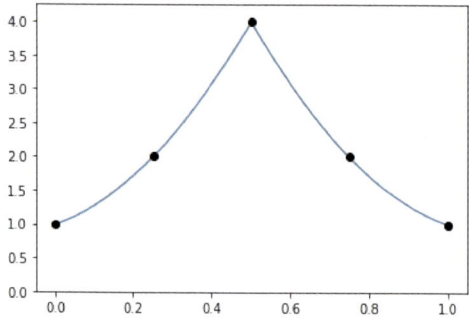

Figura A.7. Gráfica de $p_2(x)$.

(c) Comencemos calculando el error en el caso de $p_1(x)$. Como los puntos que utilizamos para interpolar son los extremos de los subintervalos, dicho error puede acotarse como sigue:

$$|f(x) - p_1(x)| \leq \frac{M_2(b-a)^2}{8n^2} \leq \frac{5 \cdot 1}{8 \cdot 4^2} = \frac{5}{128} \approx 0'0391.$$

Consideremos ahora $p_2(x)$. En este caso, como los puntos que se utilizan son los extremos y el punto medio de cada subintervalo, podemos acotar el error como sigue:

$$|f(x) - p_2(x)| \leq \frac{M_3(b-a)^3}{72\sqrt{3}n^3} \leq \frac{10 \cdot 1}{72\sqrt{3} \cdot 2^3} = \frac{10}{576\sqrt{3}} \approx 0'0100.$$

Ejercicio 3.14. Utilizaremos la notación

$$(x_0, y_0) = (0, 1), \ (x_1, y_1) = (1, 2), \ (x_2, y_2) = (2, 5), \ (x_3, y_3) = (3, 7).$$

(a) Veamos la respuesta a cada caso:

- Para calcular el polinomio de interpolación correspondiente a todos los puntos del plano facilitados podemos utilizar, por ejemplo, la forma de Newton del polinomio, de forma que comenzamos calculando la tabla de diferencias divididas correspondiente:

Nodos	orden 0	orden 1	orden 2	orden 3
$x_0 = 0$	$f[x_0] = 1$			
		$f[x_0, x_1] = 1$		
$x_1 = 1$	$f[x_1] = 2$		$f[x_0, x_1, x_2] = 1$	
		$f[x_1, x_2] = 3$		$f[x_0, x_1, x_2, x_3] = -1/2$
$x_2 = 2$	$f[x_2] = 5$		$f[x_1, x_2, x_3] = -1/2$	
		$f[x_2, x_3] = 2$		
$x_3 = 3$	$f[x_3] = 7$			

  Por tanto, el polinomio que buscamos es el siguiente:

  $$p(x) = 1 + x + x(x - 1) - \frac{1}{2}x(x - 1)(x - 2).$$

- Para calcular la función de interpolación lineal a trozos f_1, podemos utilizar los coeficientes adecuados de la tabla anterior en la obtención del polinomio lineal correspondiente en cada subintervalo.

  Así, tenemos que, en $[0, 1]$,

  $$f_1(x) = 1 + 1(x - 0).$$

  En $[1, 2]$,

  $$f_1(x) = 2 + 3(x - 1).$$

  Y en $[2, 3]$,

  $$f_1(x) = 5 + 2(x - 2).$$

  En definitiva:

  $$f_1(x) = \begin{cases} x + 1 & \text{si } x \in [0, 1], \\ 3x - 1 & \text{si } x \in [1, 2], \\ 2x + 1 & \text{si } x \in [2, 3]. \end{cases}$$

- Para calcular la función cúbica a trozos f_2, utilizamos la forma de Newton del polinomio de interpolación de Hermite en cada subintervalo, de modo que hemos de comenzar calculando la tabla de diferencias divididas en cada uno de ellos.

En el intervalo $[0, 1]$, la función f_2 ha de ser un polinomio cúbico tal que

$$f_2(0) = 1, \ f_2(1) = 2, \ f_2'(0) = 0, \ f_2'(1) = 3.$$

La tabla de diferencias divididas correspondiente es:

Nodos	orden 0	orden 1	orden 2	orden 3
$x_0 = 0$	$f[x_0] = 1$			
		$f[x_0, x_0] = 0$		
$x_0 = 0$	$f[x_0] = 1$		$f[x_0, x_0, x_1] = 1$	
		$f[x_0, x_1] = 1$		$f[x_0, x_0, x_1, x_1] = 1$
$x_1 = 1$	$f[x_1] = 2$		$f[x_0, x_1, x_1] = 2$	
		$f[x_1, x_1] = 3$		
$x_1 = 1$	$f[x_1] = 2$			

Por tanto, la expresión de f_2 en $[0, 1]$ es

$$f_2(x) = 1 + x^2 + x^2(x - 1).$$

En el intervalo $[1, 2]$, la función f_2 ha de ser tal que

$$f_2(1) = 2, \ f_2(2) = 5, \ f_2'(1) = 3, \ f_2'(2) = 3.$$

La tabla de diferencias divididas correspondiente es:

Nodos	orden 0	orden 1	orden 2	orden 3
$x_1 = 1$	$f[x_1] = 2$			
		$f[x_1, x_1] = 3$		
$x_1 = 1$	$f[x_1] = 2$		$f[x_1, x_1, x_2] = 0$	
		$f[x_1, x_2] = 3$		$f[x_1, x_1, x_2, x_2] = 0$
$x_2 = 2$	$f[x_2] = 5$		$f[x_1, x_2, x_2] = 0$	
		$f[x_2, x_2] = 3$		
$x_2 = 2$	$f[x_2] = 5$			

Luego la expresión de f_2 en $[1, 2]$ es

$$f_2(x) = 2 + 3(x - 1).$$

Por último, en $[2, 3]$, la función f_2 ha de ser tal que

$$f_2(2) = 5, \quad f_2(3) = 7, \quad f_2'(2) = 3, \quad f_2'(3) = 1.$$

La tabla de diferencias divididas es:

Nodos	orden 0	orden 1	orden 2	orden 3
$x_2 = 2$	$f[x_2] = 5$			
		$f[x_2, x_2] = 3$		
$x_2 = 2$	$f[x_2] = 5$		$f[x_2, x_2, x_3] = -1$	
		$f[x_2, x_3] = 2$		$f[x_2, x_2, x_3, x_3] = 0$
$x_3 = 3$	$f[x_3] = 7$		$f[x_2, x_3, x_3] = -1$	
		$f[x_3, x_3] = 1$		
$x_3 = 3$	$f[x_3] = 7$			

Y la expresión de f_2 en $[2, 3]$ es

$$f_2(x) = 5 + 3(x - 2) - (x - 2)^2.$$

En definitiva, tenemos que

$$f_2(x) = \begin{cases} x^3 + 1 & \text{si } x \in [0, 1], \\ 3x - 1 & \text{si } x \in [1, 2], \\ -x^2 + 7x - 5 & \text{si } x \in [2, 3]. \end{cases}$$

En la figura A.8 se han representado gráficamente las funciones $p(x)$, $f_1(x)$ y $f_2(x)$.

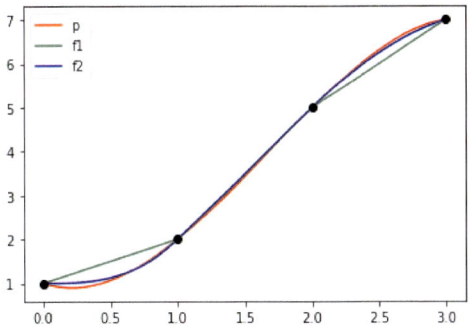

Figura A.8. Gráfica de $p(x)$, $f_1(x)$ y $f_2(x)$.

(b) La función f_2 no es de clase 2 en todo $[0, 3]$, de modo que comenzamos acotando el error en cada uno de los subintervalos en los que sí lo es.

Como la longitud de cada uno de ellos es 1, para todos, se verifica que la cota uniforme óptima es

$$|f_2(x) - f_1(x)| \le \frac{M_2}{8},$$

siendo M_2 la cantidad que varía en cada subintervalo.

En $[0, 1]$, $M_2 = \text{máx}_{x \in [0,1]} |6x| = 6$, y, por tanto,

$$|f_2(x) - f_1(x)| \le \frac{3}{4}.$$

En $[1, 2]$, $M_2 = \text{máx}_{x \in [1,2]} |0| = 0$, y, por tanto,

$$|f_2(x) - f_1(x)| \le 0.$$

Y en $[2, 3]$, $M_2 = \text{máx}_{x \in [2,3]} |2| = 2$, y

$$|f_2(x) - f_1(x)| \le \frac{3}{4}.$$

La cota válida en todo $[0, 3]$ es entonces $0'75$.

Ejercicio 3.15.

(a) La siguiente tabla corresponde a las diferencias divididas asociadas a los datos:

$$f(0) = 1, \ f(1) = e, \ f'(0) = 1, \ f'(1) = e.$$

Nodos	orden 0	orden 1	orden 2	orden 3
$x_0 = 0$	$f[x_0] = 1$			
		$f[x_0, x_0] = 1$		
$x_0 = 0$	$f[x_0] = 1$		$f[x_0, x_0, x_1] = e - 2$	
		$f[x_0, x_1] = e - 1$		$f[x_0, x_0, x_1, x_1] = 3 - e$
$x_1 = 1$	$f[x_1] = e$		$f[x_0, x_1, x_1] = 1$	
		$f[x_1, x_1] = e$		
$x_1 = 1$	$f[x_1] = e$			

Por tanto, el polinomio que buscamos es:

$$p(x) = (3 - e)x^2(x - 1) + (e - 2)x^2 + x + 1.$$

Se puede aproximar:

$$\sqrt{e} = f(1/2) \approx p(1/2) = 1'6444.$$

El error lo podemos acotar como:

$$|f(x) - p(x)| \le \frac{M_4}{4!}|x^2(x-1)^2|,$$

por lo que en $x = 1/2$,

$$|f(1/2) - p(1/2)| \le \frac{e}{4!}\left(\frac{1}{2}\right)^4 = 0'0071.$$

(b) En la siguiente tabla se muestran las diferencias divididas asociadas a los datos:

$$f(0) = 1, \ f'(0) = 1, \ f''(0) = 1, \ f'''(0) = 1.$$

Nodos	orden 0	orden 1	orden 2	orden 3
$x_0=0$	$f[x_0]=1$			
		$f[x_0,x_0]=1$		
$x_0=0$	$f[x_0]=1$		$f[x_0,x_0,x_0]=1/2$	
		$f[x_0,x_0]=1$		$f[x_0,x_0,x_0,x_0]=1/6$
$x_0=0$	$f[x_0]=1$		$f[x_0,x_0,x_0]=1/2$	
		$f[x_0,x_0]=1$		
$x_0=0$	$f[x_0]=1$			

El polinomio que buscamos ahora es:

$$\bar{p}(x) = \frac{x^3}{6} + \frac{x^2}{2} + x + 1,$$

que no es más que el polinomio de Taylor de grado 3 de f centrado en 0.

La aproximación de $\sqrt{e}$ que obtenemos en este caso es:

$$\sqrt{e} = f(1/2) \approx \bar{p}(1/2) = 1'6458.$$

La cota del error viene dada por:

$$|f(1/2) - \bar{p}(1/2)| \le \frac{e^{1/2}}{4!}\left(\frac{1}{2}\right)^4 = 0'0043,$$

que es menor que la obtenida en el apartado anterior.

Ejercicio 3.16. Consideramos la notación

$$(x_0, y_0) = (-1, 1), \quad (x_1, y_1) = (0, 0), \quad (x_2, y_2) = (1, 1).$$

(a) Buscamos una función P de la forma

$$P(x) = \begin{cases} p_0(x) = a_0^0 + a_1^0 x + a_2^0 x^2 + a_3^0 x^3, & -1 \le x \le 0, \\ p_1(x) = a_0^1 + a_1^1 x + a_2^1 x^2 + a_3^1 x^3, & 0 \le x \le 1. \end{cases}$$

Para comenzar a determinar los coeficientes imponemos que P interpole los valores dados y que sea continua:

$$p_0(-1) = a_0^0 - a_1^0 + a_2^0 - a_3^0 = 1,$$
$$p_0(0) = a_0^0 = 0,$$
$$p_1(0) = a_0^1 = 0,$$
$$p_1(1) = a_0^1 + a_1^1 + a_2^1 + a_3^1 = 1.$$

A continuación imponemos que P sea derivable en $x=0$, esto es, que

$$p_0'(0) = a_1^0 = a_1^1 = p_1'(0),$$

y que lo sea dos veces, es decir, que

$$p_0''(0) = 2a_2^0 = 2a_2^1 = p_1''(0).$$

Combinando las 6 ecuaciones anteriores y denominando a al coeficiente de grado 1 de ambos polinomios y b al de grado 2 (que coinciden), obtenemos:

$$P(x) = \begin{cases} ax + bx^2 + (b - a - 1)x^3, & -1 \le x \le 0, \\ ax + bx^2 + (1 - a - b)x^3, & 0 \le x \le 1. \end{cases}$$

Finalmente imponemos que la derivada segunda sea nula en los extremos:

$$p_0''(-1) = 0 = p_1''(1),$$

con lo que obtenemos

$$a = 0, \quad b = \frac{3}{2},$$

y, por tanto:

$$P(x) = \begin{cases} \dfrac{3}{2}x^2 + \dfrac{1}{2}x^3, & -1 \le x \le 0, \\[2mm] \dfrac{3}{2}x^2 - \dfrac{1}{2}x^3, & 0 \le x \le 1. \end{cases}$$

(b) Si tomamos como incógnitas los valores de P'' en los nodos, el sistema que debemos resolver se reduce a una única ecuación:

$$4d_1 = \frac{6}{h^2}(y_0 - 2y_1 + y_2) = 6(1 - 2 \cdot 0 + 1) = 12,$$

ya que $d_0 = d_2 = 0$. Se tiene entonces ($h = 1$) que $d_1 = 3$.

Usando las expresiones

$$
\begin{aligned}
p_0(x) =& \frac{d_0}{6h}(x_1 - x)^3 + \frac{d_1}{6h}(x - x_0)^3 \\
&+ \left(\frac{y_1}{h} - \frac{d_1 h}{6}\right)(x - x_0) + \left(\frac{y_0}{h} - \frac{d_0 h}{6}\right)(x_1 - x), \\
p_1(x) =& \frac{d_1}{6h}(x_2 - x)^3 + \frac{d_2}{6h}(x - x_1)^3 \\
&+ \left(\frac{y_2}{h} - \frac{d_2 h}{6}\right)(x - x_1) + \left(\frac{y_1}{h} - \frac{d_1 h}{6}\right)(x_2 - x),
\end{aligned}
$$

obtenemos la misma expresión de P del apartado anterior.

Ejercicio 3.17. Usamos la notación

$$(x_0, y_0) = (0, 1), \ (x_1, y_1) = (1, 0'5), \ (x_2, y_2) = (2, 0'2), \ (x_3, y_3) = (3, 0'1)$$

para los puntos del plano considerados, mientras que $d_0 = 0$, d_1, d_2, $d_3 = 0$ son los valores de la derivada segunda de la función *spline* cúbica natural en los nodos.

Hemos de resolver el sistema

$$\begin{pmatrix} 4 & 1 \\ 1 & 4 \end{pmatrix} \cdot \begin{pmatrix} d_1 \\ d_2 \end{pmatrix} = \frac{6}{h^2} \begin{pmatrix} y_0 - 2y_1 + y_2 - d_0 h^2/6 \\ y_1 - 2y_2 + y_3 - d_3 h^2/6 \end{pmatrix},$$

donde $h = 1$, esto es,

$$\begin{pmatrix} 4 & 1 \\ 1 & 4 \end{pmatrix} \cdot \begin{pmatrix} d_1 \\ d_2 \end{pmatrix} = \begin{pmatrix} 1'2 \\ 1'2 \end{pmatrix},$$

cuya solución es

$$\begin{pmatrix} d_1 \\ d_2 \end{pmatrix} = \begin{pmatrix} 0'24 \\ 0'24 \end{pmatrix}.$$

Como queremos evaluar el *spline* en $1'5$, necesitamos la expresión del polinomio de grado 3 correspondiente al intervalo $[1, 2]$:

$$
\begin{aligned}
p_1(x) =& \frac{d_1}{6h}(x_2 - x)^3 + \frac{d_2}{6h}(x - x_1)^3 \\
& + \left(\frac{y_2}{h} - \frac{d_2 h}{6} \right)(x - x_1) + \left(\frac{y_1}{h} - \frac{d_1 h}{6} \right)(x_2 - x) \\
=& \frac{0'24}{6}(2 - x)^3 + \frac{0'24}{6}(x - 1)^3 \\
& + \left(0'2 - \frac{0'24}{6} \right)(x - 1) + \left(0'5 - \frac{0'24}{6} \right)(2 - x) \\
=& 0'04(2 - x)^3 + 0'04(x - 1)^3 + 0'16(x - 1) + 0'46(2 - x).
\end{aligned}
$$

Evaluando en $1'5$, obtenemos:

$$
p_1(1'5) = 0'3200.
$$

Capítulo 4

Ejercicio 4.1.

(a) Aplicando las fórmulas del punto medio, del trapecio y de Simpson con $f(x) = e^{-x^2}$, $a = 0$ y $b = 0'1$, obtenemos:

$$
I^{PM} = 0'1\, e^{-0'0025} \approx 0'0998,
$$

$$
I^T = \frac{0'1}{2}(1 + e^{-0'01}) \approx 0'0995,
$$

$$
I^S = \frac{0'1}{6}\left(1 + 4e^{-0'0025} + e^{-0'01} \right) \approx 0'0997.
$$

(b) En el caso del punto medio, el error viene dado por

$$
|\mathcal{E}^{PM}(f)| \leq 0'1^3 \frac{M_2}{24},
$$

donde

$$
M_2 = \max_{x \in [0, 0'1]} |f''(x)|.
$$

Para calcular M_2, obtengamos primero la segunda derivada. En efecto, como

$$
f'(x) = -2x e^{-x^2},
$$

entonces
$$f''(x) = e^{-x^2}(4x^2 - 2).$$

Y para obtener su máximo en $[0, 0'1]$ volvemos a derivar para determinar los puntos críticos:
$$f'''(x) = 4xe^{-x^2}(3 - 2x^2).$$

La función f''' se anula en 0 y en $\pm\sqrt{3/2}$, pero de esos puntos solo el primero está dentro de nuestro intervalo, por lo que los únicos candidatos a extremo de $|f''|$ son los extremos del mismo, y el máximo se alcanza en $x = 0$ y, por tanto,
$$M_2 = |f''(0)| = 2,$$

luego,
$$|\mathcal{E}^{PM}(f)| \leq 10^{-3}\frac{2}{24} = 10^{-3}\frac{1}{12} = 8'3333\ldots \cdot 10^{-5}.$$

Análogamente, para el caso del trapecio, la cota de error viene dada por
$$|\mathcal{E}^T(f)| \leq 0'1^3\frac{M_2}{12},$$

luego,
$$|\mathcal{E}^T(f)| \leq 10^{-3}\frac{2}{12} = 10^{-3}\frac{1}{6} = 1'6666\ldots \cdot 10^{-4}.$$

Por último, la cota del error al utilizar la aproximación de Simpson es
$$|\mathcal{E}^S(f)| \leq 0'1^5\frac{M_4}{2880}.$$

Calculamos la derivada cuarta de f y obtenemos:
$$f^{(4)}(x) = 4e^{-x^2}(3 - 12x^2 + 4x^4),$$

función cuya derivada,
$$f^{(5)}(x) = 4xe^{-x^2}(-30 + 40x^2 - 8x^4),$$

no se anula en $[0, 1]$ más que en $x = 0$, donde $|f^{IV}|$ alcanza su máximo, por lo que
$$M_4 = |f^{(4)}(0)| = 12.$$

Entonces,

$$|\mathcal{E}^{S}(f)| \le 10^{-5}\frac{12}{2880} = 10^{-5}\frac{1}{240} = 4'1666\ldots \cdot 10^{-8}.$$

(c) En el caso del punto medio compuesto, como

$$|\mathcal{E}_{N}^{PMC}(f)| \le 0'1^{3}\frac{M_{2}}{24N^{2}} = 10^{-3}\frac{1}{12N^{2}},$$

buscamos el número de subintervalos N tal que

$$\frac{1}{12N^{2}}10^{-3} \le \frac{1}{2}10^{-4},$$

o, equivalentemente,

$$N \ge \sqrt{\frac{5}{3}} \approx 1'2910,$$

por lo que serían necesarios solo 2 subintervalos y, por tanto, 2 evaluaciones de la función.

En el caso del trapecio compuesto procedemos de manera similar:

$$|\mathcal{E}_{N}^{TC}(f)| \le 0'1^{3}\frac{M_{2}}{12N^{2}} = 10^{-3}\frac{1}{6N^{2}},$$

por lo que buscamos N tal que

$$\frac{1}{6N^{2}}10^{-3} \le \frac{1}{2}10^{-4},$$

o, equivalentemente,

$$N \ge \sqrt{\frac{10}{3}} \approx 1'8257,$$

por lo que ahora también serían necesarios solo 2 subintervalos, pero 3 evaluaciones de la función.

Por último, para la fórmula de Simpson compuesta, como

$$|\mathcal{E}_{N}^{SC}(f)| \le 0'1^{5}\frac{M_{4}}{2880N^{4}} = 10^{-5}\frac{1}{240N^{4}},$$

buscamos N tal que

$$\frac{1}{240N^4}10^{-5} \leq \frac{1}{2}10^{-4},$$

esto es,

$$N \geq \sqrt[4]{\frac{1}{1200}} \approx 0'1699,$$

por lo que es suficiente con un intervalo, esto es, con usar la fórmula simple, que también implica 3 evaluaciones de la función, como en el caso anterior.

Ejercicio 4.2.

(a) Los nodos asociados a la fórmula de Newton-Cotes abierta con tres puntos en $[0, 1]$ son

$$x_0 = \frac{1}{4}, \quad x_1 = \frac{1}{2}, \quad x_2 = \frac{3}{4}.$$

Calculamos los polinomios de base de Lagrange correspondientes y obtenemos:

$$l_0(x) = \frac{(x - 1/2)(x - 3/4)}{(1/4 - 1/2)(1/4 - 3/4)} = 8\left(x^2 - \frac{5}{4}x + \frac{3}{8}\right),$$

$$l_1(x) = \frac{(x - 1/4)(x - 3/4)}{(1/2 - 1/4)/1/2 - 3/4)} = -16\left(x^2 - x + \frac{3}{16}\right),$$

$$l_2(x) = \frac{(x - 1/4)(x - 1/2)}{(3/4 - 1/4)(3/4 - 1/2)} = 8\left(x^2 - \frac{3}{4}x + \frac{1}{8}\right).$$

A continuación obtenemos los pesos integrando los polinomios entre 0 y 1:

$$\alpha_0 = 8\int_0^1\left(x^2 - \frac{5}{4}x + \frac{3}{8}\right)dx = \frac{2}{3},$$

$$\alpha_1 = -16\int_0^1\left(x^2 - x + \frac{3}{16}\right)dx = -\frac{1}{3},$$

$$\alpha_2 = 8\int_0^1\left(x^2 - \frac{3}{4}x + \frac{1}{8}\right)dx = \frac{2}{3}.$$

En el caso de la fórmula de Newton-Cotes cerrada con cuatro puntos, o fórmula de Simpson $3/8$, en $[0, 1]$, los nodos son:

$$x_0 = 0, \quad x_1 = \frac{1}{3}, \quad x_2 = \frac{2}{3}, \quad x_3 = 1.$$

Los polinomios de base de Lagrange asociados vienen dados por:

$$l_0(x) = \frac{(x-1/3)(x-2/3)(x-1)}{(0-1/3)(0-2/3)(0-1)} = -\frac{9}{2}\left(x^3 - 2x^2 + \frac{11}{9}x - \frac{2}{9}\right),$$

$$l_1(x) = \frac{(x-0)(x-2/3)(x-1)}{(1/3-0)(1/3-2/3)(1/3-1)} = \frac{27}{2}\left(x^3 - \frac{5}{3}x^2 + \frac{2}{3}x\right),$$

$$l_2(x) = \frac{(x-0)(x-1/3)(x-1)}{(2/3-0)(2/3-1/3)(2/3-1)} = -\frac{27}{2}\left(x^3 - \frac{4}{3}x^2 + \frac{1}{3}x\right),$$

$$l_3(x) = \frac{(x-0)(x-1/3)(x-2/3)}{(1-0)(1-1/3)(1-2/3)} = \frac{9}{2}\left(x^3 - x^2 + \frac{2}{9}x\right).$$

Los pesos correspondientes vienen dados en este caso por:

$$\alpha_0 = -\frac{9}{2}\int_0^1 \left(x^3 - 2x^2 + \frac{11}{9}x - \frac{2}{9}\right) dx = \frac{1}{8},$$

$$\alpha_1 = \frac{27}{2}\int_0^1 \left(x^3 - \frac{5}{3}x^2 + \frac{2}{3}x\right) = \frac{3}{8},$$

$$\alpha_2 = -\frac{27}{2}\int_0^1 \left(x^3 - \frac{4}{3}x^2 + \frac{1}{3}x\right) dx = \frac{3}{8},$$

$$\alpha_3 = \frac{9}{2}\int_0^1 \left(x^3 - x^2 + \frac{2}{9}x\right) dx = \frac{1}{8}.$$

(b) Consideremos la fórmula de Newton-Cotes abierta con tres puntos. En primer lugar, trasladamos los nodos al intervalo $[a, b]$:

$$x_0 = a + \frac{1}{4}(b-a), \quad x_1 = a + \frac{1}{2}(b-a), \quad x_2 = a + \frac{3}{4}(b-a).$$

A continuación, calculamos los nuevos pesos en ese intervalo:

$$\alpha_0 = \frac{2}{3}(b-a), \quad \alpha_1 = -\frac{1}{3}(b-a), \quad \alpha_2 = \frac{2}{3}(b-a).$$

Por tanto, la fórmula de Newton-Cotes abierta con tres puntos es

$$\int_a^b f(x)\, dx \approx \frac{b-a}{3}\left(2f\left(a+\frac{b-a}{4}\right) - f\left(a+\frac{b-a}{2}\right) + 2f\left(a+3\frac{b-a}{4}\right)\right).$$

Por último, en el caso de la fórmula de Newton-Cotes cerrada con cuatro puntos, los nodos trasladados son:

$$x_0 = a, \quad x_1 = a + \frac{1}{3}(b-a), \quad x_2 = a + \frac{2}{3}(b-a), \quad x_3 = b,$$

y los pesos vienen dados por

$$\alpha_0 = \frac{1}{8}(b-a), \quad \alpha_1 = \frac{3}{8}(b-a), \quad \alpha_2 = \frac{3}{8}(b-a), \quad \alpha_3 = \frac{1}{8}(b-a).$$

La fórmula de Simpson $3/8$ es entonces:

$$\int_a^b f(x)\, dx \approx \frac{b-a}{8}\left(f(a) + 3f\left(a + \frac{b-a}{3}\right) + 3f\left(a + 2\frac{b-a}{3}\right) + f(b)\right).$$

Ejercicio 4.3. Aplicamos el método de coeficientes indeterminados, imponiendo que la fórmula sea exacta para $f(x) = 1$, $f(x) = x$ y $f(x) = x^2$, con lo que obtenemos cada una de las ecuaciones del siguiente sistema:

$$\begin{cases} A_1 + A_2 = 2, \\ -A_1 + A_2 x_2 = 0, \\ A_1 + A_2 x_2^2 = \dfrac{2}{3}. \end{cases}$$

Como vemos, en este caso estamos frente a un sistema de tres ecuaciones con tres incógnitas no lineal, por lo que los argumentos conocidos de existencia y unicidad de solución no son válidos. Hemos de resolver el sistema en particular para saber si tiene solución y, en caso de tenerla, si es única.

Para hacerlo, podemos, por ejemplo, sumar la primera y la segunda ecuación y restar la tercera a la primera, con lo que obtenemos las dos ecuaciones:

$$\begin{cases} A_2(1 + x_2) = 2, \\ A_2(1 - x_2^2) = \dfrac{4}{3}. \end{cases}$$

Ahora, como es lógico suponer que $x_2 \neq -1$ (y, además, si contemplásemos la posibilidad $x_2 = -1$, las ecuaciones del sistema inicial serían incompatibles entre sí dos a dos), podemos combinar ambas ecuaciones para llegar a que

$$\frac{1 - x_2^2}{1 + x_2} = \frac{2}{3},$$

lo que equivale a

$$1 - x_2 = \frac{2}{3},$$

por lo que $x_2 = 1/3$, y, sustituyendo en las ecuaciones restantes, obtenemos que $A_1 = 1/2$ y $A_2 = 3/2$. En definitiva, la fórmula resulta:

$$\int_{-1}^{1} f(x)\,dx \approx \frac{1}{2}f(-1) + \frac{3}{2}f\left(\frac{1}{3}\right).$$

Por su construcción, esta fórmula de cuadratura es al menos de grado de exactitud 2. Veamos si es de grado 3 aplicándosela a $f(x) = x^3$. Por un lado,

$$\int_{-1}^{1} x^3\,dx = 0,$$

mientras que, por otro,

$$\frac{1}{2}(-1)^3 + \frac{3}{2}\left(\frac{1}{3}\right)^3 = -\frac{4}{9} \neq 0.$$

Por tanto, la fórmula es de grado de exactitud 2.

Ejercicio 4.4. La única partición posible para poder aplicar la fórmula de Simpson compuesta es la dada por $\{0, 1/2, 1\}$.

Usando la expresión conocida para la fórmula en términos del número de subintervalos utilizados (en este caso dos), tenemos que

$$\int_{0}^{1} f(x)\,dx \approx \frac{1}{12}\left(f(0) + f(1) + 2f\left(\frac{1}{2}\right) + 4\left(f\left(\frac{1}{4}\right) + f\left(\frac{3}{4}\right)\right)\right)$$
$$= \frac{1}{12}(1 + 1 + 2\cdot4 + 4(2+2)) = \frac{26}{12} = \frac{13}{6}.$$

Aunque, como tenemos solo dos subintervalos, podríamos simplemente haber usado la fórmula de Simpson simple en cada uno de ellos para obtener el mismo resultado:

$$\int_{0}^{1} f(x)\,dx \approx \frac{1/2}{6}\left(f(0) + 4f\left(\frac{1}{4}\right) + f\left(\frac{1}{2}\right)\right) + \frac{1/2}{6}\left(f\left(\frac{1}{2}\right) + 4f\left(\frac{3}{4}\right) + f(1)\right)$$
$$= \frac{1/2}{6}(1 + 4\cdot2 + 4) + \frac{1/2}{6}(4 + 4\cdot2 + 1) = \frac{13}{6}.$$

Ejercicio 4.5. La tabla que se pide es la siguiente:

x	0	1/2	1	3/2	2
$f(x)$	0	1	0	-1	0

(a) Para usar toda la información disponible consideramos la partición $\{0, 1/2, 1, 3/2, 2\}$, con la que obtenemos la aproximación:

$$\int_0^2 \operatorname{sen}(\pi x)\, dx \approx \frac{2}{8}\left(f(0)+f(2)+2\left(f\left(\frac{1}{2}\right)+f(1)+f\left(\frac{3}{2}\right)\right)\right)=0.$$

(b) El valor exacto de la integral es:

$$\int_0^2 \operatorname{sen}(\pi x)\, dx = \left[-\frac{\cos(\pi x)}{\pi}\right]_0^2 = 0,$$

por lo que el error que se comete es 0.

(c) La cota del error que se nos pide viene dada por

$$|\mathcal{E}_4^{TC}(f)| \le \frac{2^3 M_2}{12 \cdot 4^2},$$

con

$$M_2 = \max_{x\in[0,2]} |f''(x)|.$$

Como $f'(x) = \pi \cos(\pi x)$ y $f''(x) = -\pi^2 \operatorname{sen}(\pi x)$, $M_2 = \pi^2$, por tanto, la cota resulta ser

$$|\mathcal{E}_4^{TC}(f)| \le \frac{2^3\pi^2}{12 \cdot 4^2} = \frac{\pi^2}{24} = 0'4112\ldots$$

Ejercicio 4.6.

(a) Calcularemos los pesos integrando los polinomios de base de Lagrange:

$$\alpha_0 = \int_0^1 \frac{(x-1/2)(x-1)}{(1/4-1/2)(1/4-1)}\, dx = \frac{16}{3}\int_0^1 \left(x-\frac{1}{2}\right)(x-1)\, dx = \frac{4}{9},$$

$$\alpha_1 = \int_0^1 \frac{(x-1/4)(x-1)}{(1/2-1/4)(1/2-1)}\, dx = -8\int_0^1 \left(x-\frac{1}{4}\right)(x-1)\, dx = \frac{1}{3},$$

$$\alpha_2 = \int_0^1 \frac{(x-1/4)(x-1/2)}{(1-1/4)(1-1/2)}\, dx = \frac{8}{3}\int_0^1 \left(x-\frac{1}{4}\right)\left(x-\frac{1}{2}\right)\, dx = \frac{2}{9}.$$

Nótese que para calcular las integrales podemos usar la fórmula de Simpson, que es exacta para los polinomios de grado 2. La fórmula de integración numérica que se obtiene es:

$$\int_0^1 f(x)\,dx \approx \frac{4}{9}f\left(\frac{1}{4}\right) + \frac{1}{3}f\left(\frac{1}{2}\right) + \frac{2}{9}f(1)$$
$$= \frac{1}{9}\left(4f\left(\frac{1}{4}\right) + 3f\left(\frac{1}{2}\right) + 2f(1)\right).$$

A continuación, estudiaremos su grado de exactitud. Por ser una fórmula interpolatoria de 3 puntos, sabemos que su grado de exactitud es, al menos, 2. Veamos si tiene grado de exactitud 3 aplicándosela a $f(x) = x^3$. Por un lado,

$$\int_0^1 x^3 dx = \frac{1}{4},$$

mientras que, por otro,

$$\frac{1}{9}\left(4\left(\frac{1}{4}\right)^3 + 3\left(\frac{1}{2}\right)^3 + 2\right) = \frac{13}{48} \neq \frac{1}{4},$$

por lo que esta fórmula de cuadratura es de grado 2.

(b) La aproximación obtenida mediante la fórmula de cuadratura anterior es

$$\int_0^1 \frac{1}{\sqrt{x}}\,dx \approx \frac{1}{9}(4 \cdot 2 + 3\sqrt{2} + 2) \approx 1'5825,$$

mientras que la integral exacta viene dada por:

$$\int_0^1 \frac{1}{\sqrt{x}}\,dx = [2\sqrt{x}]_0^1 = 2.$$

Como se puede observar, la aproximación no es buena, y esto se debe a que la función f no es diferenciable en 0, punto en el que no está definida y donde tiene una asíntota vertical.

(c) Los nodos desplazados al intervalo $[a, b]$ vienen dados por

$$x_0 = a + \frac{1}{4}(b-a) = \frac{3a+b}{4}, \quad x_1 = a + \frac{1}{2}(b-a) = \frac{a+b}{2}, \quad x_2 = b,$$

y los nuevos pesos son:

$$\alpha_0 = \frac{4}{9}(b-a), \quad \alpha_1 = \frac{1}{3}(b-a), \quad \alpha_2 = \frac{2}{9}(b-a).$$

Por tanto, la fórmula de cuadratura en este intervalo es:

$$\int_a^b f(x)\,dx \approx (b-a)\left(\frac{4}{9}f\left(\frac{3a+b}{4}\right) + \frac{1}{3}f\left(\frac{a+b}{2}\right) + \frac{2}{9}f(b)\right)$$

$$= \frac{b-a}{9}\left(4f\left(\frac{3a+b}{4}\right) + 3f\left(\frac{a+b}{2}\right) + 2f(b)\right).$$

Ejercicio 4.7.

(a) Imponemos que la fórmula sea exacta para $f(x) = 1$, $f(x) = x$ y $f(x) = x^2$, con lo que obtenemos el sistema:

$$\begin{cases} 2\alpha &=& 2, \\ \alpha(x_0 + x_1) &=& 0, \\ \alpha(x_0^2 + x_1^2) &=& \dfrac{2}{3}, \end{cases}$$

cuya solución es $\alpha = 1$, $x_0 = -1/\sqrt{3}$ y $x_1 = 1/\sqrt{3}$. Luego, la fórmula de cuadratura buscada es

$$\int_{-1}^1 f(x)\,dx \approx f\left(-\frac{1}{\sqrt{3}}\right) + f\left(\frac{1}{\sqrt{3}}\right).$$

Esta es, de hecho, la fórmula de Gauss de 2 puntos en $[-1, 1]$.

(b) Sabemos que es, al menos, de grado 2. Comprobemos que también es exacta para $f(x) = x^3$. Por un lado,

$$\int_{-1}^1 x^3\,dx = 0,$$

mientras que, por otro,

$$\left(-\frac{1}{\sqrt{3}}\right)^3 + \left(\frac{1}{\sqrt{3}}\right)^3 = 0,$$

por lo que, efectivamente, es, al menos, de grado 3. Comprobemos que no es exacta para $f(x) = x^4$. En efecto,

$$\int_{-1}^{1} x^4 \, dx = \frac{2}{5},$$

pero

$$\left(-\frac{1}{\sqrt{3}}\right)^4 + \left(\frac{1}{\sqrt{3}}\right)^4 = \frac{2}{9} \neq \frac{2}{5}.$$

Por tanto, la fórmula de cuadratura es de grado 3.

(c) Los nodos desplazados al intervalo $[a, b]$ son:

$$x_0 = a + \frac{b-a}{2}\left(1 - \frac{1}{\sqrt{3}}\right),$$

$$x_1 = a + \frac{b-a}{2}\left(1 + \frac{1}{\sqrt{3}}\right),$$

y el nuevo peso α es:

$$\alpha = \frac{b-a}{2}.$$

Por tanto, la fórmula de cuadratura en $[a, b]$ es:

$$\int_{a}^{b} f(x) \, dx \approx \frac{b-a}{2}\left(f\left(1 - \frac{1}{\sqrt{3}}\right) + f\left(1 + \frac{1}{\sqrt{3}}\right)\right).$$

Ejercicio 4.8. Aplicamos la regla de Simpson compuesta con los datos de la tabla

x	1	3/2	2	5/2	3
$f(x)$	1	2/3	1/2	2/5	1/3

y obtenemos

$$\int_{1}^{3} f(x) \, dx \approx \frac{3-1}{6 \cdot 2}\left(1 + 4 \cdot \frac{2}{3} + 2 \cdot \frac{1}{2} + 4 \cdot \frac{2}{5} + \frac{1}{3}\right) = \frac{11}{10} = 1'1000.$$

A continuación, veamos que el valor que se obtiene es una aproximación de $\log(3)$. Para ello basta con calcular el valor exacto de la integral:

$$\int_1^3 f(x)\,dx = [\log(x)]_1^3 = \log(3).$$

Por último, calculemos una cota del error que se comete:

$$|\mathcal{E}_2^{SC}(f)| \le \frac{(3-1)^5 M_4}{2880 \cdot 2^4}.$$

Como $f'(x) = -1/x^2$, $f''(x) = 2/x^3$, $f''' = 6/x^4$ y $f^{(4)}(x) = 24/x^5$,

$$M_4 = \max_{x\in[1,3]} \left|\frac{24}{x^5}\right| = 24.$$

Por tanto,

$$|\mathcal{E}_2^{SC}(f)| \le \frac{2^5 \cdot 24}{2880 \cdot 2^4} = \frac{1}{60} = 0'0166\ldots$$

Ejercicio 4.9.

(a) La función de interpolación lineal a trozos asociada a dichos datos es la siguiente:

$$p(x) = \left\{ \begin{array}{ll} -5x - 1 & \text{si } x \in [-3, -1], \\ -x + 3 & \text{si } x \in [-1, 1]. \end{array} \right.$$

Aproximamos el valor de la integral de f mediante la integral del polinomio:

$$\int_{-3}^1 f(x)dx \approx \int_{-3}^1 p(x)dx = \int_{-3}^{-1}(-5x-1)dx + \int_{-1}^1(-x+3)dx = 18+6 = 24.$$

Fijémonos en que aproximar el valor de la integral mediante la función lineal a trozos es equivalente a aproximar la integral mediante la fórmula del trapecio compuesta, por lo que podíamos haberla aplicado y evitar el cálculo anterior:

$$\int_{-3}^1 f(x)\,dx \approx 2\frac{14+4}{2} + 2\frac{4+2}{2} = 18 + 6 = 24.$$

(b) Como los nodos son equiespaciados, dicha fórmula interpolatoria corresponde a la fórmula de Simpson, por lo que podemos evitar la deducción de los pesos, que son $\alpha_0 = \alpha_2 = 4/6 = 2/3$ y $\alpha_1 = 4 \cdot 2/3 = 8/3$. Por tanto,

$$\int_{-3}^{1} f(x)\, dx \approx \frac{2}{3}(14 + 4 \cdot 4 + 2) = \frac{64}{3}.$$

(c) Como la fórmula de interpolación anterior es la de Simpson, su grado de exactitud es 3.

Ejercicio 4.10.

(a) Con los datos facilitados, calculamos la aproximación de la integral mediante la fórmula de Simpson:

$$\int_{0}^{1} e^x\, dx \approx \frac{1}{6}\left(1 + 4 \cdot 1'6458 + 2'7183\right) \approx 1'7169,$$

y mediante la fórmula del trapecio compuesta:

$$\int_{0}^{1} e^x\, dx \approx \frac{1}{2 \cdot 2}\left(1 + 2 \cdot 1'6458 + 2'7183\right) \approx 1'7525.$$

Como

$$\int_{0}^{1} e^x\, dx = e - 1,$$

igualando la aproximación obtenida utilizando Simpson con el valor exacto de la integral, se obtiene:

$$e \approx 1'7169 + 1 = 2'7169,$$

y haciendo lo mismo con la fórmula del trapecio compuesta:

$$e \approx 1'7525 + 1 = 2'7525.$$

Comparando con el valor "exacto" de e ofrecido por la propia tabla, $2'7183$, vemos que la aproximación obtenida con Simpson es mejor que la obtenida con la fórmula del trapecio compuesta con dos subintervalos.

(b) Calculamos la tabla de diferencias divididas:

Nodos	orden 0	orden 1	orden2
0	1.0000		
		1.2916	
1/2	1.6458		0.8534
		2.1450	
1	2.7183		

Por tanto, el polinomio cuadrático cuya integral en $[0, 1]$ coincide con la aproximación de Simpson es

$$P_2(x) = 1 + 1'2916x + 0'8534x \left(x - \frac{1}{2} \right).$$

Utilizando convenientemente la tabla de diferencias divididas anterior, obtenemos fácilmente el polinomio lineal a trozos cuya integral en $[0, 1]$ coincide con la aproximación del trapecio compuesta:

$$P_1(x) = \begin{cases} 1 + 1'2916x & \text{si} \quad x \in \left[0, \frac{1}{2} \right], \\ 1'6458 + 2'1450 \left(x - \frac{1}{2} \right) & \text{si} \quad x \in \left[\frac{1}{2}, 1 \right]. \end{cases}$$

Ejercicio 4.11. Hemos de usar los datos:

x	0	1/2	1	3/2	2
$f(x)$	0	1	0	-1	0

Comenzamos calculando los polinomios de base de Lagrange asociados:

$$l_0(x) = \frac{2}{3}\left(x - \frac{1}{2}\right)(x - 1)\left(x - \frac{3}{2}\right)(x - 2),$$

$$l_1(x) = -\frac{8}{3}x(x - 1)\left(x - \frac{3}{2}\right)(x - 2),$$

$$l_2(x) = 4x\left(x - \frac{1}{2}\right)\left(x - \frac{3}{2}\right)(x - 2),$$

$$l_3(x) = -\frac{8}{3}x\left(x - \frac{1}{2}\right)(x - 1)(x - 2),$$

$$l_4(x) = \frac{2}{3}x\left(x - \frac{1}{2}\right)(x - 1)\left(x - \frac{3}{2}\right).$$

A continuación, calculamos los pesos evaluando la cuarta derivada de dichos polinomios en 1:

$$\alpha_0 = l_0^{(4)}(1) = \frac{2}{3}\,4! = 16,$$

$$\alpha_1 = l_1^{(4)}(1) = -\frac{8}{3}\,4! = -64,$$

$$\alpha_2 = l_2^{(4)}(1) = 4 \cdot 4! = 96,$$

$$\alpha_3 = l_3^{(4)}(1) = -\frac{8}{3}\,4! = -64,$$

$$\alpha_4 = l_4^{(4)}(1) = \frac{2}{3}\,4! = 16.$$

Finalmente,

$$f^{(4)}(1) \approx 16 \cdot 0 - 64 \cdot 1 + 96 \cdot 0 - 64 \cdot (-1) + 16 \cdot 0 = 0.$$

De hecho, debido a la presencia de valores nulos de la función en esta fórmula, era suficiente con calcular α_1 y α_3 y, para ello, $l_1(x)$ y $l_3(x)$.

Por otro lado, la aproximación pedida se puede calcular haciendo uso de la siguiente fórmula, que utiliza diferencias divididas:

$$\mathcal{D}_{n+1}^n(f) = n!f[x_0, \dots, x_n].$$

En efecto, si calculamos la tabla de diferencias divididas obtenemos que $f[x_0, \dots, x_4] = 0$:

Nodos	orden 0	orden 1	orden 2	orden 3	orden 4
0	0				
		2			
1/2	1		-4		
		-2		8/3	
1	0		0		0
		-2		8/3	
3/2	-1		4		
		2			
2	0				

Y, por tanto,

$$f^{(4)}(1) \approx 4! \cdot 0 = 0.$$

Por último, la derivada que estamos calculando es $f^{(4)}(x) = \pi^4 \operatorname{sen}(\pi x)$, por lo que el valor exacto en $x = 1$ es $f^{(4)}(1) = 0$ y el error cometido es 0.

Ejercicio 4.12.   Usando el método de los coeficientes indeterminados, esto es, imponiendo que sea exacta para $f(x) = 1$, $f(x) = x$ y $f(x) = x^2$, obtenemos el siguiente sistema:

$$\begin{pmatrix} 1 & 1 & 1 \\ \alpha & \alpha + h & \alpha + 2h \\ \alpha^2 & (\alpha + h)^2 & (\alpha + 2h)^2 \end{pmatrix} \cdot \begin{pmatrix} a_0 \\ a_1 \\ a_2 \end{pmatrix} = \begin{pmatrix} 0 \\ 1 \\ 2\alpha \end{pmatrix}.$$

Resolviéndolo, se tiene:

$$a_0 = -\frac{3}{2h}, \quad a_1 = \frac{2}{h}, \quad a_2 = -\frac{1}{2h},$$

y, por tanto, la fórmula interpolatoria sería la siguiente:

$$f'(\alpha) \approx -\frac{3}{2h} f(\alpha) + \frac{2}{h} f(\alpha + h) - \frac{1}{2h} f(\alpha + 2h).$$

Para obtener una fórmula de error usamos los desarrollos de Taylor

$$f(\alpha + h) = f(\alpha) + f'(\alpha)h + \frac{f''(\alpha)}{2} h^2 + \frac{f'''(\xi_1)}{6} h^3,$$

con $\xi_1 \in (\alpha, \alpha + h)$, y

$$f(\alpha + 2h) = f(\alpha) + f'(\alpha)2h + \frac{f''(\alpha)}{2}(2h)^2 + \frac{f'''(\xi_2)}{6}(2h)^3,$$

con $\xi_2 \in (\alpha, \alpha + 2h)$, en la expresión

$$\mathcal{E}(f) = f'(\alpha) + \frac{3}{2h}f(\alpha) - \frac{2}{h}f(\alpha + h) + \frac{1}{2h}f(\alpha + 2h),$$

con lo que resulta:

$$\mathcal{E}(f) = \frac{1}{3}\left(-f'''(\xi_1) + 2f'''(\xi_2)\right)h^2.$$

Como tenemos pesos negativos, no podemos obtener una expresión dependiente de un único punto desconocido, pero sí podemos obtener la cota de error:

$$|\mathcal{E}(f)| \leq M_3 h^2,$$

con

$$M_3 = \max_{x \in [\alpha, \alpha + 2h]} |f'''(x)|.$$

Bibliografía

[1] A. Aubanell, A. Benseny, A. Delshams. *Útiles básicos de cálculo numérico.* Labor, 1993.

[2] R. L. Burden, J. D. Faires. *Análisis numérico.* Thomson Learning, 2002.

[3] S. C. Chapra, R. P. Canale. *Métodos numéricos para ingenieros.* McGraw-Hill, 2011.

[4] J. Chavarriga, I. A. García, J. Giné. *Manual de métodos numéricos.* Universidad de Lleida, 1999.

[5] S. D. Conte, C. de Boor. *Análisis numérico elemental: un enfoque algorítmico.* McGraw-Hill, 1974.

[6] B. P. Demidovich, I. A. Maron. *Cálculo numérico fundamental.* Paraninfo, 1971.

[7] J. M. Díaz Moreno, F. Benítez Trujillo. *Introducción a los métodos numéricos para la resolución de ecuaciones.* Universidad de Cádiz, 1998.

[8] A. Doubova, F. Guillén González. *Un curso de cálculo numérico.* Universidad de Sevilla, 2007.

[9] J. F. Epperson. *An Introduction to Numerical Methods and Analysis.* Wiley-Interscience, 2007.

[10] M. Gasca. *Cálculo numérico I.* UNED, 1998.

[11] W. Gautschi. *Numerical Analysis: An Introduction.* Birkhäuser, 2011.

[12] E. Isaacson, B. Keller. *Analysis of Numerical Methods.* John Wiley, 1966.

[13] D. Kincaid, W. Cheney. *Análisis numérico: las matemáticas del cálculo científico.* Addison-Wesley Iberoamericana, 1994.

[14] G. Linfield, J. Penny. *Numerical Methods Using MATLAB.* Prentice Hall, 1999.

[15] J. H. Mathews, K. D. Fink. *Métodos numéricos con MATLAB.* Prentice-Hall, 2000.

[16] A. Quarteroni, R. Sacco, F. Saleri. *Numerical Mathematics.* Springer, 2007.

[17] J. M. Sanz-Serna. *Diez lecciones de cálculo numérico.* Universidad de Valladolid, 1998.

[18] J. Stoer, R. Bulirsch. *Introduction to Numerical Analysis.* Springer, 2013.

[19] J. M. Viaño. *Lecciones de métodos numéricos 1. Introducción general y análisis de errores.* Tórculo, 1995.

[20] J. M. Viaño. *Lecciones de métodos numéricos 2. Resolución de ecuaciones numéricas.* Tórculo, 1997.

[21] J. M. Viaño, M. Burguera. *Lecciones de métodos numéricos 3. Interpolación.* Tórculo, 2000.